W0095223

Neuromarketing im Internet

Neuromarketing im Internet

Von der Website zum interaktiven Kauferlebnis

Ralf Pispers
Joanna Dabrowski

Haufe Gruppe
Freiburg · München

Bibliografische Information der Deutschen Nationalbibliothek

Die Deutsche Nationalbibliothek verzeichnet diese Publikation in der Deutschen Nationalbibliografie; detaillierte bibliografische Daten sind im Internet über http://dnb.d-nb.de abrufbar.

Print: ISBN: 978-3-648-02947-3   Bestell-Nr. 00299-0002
EPUB: ISBN: 978-3-648-02948-0   Bestell-Nr. 00299-0102
EPDF: ISBN: 978-3-648-02950-3   Bestell-Nr. 00299-0150

Pispers | Dabrowski
Neuromarketing im Internet
2. Auflage
© 2012, Haufe-Lexware GmbH & Co. KG, Munzinger Straße 9, 79111 Freiburg

Redaktionsanschrift: Fraunhoferstraße 5, 82152 Planegg/München
Telefon: (089) 895 17-0
Telefax: (089) 895 17-290
Internet: www.haufe.de
E-Mail: online@haufe.de
Produktmanagement: Steffen Kurth

Lektorat: Ralf Lay
Satz: kühn & weyh Software GmbH, 79110 Freiburg
Umschlag: RED GmbH, 82152 Krailing
Druck: fgb · freiburger graphische betriebe, 79108 Freiburg

Inhaltsverzeichnis

Vorwort		9
Einführung: Standortbestimmung E-Commerce		11
1	**Die zweite Internetrevolution**	**13**
2	**Technik verkauft nicht**	**19**
2.1	Klassische Websites sind langweilig	20
2.2	Klassische Websites hören nicht zu	21
2.3	Klassische Websites verkaufen nicht	27
2.4	Klassische Websites versagen im Response- und Verkaufsprozess	31
3	**Der „Faktor Mensch"**	**39**
Die Grundlagen des Neuromarketings		**45**
1	**Die menschliche Kaufentscheidung im Internet**	**47**
1.1	Extensive Kaufentscheidung	48
1.2	Limitierte Kaufentscheidung	50
1.3	Habitualisierte Kaufentscheidung	51
1.4	Impulsive Kaufentscheidung	52
1.5	Einflussfaktoren von Kaufentscheidungen	54
1.6	Das Internet hilft bei Kaufentscheidungen	55
1.7	Das Stimulus-Organismus-Response-(S-O-R-)Modell	57
1.8	Der Autopilot als treibende Kaufentscheidung im Internet	58
2	**Der Megatrend Neuromarketing**	**61**
2.1	Coca- oder Pepsi-Cola?	62
2.2	Welchen Einfluss hat der kulturelle Hintergrund auf die Wahrnehmung?	63
2.3	Was sagt Ihr Gehirn zu einem Sportwagen?	64
2.4	Was sagt das Gehirn eines Rauchers?	65
2.5	Aufbau und zentrale Bereiche unseres Gehirns	66
2.6	Das limbische System – Machtzentrum in unserem Gehirn	67
3	**Die Werkzeuge**	**70**
3.1	Funktionelle Magnetresonanztomografie (fMRT)	70

3.2 Elektroenzephalografie (EEG) 71

3.3 Steady State Topography (SST) 74

3.4 Magnetoenzephalografie (MEG) 75

3.5 Elektrodermale Aktivität (EDA) 75

3.6 Eye-Tracking 79

3.7 Die Innovation: EDA und Eye-Tracking in Kombination 81

Die wichtigsten Neuromarketing-Konzepte **85**

1 Multisensorische Verarbeitungsprozesse im Gehirn **87**

2 Zielgruppenbestimmung nach Limbic® Types **91**

3 Weitere Konzepte zur unbewussten Beeinflussung von kognitiver Wahrnehmung und affektivem Verhalten **95**

3.1 Framing 95

3.2 Priming 96

4 Spiegelneuronen als Grundlage menschlicher Kommunikation **98**

4.1 Menschlich kommunizieren auch im Internet 99

4.2 Perspektiventausch 102

5 Storytelling **104**

5.1 Im Kopfkino des Users 104

5.2 User Generated Content 106

6 Social Media aus der Perspektive des Neuromarketings **111**

6.1 Grüße aus dem Genpool: Warum Social Media wichtige Grundbedürfnisse des Menschen erfüllen 114

6.2 Eldorado der Motive oder Warum die Social Networks eine Spielwiese der Limbic® Types sind 115

6.3 Wer braucht Google und die gelben Seiten? – Warum die Bezugsgruppen der Social Networks das Leben der Nutzer einfacher machen 116

6.4 Digital Storytelling oder Warum die Social Networks die spannendsten Geschichten erzählen 119

6.5 To fast for ratio: Warum die Social Networks die schnellsten Impulse setzen 120

6.6 Freunde fürs Leben. Warum die Social Networks mit der Vernetzung unbewusst unsere Einstellung zu Menschen und Marken beeinflussen 121

7 (Neuro-)Marketing in den Social Networks **123**

7.1 Die neuen Touchpoints 123

7.2	Die neue Werbung	125
7.3	Personal Networking: Kundengewinnung und -bindung im stationären Vertrieb	128
7.4	Social Graph: Die Zukunft des Customer-Relationship-Managements (CRM)	130

Neuromarketing im Internet — **137**

1	**Bisherige Aktivitäten und Erkenntnisse**	**139**
1.1	Erkenntnisse aus den Studien	147
1.2	Die Wirkung von anthropomorphen Interface-Agenten auf E-Commerce-Seiten	148
2	**Aus eigener Forschung und Entwicklung**	**150**
2.1	WAKO	150
2.2	Die ERGO-Studie	156
2.3	Neuromarketing in der Onlinepraxis: Forschungsergebnisse	170
2.4	Der „Faktor Mensch" setzt sich durch	171
2.5	Die Kommunikationsleistung	175
3	**Der Initiator und Wegbereiter der Studie – ein Interview mit Dirk Schallhorn**	**190**
4	**Die Wirkung von Social-Media-Marketing**	**193**

Die Websites der nächsten Generation — **197**

1	**Natürliche Kommunikation – eine Welt jenseits von Templates**	**199**
2	**Inszenierte Produktpräsentation – Futter für das Bauchgefühl**	**202**
3	**Video-Interfaces – Spiegelneuronen und Empathie wie noch nie**	**206**
4	**Natürliche Steuerung – das beißt der Maus den Faden ab**	**213**
5	**Neue Endgeräte und Dimensionen – Der Weg führt ins Wohnzimmer**	**216**
6	**Mixed Reality – der Kunde als Teil des eigenen Produkts**	**218**
7	**Onlinekauf, -bestellung & Co. – Wie man zukünftig „den Deckel draufmacht"**	**223**
8	**Digitale Assistenten – der Übergang von der digitalen in die reale Welt**	**229**

Der strategische Impact der zweiten Internetrevolution –
Beispiele für den neuen Online-Point-of-Sale   231

1   Showroom – powered by Saturn   233

2   Autohaus 2.0   234

3   Versicherungen: digital den Fuß in die Tür   235

4   Käsetheke reloaded   236

5   Baumschule Next Generation   237

6   Das Reisebüro der Zukunft   238

Abbildungsverzeichnis   241

Literaturverzeichnis   247

Autoren   251

Vorwort

Die Digitalisierung der Medien schreitet unaufhaltsam voran. Das Internet wird über Smartphones und Tablet-PCs überall verfügbar. Per ipTV erhält es Zugang zum Wohnzimmer. Und durch den Megatrend „Cloud" wandern Fotos, Musik, Dokumente und andere Daten der Menschen komplett in den digitalen Raum. Immer bereit, auf jedem Endgerät von überall auf der Welt und zu jeder Uhrzeit abgerufen zu werden.

Grund genug, dem Online-Kanal eine stärkere Aufmerksamkeit zu schenken. Die Wissenschaft des Neuromarketing eröffnet hier weitere Potenziale. Die beiden Autoren haben dazu bereits mit der ersten Auflage Ihres Buches den Grundstein gelegt. Zu tun gibt es jede Menge, denn wir müssen die Neuromarketing-Forschung im Bereich der Online-Medien weiter vorantreiben. Und schon jetzt sind wir gefordert, die bereits bestätigten Neuromarketing-Konzepte im dynamischen Feld des Online-Marketing und im E-Commerce anzuwenden. Ich habe dem in meiner aktuellen Auflage des Buches *Emotional Boosting* bereits Rechnung getragen.

Aber auch im Bereich der Limbic® Types liegt noch enormes Potenzial, was die Onlinekommunikation betrifft. Mit der weltweiten und nahezu flächendeckenden Verbreitung von Facebook entsteht ein völlig neues Einsatzspektrum der Limbic® Types, spiegeln sich doch in den Facebook-Profilen sämtliche Anhaltspunkte, um den einzelnen Kunden gezielt in der Limbic® Map zu positionieren und zielgerichtet anzusprechen. Es gilt, die Motive mit den Aktionen und Daten der Nutzer auf Facebook zu verknüpfen und eine Kommunikationsqualität zu erreichen, wie wir sie noch vor wenigen Jahren nicht für möglich gehalten haben. Hier lässt sich Neuromarketing quasi „live" und im One-to-one-Modus einsetzen.

Die zweite Auflage von *Neuromarketing im Internet* kommt damit genau zur richtigen Zeit. Ich möchte die Online-Branche ermutigen, sich des Themas „Neuromarketing" noch stärker anzunehmen. Denn hier lassen sich strategische Wettbewerbsvorteile entwickeln, die aktiv zum Unternehmenserfolg beitragen

Dr. Hans-Georg Häusel

HINWEIS

In unserem Buch haben wir an einigen Stellen Quick-Response-(QR-)Codes eingebaut. Um die hinter den QR-Codes liegenden Beispiele nutzen zu können, benötigen Sie zweierlei: ein Handy mit Internetzugang und eine kostenlose Reader-Software (zum Beispiel www.neoreader.com). Dann einfach das Handy mit der Kamera auf den Code halten, als würde man ihn fotografieren wollen, und schon bekommen Sie beispielsweise einen direkten Einblick in unsere „Neuromarketing-Studie".

Abb. 1: So funktioniert das Lesen von QR-Codes.

Falls Sie kein Handy mit Internetzugang haben sollten, können Sie den angegebenen Link in Ihren Browser eintippen und dann auf diesem Weg zu den Videos gelangen.

Einführung: Standortbestimmung E-Commerce

1 Die zweite Internetrevolution

Beginnen wir das Buch mit einer Zeitreise: Anfang der neunziger Jahre erlebte das Internet mit dem von Tim Berners-Lee entwickelten Dienst „World Wide Web" die erste Boomphase. Spätestens als 1994 mit dem Netscape Navigator die Anzeige von grafisch aufbereiteten Websites möglich wurde, begann das Zeitalter des E-Commerce.

Damals schrieb ich (Ralf Pispers) mein erstes Buch *Digital Marketing* und gründete gemeinsam mit einem guten Freund und Kommilitonen meine erste Internetagentur. Websites wurden zu dieser Zeit auf Basis von HTML 4.0 realisiert, seinerzeit noch in zwei Versionen — mit oder ohne Grafik, je nach Bandbreite des Nutzers. Man muss sich vorstellen, dass zu dieser Zeit ein Modem mit 28,8 KB/sec schon als gute Ausstattung galt.

Unternehmens-Websites entstanden damals fast ausschließlich in der Marketing-abteilung von Unternehmen und wurden von Agenturen wie uns realisiert. Dazu wurden von der Art-Direktion Layouts erstellt, von der Redaktion mit Leben gefüllt und dann vom Programmierer in statischem HTML realisiert. Die Revolution nahm ihren Lauf. Unternehmen wie Amazon oder Google führten diese Revolution an. Und ich präsentierte den Unternehmen zu diesem Zeitpunkt Strategien, diese Revolution zu adaptieren und für das Unternehmen zu nutzen. Einige erkannten die Zeichen der Zeit. Andere, dabei ganze Branchen wie zum Beispiel die Musik-industrie, verweigerten sich den neuen Medien. Die platzende Internetblase im Jahr 2000 bestärkte diese Verweigerer in ihrer Ignoranz, was dazu führte, dass die Musikindustrie heute große Teile des Gewinns sowie den Großteil der Vertriebs-wege an Apple abgibt und Sony als Erfinder des Walkman durch die MP3-Player und Smartphones völlig vom Markt gedrängt worden ist. Unsere damalige These, dass die IP-Technologie die Basis sämtlicher elektronischer Dienste sein wird, ist längst Realität.

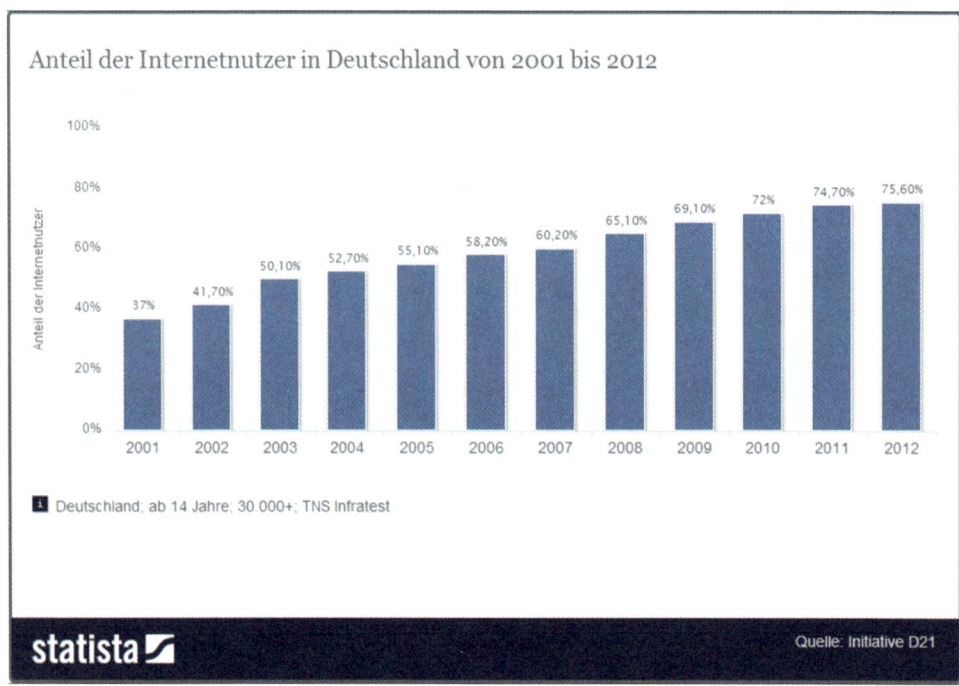

Abb. 2: Anteil der Internetnutzer in Deutschland.

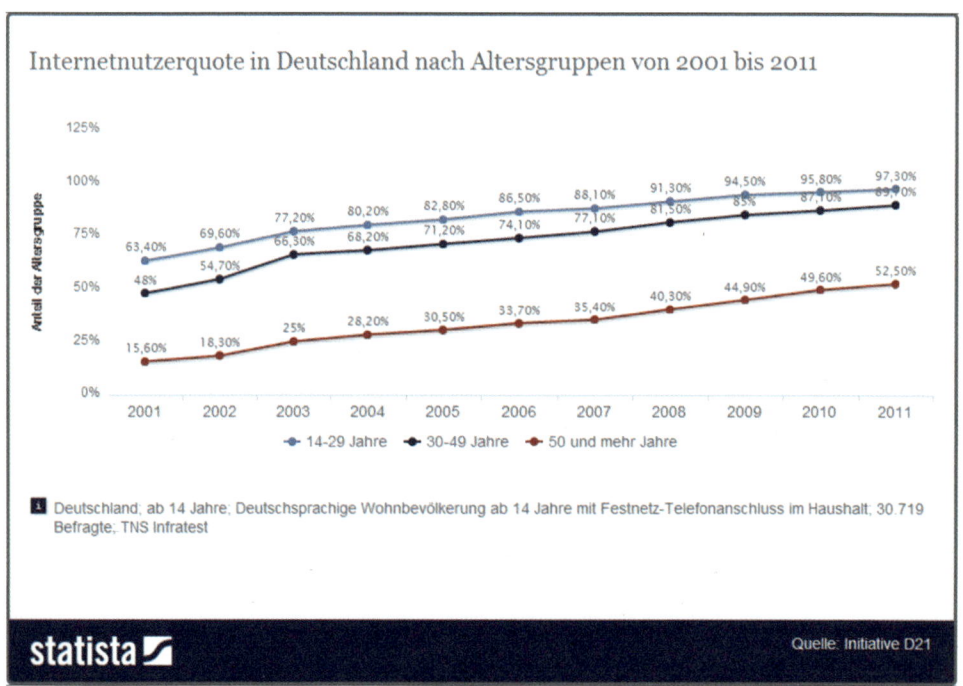

Abb. 3: Internetnutzer nach Altersgruppen.

Heute, 20 Jahre später, befinden wir uns in der zweiten Internetrevolution. Diesmal basiert die Revolution ebenfalls auf neuen Diensten wie RSS und Blogs, neuen Technologien wie XML und DSL/UMTS sowie neuartigen Multimediaformaten für Datenkompression und -übertragung. Unternehmen wie Facebook, YouTube oder Apple führen die Revolution an. Stand in den neunziger Jahren noch die Ausstattung mit Internettechnologie im Mittelpunkt der Entwicklung, so geht es jetzt um die Durchdringung unseres täglichen Lebens. Am Ende dieser Transformation werden wir alle „always on" sein, unser soziales Leben anders organisieren und unsere Einkaufsgewohnheiten grundlegend geändert haben. Am Ende dieser Entwicklung wird sich unser Medienkonsum massiv gewandelt haben. Und damit geht die aktuelle Revolution wesentlich weiter als die erste. Marketing und Vertriebswege werden sich radikal verändern. Ganze Branchen werden den Point of Sale neu definieren und ausrichten müssen. Wer heute davon ausgeht, dass beispielsweise das Reisebüro in der jetzigen Form überleben wird, dass der Versicherungsvermittler so arbeiten wird wie bisher, wer daran glaubt, dass sich Lebensmittel online nicht verkaufen lassen, wer meint, dass das Autohaus im Jahr 2012 das Maß der Dinge ist, der gefährdet sein Unternehmen. Der wird zu den Opfern der zweiten Internetrevolution gehören. Und viel Zeit zum Umdenken bleibt nicht, denn schon heute beträgt der Anteil der Internetnutzer in Deutschland 75 Prozent, wobei sich der Anteil der Internetnutzer in Deutschland seit 2001 mehr als verdoppelt hat (Abb. 2). Dabei sind fast 100 Prozent der 14- bis 29-Jährigen online unterwegs (Abb. 3). Schon heute informieren sich und kaufen mehr als die Hälfte der über 50-Jährigen über das Internet. Bereits jetzt verbringen die Deutschen mehr als eine Stunde am Tag im Netz (Abb. 4). Und längst wird das Fernsehen durch das Internet massiv kannibalisiert (Abb. 5).

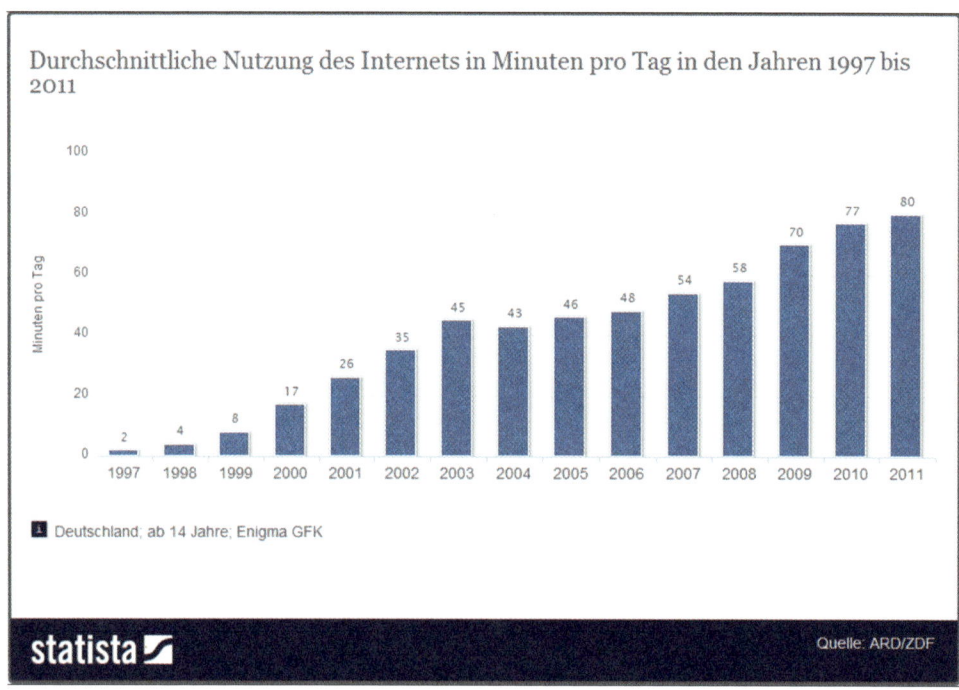

Abb. 4: Durchschnittliche Nutzung des Internets pro Tag.

Wer sich die Geschwindigkeit der aktuellen Entwicklung vor Augen führen möchte, der braucht nur einen Blick auf die Nutzerzahlen der sozialen Netzwerke zu werfen. In weniger als vier Jahren hat Facebook über 23 Millionen Nutzer in Deutschland aktiviert (Abb. 6). Mehr als 60 Prozent der Internetnutzer sind bereits in sozialen Netzwerken aktiv. Und dabei kannte das Thema vor fünf Jahren noch kaum jemand (Abb. 7).

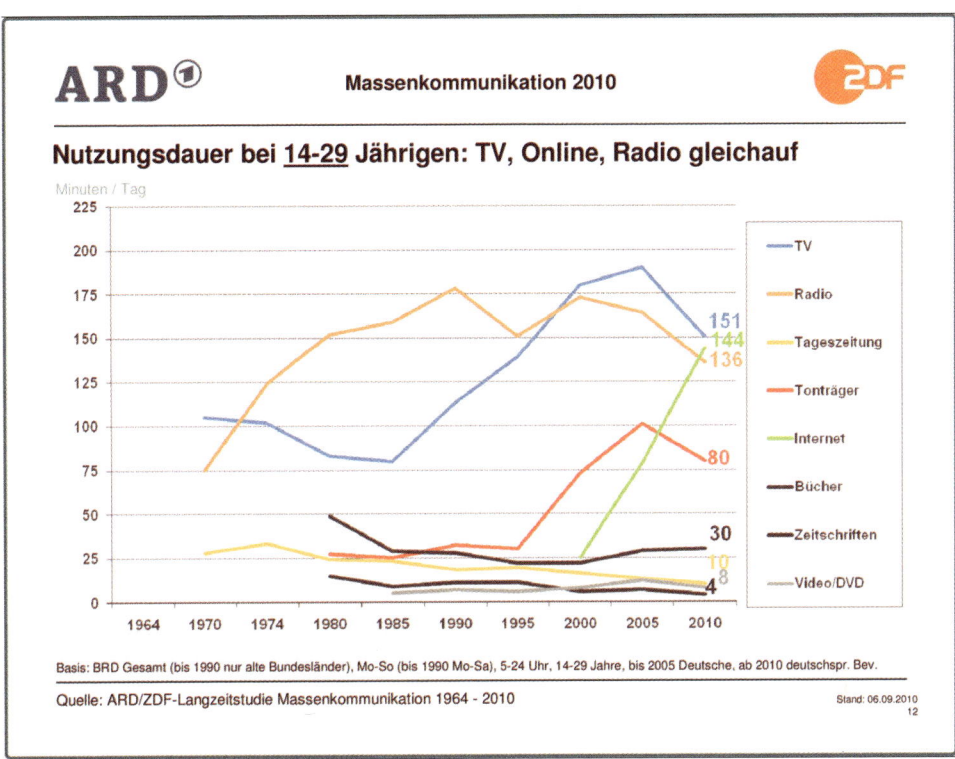

Abb. 5: Das Internet löst TV und Radio als Leitmedium ab.

Das Internet stellt heute alles zur Verfügung, um das Geschäft (noch stärker) Richtung E-Commerce zu verlagern. Die Reichweite, die Nutzungsintensität und die notwendigen Dienste und Formate — alles steht bereit. Wir sind mittlerweile in der Lage, im Internet ein echtes Kauferlebnis zu inszenieren. Wir können interaktive (Video-)Dialoge realisieren, die es mit dem klassischen Point of Sale locker aufnehmen. Sprich: Menschliche Aspekte im Kaufprozess lassen sich vollständig auf das Internet übertragen. Dazu bedarf es aber einer Evolution in den Planungen und Strategien der Unternehmen. Und dazu bedarf es auch eines Umdenkens bei den Online-Abteilungen und Internetagenturen. Für uns war das unter anderem der Grund für die Gründung von .dotkomm im Jahr 2003. Die nächste Stufe der E-Commerce-Evolution ist mit klassischen Wireframes nicht zu erreichen. Dies macht die Anwendung von Neuromarketing-Konzepten bei der Realisierung von Websites und Onlineshops so spannend. Insofern werden Sie in den nächsten Kapiteln viele neue Anregungen bekommen. Wie ernüchternd die aktuelle Lage ist und welche Ursachen dies hat, wollen wir aber vorher im folgenden Abschnitt näher analysieren.

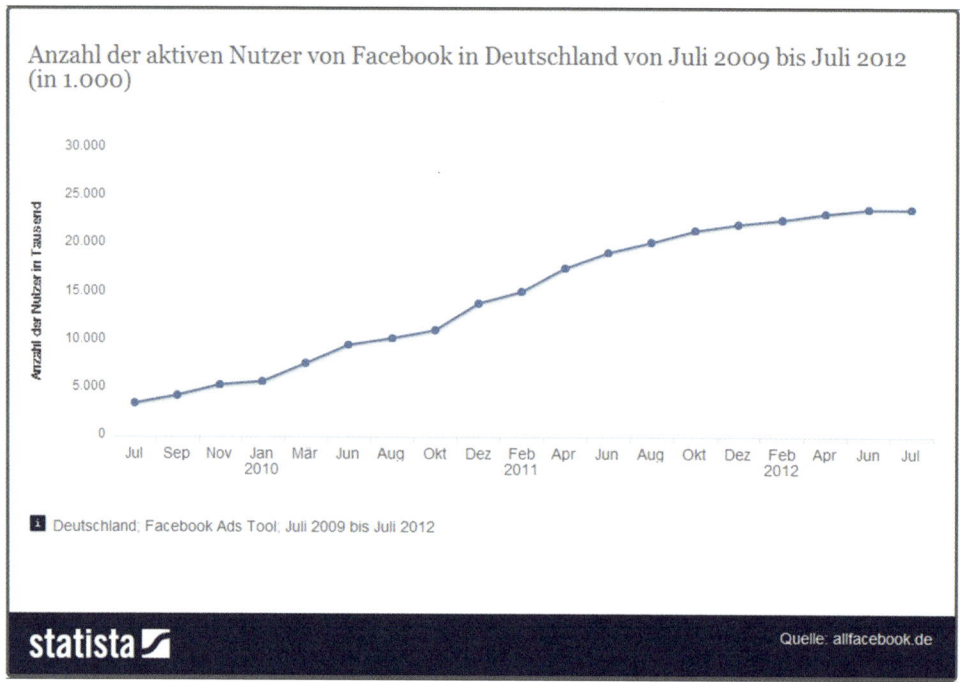

Abb. 6: Facebook – in weniger als vier Jahren von null auf über 23 Millionen Nutzer.

2 Technik verkauft nicht

Machen wir uns nichts vor! Wenn man nüchtern analysiert, wie sich die Websites seit Anfang der neunziger Jahre entwickelt haben, dann erhält man ein schizophrenes Bild. Die technologische Entwicklung verlief rasant. Content-Management-Systeme, Back-End-Integration, Recommendation-Engines, Bezahlsysteme, Targeting und viele weitere Innovationen ermöglichen heute ein viel breiteres funktionales Spektrum als noch vor zehn oder 15 Jahren.

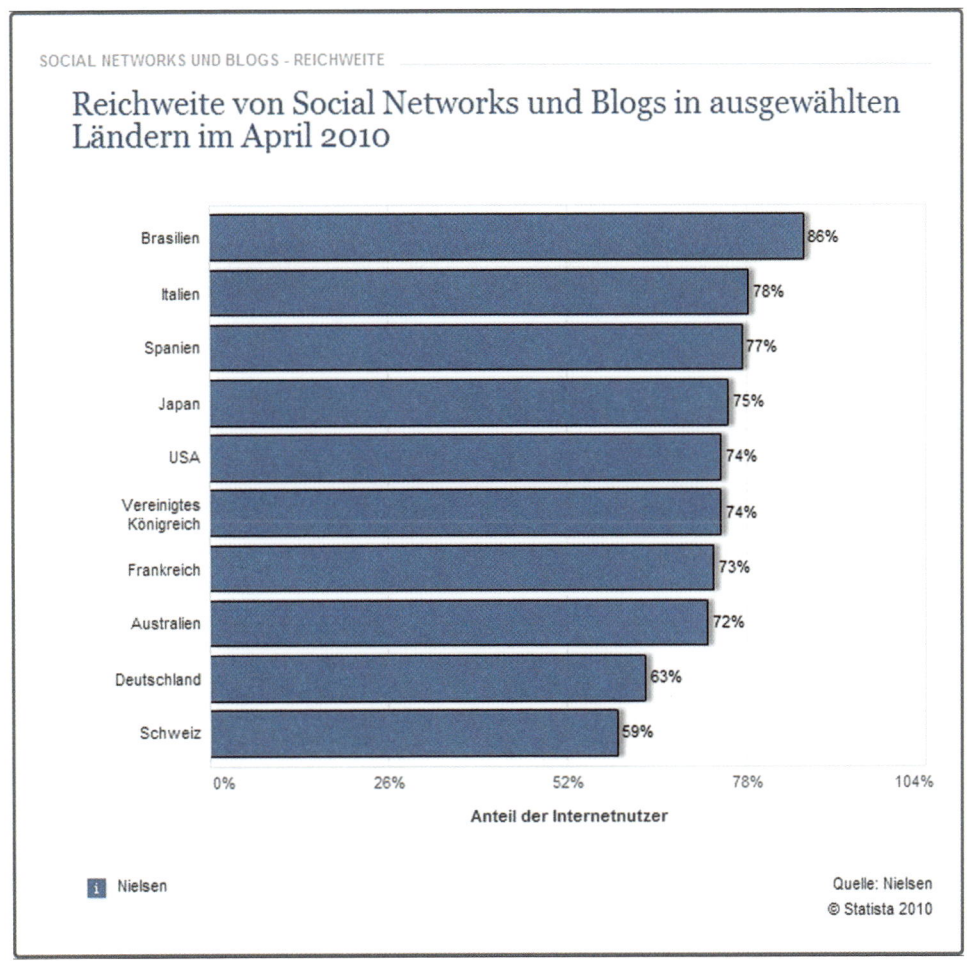

SOCIAL NETWORKS UND BLOGS - REICHWEITE

Reichweite von Social Networks und Blogs in ausgewählten Ländern im April 2010

Anteil der Internetnutzer

Brasilien	86%
Italien	78%
Spanien	77%
Japan	75%
USA	74%
Vereinigtes Königreich	74%
Frankreich	73%
Australien	72%
Deutschland	63%
Schweiz	59%

i Nielsen

Quelle: Nielsen
© Statista 2010

Abb. 7: Über 60 Prozent der Internetnutzer sind in sozialen Netzwerken aktiv.

Die kommunikative Leistung jedoch scheint vor lauter technologischer Euphorie auf der Strecke geblieben zu sein. Dafür haben wir in den letzten acht Jahren bei unseren Website-Analysen unzählige Beweise gesammelt. Die Instrumente des Neuromarketings helfen uns dabei, die bestehenden Missstände zu identifizieren und völlig neuartige Website-Konzepte zu entwickeln. Dies werden wir im weiteren Verlauf des Buches detailliert beschreiben. Tatsache ist, dass man selbst mit bloßem Menschenverstand (und der ist ja für sich schon ein Kernstück des Neuromarketings) viele Unzulänglichkeiten sehr schnell erkennt. Nachfolgend wollen wir die wesentlichen Defizite heutiger Websites zusammenfassen.

2.1 Klassische Websites sind langweilig

Einen großen Teil der Neuromarketing-Literatur kann man sich allein durch den jeweiligen Buchtitel erschließen. Wenn Hans-Georg Häusel, einer *der* deutschen Neuromarketing-Experten, eines seiner Bücher mit dem Titel *Emotional Boosting* versieht, dann ahnen wir schon, was das Gehirn aus seiner Sicht benötigt, um Kaufentscheidungen zu treffen und Marken zu differenzieren. Wenn Werner T. Fuchs sein Buch *Warum das Gehirn Geschichten liebt* betitelt, dann wird auf den ersten Blick klar, dass er Storytelling als wesentliches Instrument der bewussten und unterbewussten Beeinflussung von Kunden und Zielgruppen sieht. Wenn Christian Mikunda in seinem Buch *Warum wir uns Gefühle kaufen* von den sieben Hochgefühlen schreibt, nach denen das menschliche Gehirn lechzt, dann spätestens wissen wir, dass Emotion das zentrale Thema des Neuromarketings ist.

Im E-Commerce ist davon (abgesehen von ein paar großen Marken-Websites) noch nichts angekommen. Für viele Internetabteilungen und Shopbetreiber scheint ein 80 x 80 Pixel großes Stockfoto das Maximum der Gefühle zu sein. Argumente, warum das so ist, gibt es viele:

- Emotion ist teuer, denn Emotion braucht mehr als Text und ein paar Bilder.
- Emotion und Template scheinen sich gegenseitig auszuschließen. Wie soll man Emotion in ein Wireframe bekommen?
- Emotion ist schlecht zu aktualisieren und zu warten. Content-Management-Systeme sehen Emotion nicht vor.
- Emotion kennt Google nicht. Insofern wird Emotion in der Suchmaschinenpositionierung nicht wertgeschätzt.
- Emotion braucht in der Regel externe Dienstleister. Statische Texte lassen sich dagegen eigenhändig von der Fachabteilung erstellen.

Mit all den guten Argumenten ausgestattet, nimmt man die fehlende Emotion auf der eigenen Website gern in Kauf und sieht die Vergleichbarkeit von Produkten und Dienstleistungen im Online-Marketing als gottgegeben an. Man ist stolz auf die hervorragenden Navigationsstrukturen im neuen Relaunch und fragt sich nicht, was denn von den Produkt-Features und Informationen überhaupt beim Kunden ankommt. Man investiert das Geld lieber in SEO (Search Engine Optimization) und SEM (Search Engine Marketing), in Affiliate Networks und Onlinekampagnen, um mehr Besucher auf die Website zu bringen. Und da in den meisten Fällen Erfolgsfaktoren wie „emotionale Aktivierung" oder „Behaltensleistung" überhaupt nicht analysiert werden, fällt die fehlende Emotion auch in den Web-Controlling-Reports nicht auf. Das Ergebnis sind Websites, die den Kunden mit 50, 60, ja teilweise 70 Auswahloptionen allein lassen (Abb. 8), oder Produktpräsentationen, die geradezu abschreckend (Abb. 9) oder völlig austauschbar (Abb. 10 und 11) sind. Ob fünf oder sieben Bulletpoints, scheint nur vom jeweils besuchten Direktmarketingseminar abzuhängen. Und dabei ist es auch völlig egal, ob es sich um ein sogenanntes „Low-Involvement"-Produkt wie den „Privatkredit" handelt oder um einen prestigeträchtigen Markengrill zum Preis von über 1000 Euro. Man rühmt sich der gut strukturierten Übersicht und der als Benchmark verstandenen Reiternavigation. Auf dieser Basis macht sich der stationäre Einzelhandel keine Sorgen wegen der E-Commerce-Anbieter. Er verhandelt vielleicht öfter über den Preis, aber das Kauferlebnis und die persönliche Produktpräsentation sieht er weiterhin als nachhaltiges Hoheitsgebiet. Auf diese Weise wird die nächste Stufe der Online-Transformation nicht zu erreichen sein.

2.2 Klassische Websites hören nicht zu

Die Spiegelneuronen sind in den letzten Jahren zu einem der großen Themen im Bereich des Neuromarketings aufgestiegen. Bereits 1995 durch den Italiener Giacomo Rizzolatti im Tierversuch mit Affen entdeckt, sieht man in den Spiegelneuronen heute den Schlüssel zur Entwicklung von Empathie, sprich: zur Fähigkeit der Interpretation von unbewussten und bewussten Signalen von Menschen (Wikipedia 2010, Schwarz 2010). Durch die Spiegelneuronen können wir Emotionen bei anderen Menschen nachempfinden und selbst in Gefühle umwandeln — und umgekehrt (Schwarz 2010). Wir werden die Thematik im weiteren Verlauf des Buches noch eingehend erläutern.

Ein guter Verkäufer nutzt die Spiegelneuronen von Natur aus, denn er wird immer ein überdurchschnittliches Maß an Empathie mitbringen. Er wird sich in seine Kunden hineinversetzen, gut zuhören und durch entsprechendes Storytelling sowie durch seine Gestik, Mimik und seine Aussagen die Spiegelneuronen des Kunden gezielt aktivieren und leiten. Man könnte auch ganz banal sagen, er stellt den Schulterschluss her zwischen sich und dem Kunden.

Abb. 8: Nicht gerade Emotion pur. Keine Orientierung. Zu viele Links.

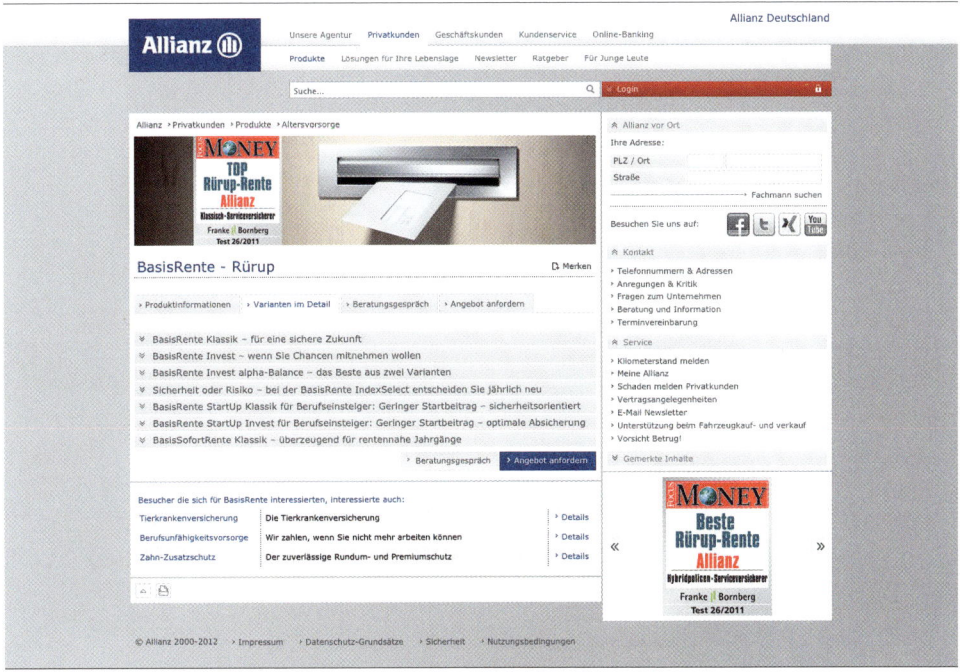

Abb. 9: Kein Suchergebnis, nein, Produktpräsentation bei einem großen Versicherer.

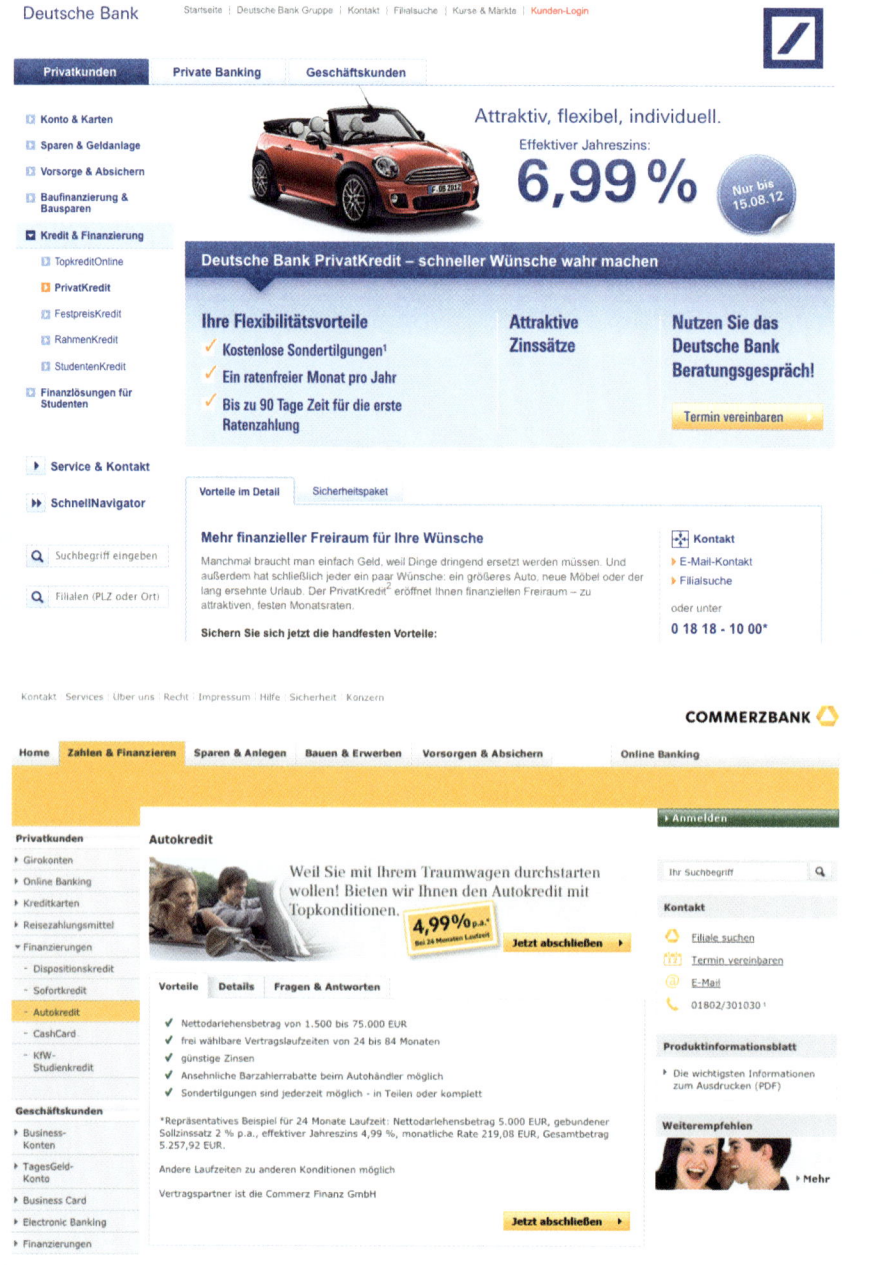

Abb. 10: Bei der Produktbeschreibung wird Austauschbarkeit aktuell wissentlich in Kauf genommen.

Von einem Schulterschluss kann bei den meisten heutigen Websites und Online-shops nicht die Rede sein. Von Empathie schon gar nicht. Das liegt einerseits, wie bereits erwähnt, an der fehlenden Emotion der meisten aktuellen Websites. Dazu kommt, dass die heutigen Websites schlicht „nicht zuhören". Und das, obwohl der Mausklick des Kunden doch eine vollständige Aussage darstellt. Der Kunde sagt mit der Maus: „Ich interessiere mich für …" Oder: „Ich möchte dieses Produkt kaufen." Und wie reagieren viele der heutigen Websites? Sie ignorieren die Aussage des Kunden einfach. Denn im Vergleich zum guten Verkäufer konzentrieren sich die Online-Anwendungen jetzt nicht hundertprozentig auf die Aussage des Kunden, sondern sind der Meinung, dass man ihm — entgegen seinen Wünschen — noch mehrere Dutzend weiterer Angebote machen sollte. Das Ergebnis dieser Denke sind opulente Navigationsbäume (zum Beispiel die Vertikalnavigation) und sinn-lose Aktionsboxen (Abb. 12). In unserem Beispiel muss man die Frage stellen, wie hoch denn die Wahrscheinlichkeit ist, dass der Kunde, der sich gerade für den „Privatkredit direkt" entschieden hat, plötzlich Lust auf eine „Altersvorsorge" ver-spürt. Kombiniert mit belanglosen oder verwirrenden Aktionsboxen, bleiben für die eigentliche Kommunikations- und Verkaufsebene — also den Contentbereich — nur noch rund 50 Prozent der Gesamtfläche. Unter Verkaufsgesichtspunkten der größte anzunehmende Unfall.

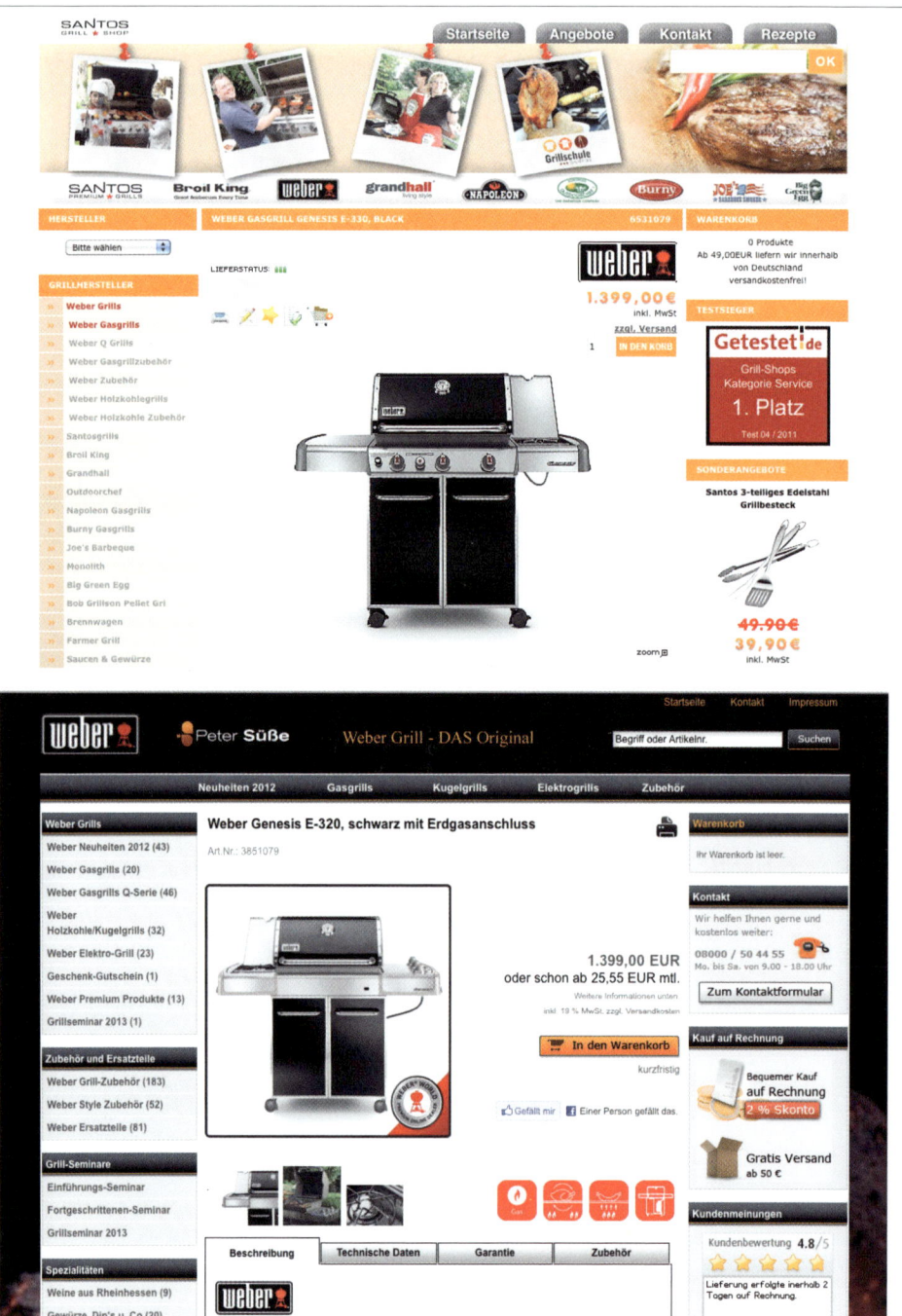

Abb. 11: Den Onlineshops fehlt es an Ideen zur Differenzierung. Margendruck ist die Folge.

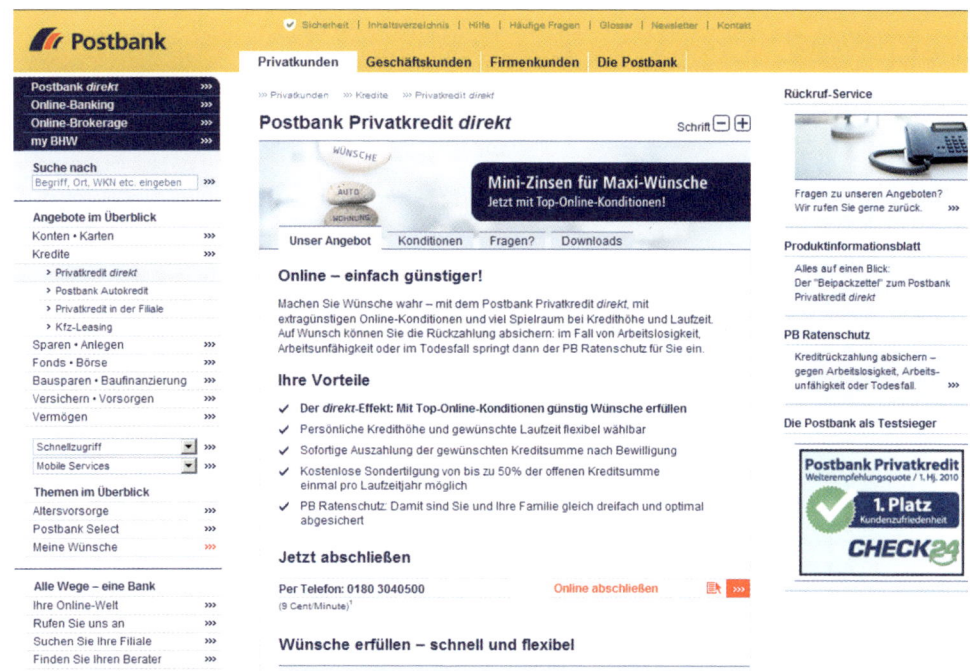

Abb. 12: Überflüssige Vertikalnavigation – wie groß wird wohl die Wahrscheinlichkeit sein, dass der Kunde nach der Auswahl des „Privatkredit direkt" plötzlich den Drang nach „Altersvorsorge" verspürt?

2.3 Klassische Websites verkaufen nicht

Noch schlimmer wird es jedoch, wenn es tatsächlich um konkrete Response und Conversion geht. Hier gewinnt man den Eindruck, als sei die Internetagentur ab diesem Zeitpunkt nicht mehr bezahlt worden. Anders ist es nicht zu erklären, warum funktional beeindruckende Applikationen schlichtweg auf den entscheidenden Response- und Kaufimpuls verzichten oder den Kunden mit Optionen überschütten. Hatten wir den Seat-Konfigurator in der ersten Auflage dieses Buches noch wegen der fehlenden Responsemöglichkeit behandelt, so hat der Autobauer jetzt quasi jede erdenkliche Handlungsmöglichkeit als Button hinterlegt. Das macht die Sache aber immer noch nicht besser. Worum es geht, ist ein echter Handlungsimpuls. Das fängt bei einer Belohnung des Kunden in einer Headline an und hört bei einem konkreten Vorschlag für den nächsten Schritt auf (Abb. 13). Und der ist in Form der Probefahrt immer noch so gelöst, dass der Kunde gefragt wird, welchen Wagen er denn Probe fahren möchte. Wie gesagt — der Kunde hat gerade seinen Traumwagen konfiguriert! Würde ein Verkäufer im Autohaus so agieren, überstünde er mit größter Wahrscheinlichkeit die Probezeit nicht. Die Anwendungsbausteine spielen hier einfach nicht zusammen. Von der Produktseite geht es zum Konfigurator im neuen Fenster. Derweil spielt das Produktvideo fröhlich weiter im Hintergrund. Und aus dem Konfigurator geht es — wieder über ein neues Fenster — zum Probefahrt-Formular, das vom Konfigurator leider die notwendigen Informationen nicht erhält. Das kann und wird nicht die Zukunft sein.

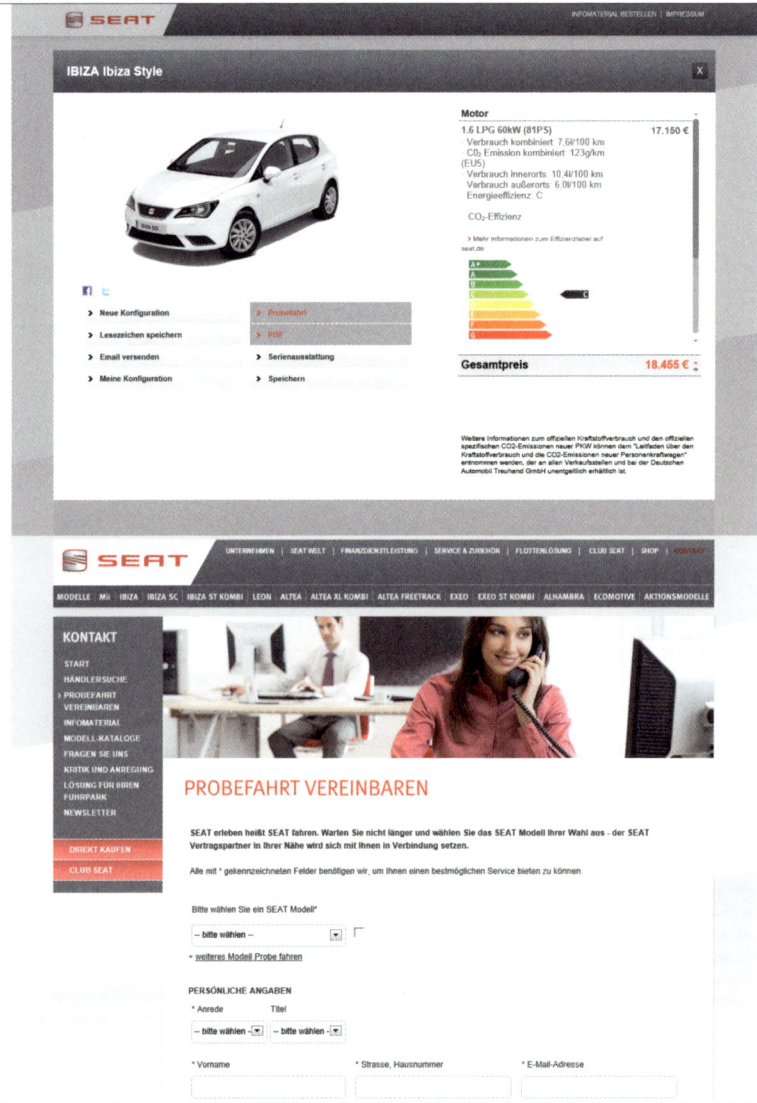

Abb. 13: Ein Konfigurator, der nicht verkauft. Hier würde selbst eine emotionale Überschrift schon helfen. Und jetzt stelle man sich den Verkäufer vor, der acht verschiedene Vorschläge hat, wie es weitergeht. Im realen Leben hätte der eine kurze Halbwertzeit.

Dass viele Online-Agenturen und Internetabteilungen nicht aufeinander abgestimmt arbeiten, zeigt sich auch in vielen Onlinekampagnen. Hier sei als Beispiel eine Online-Display-Kampagne von s.Oliver gezeigt. Sie spricht in den Werbemitteln die s.Oliver-Selection-Kollektion an. Edle Farben und ein edles Motiv mit Veronica Ferres fordern den Kunden auf, jetzt zu shoppen. Klickt der Kunde, kommt er nicht etwa in die Selection-Welt mit Veronica Ferres, sondern landet auf der s.Oliver-Shop-Startseite, auf der er „Jetzt die neuen Reduzierungen entdecken" kann oder „Auf zum Strand" soll (Abb. 14). Dass man hier die Motive des Kunden mit Füßen getreten hat, leuchtet einem auch ohne die Lektüre unseres Neuromarketing-Buches ein. Wenn wir uns aber im weiteren Verlauf ansehen, wie wichtig das Motiv- und Emotionssystem der Menschen beim Kauf ist, dann werden wir sehen, wie schnell sich hier die Conversion-Rates und Umsätze erhöhen lassen.

Abb. 14: Wen wundert es da, dass so manche Kampagne nicht funktioniert? Aus s.Oliver Selection in der Online-Display Werbung wird „Sale" auf der Landingpage. Wer die Motive der Kunde so behandelt, wird sich über eine überdurchschnittliche Bounce-Rate nicht beschweren dürfen.

Man stelle sich eine Verkäuferin im stationären s.Oliver-Shop vor, die den Kunden zum Aktionstisch leitet, obwohl dieser den Wunsch nach einem exklusiven Outfit für einen besonderen Event geäußert hat. Auch hier wäre der Arbeitsplatz massiv gefährdet.

2.4 Klassische Websites versagen im Response- und Verkaufsprozess

Manche vertrieblich ausgerichteten Internetdienstleister wundern sich oft, warum dem Verkauf beziehungsweise der Response bei der Konzeption von Websites und Onlineshops so wenig Aufmerksamkeit geschenkt wird. Dies hat vielleicht etwas mit persönlicher Leidenschaft zu tun. Trotzdem — und da sind wir wieder mitten im Thema „Neuromarketing" — sollte doch in vielen Bereichen auch besagter gesunder Menschenverstand für die notwendigen Anregungen sorgen. Aus der eigenen Praxis wissen wir jedoch, dass dies nicht der Fall ist. Da gehen Entwürfe von Websites fünfmal in den Lenkungsausschuss, um die grafische Aufbereitung der Homepage abzustimmen. Da wird wochenlang über die Bildauswahl diskutiert. Und sobald es an die Response- und Verkaufsprozesse geht, interessiert sich keiner mehr für das Projekt. Die Agentur nicht, weil sie das Geschäft des Kunden nicht versteht oder nicht genug Vertrauen in die eigene Konzeption hat. Das Marketing beziehungsweise die Internetabteilung des Kunden nicht, weil man interne Notwendigkeiten sieht, der Diskussion mit Fach- und Rechtsabteilung aus dem Weg geht oder den Kontakt zur hauseigenen IT minimieren möchte, die ja dann oft im Moment des Kauf- und Responseprozesses mit von der Partie ist.

Das Ergebnis sind unfassbar hohe Abbruchquoten in den Momenten, in denen sich der Kunde doch bereits zum Kauf des Produkts oder der Dienstleistung entschieden hat. Jetzt möchte man meinen, dass ein Blick in die Web-Controlling-Zahlen die Verantwortlichen in den Wahnsinn treibt. Man sollte annehmen, dass sie laut ausrufen: „Wie kann das Verhältnis zwischen den Klicks auf die Buttons ‚Online-Abschluss‘, ‚Onlinebuchung‘, ‚Jetzt bestellen‘ oder ‚Zur Kasse‘ und den daraus vollständig abgeschlossenen Kaufprozessen so miserabel sein?" Das tun sie aber in den meisten Fällen nicht. Im Gegenteil. Wir stellen immer wieder fest, dass viele Unternehmen gar nicht wissen, welche Conversion- und Responsekiller in den Prozessen auf die Kunden warten. Entscheiden Sie doch bitte selbst, ob Sie den in den Abbildungen 15 bis 19 dargestellten Autokredit gut gelaunt abschließen würden.

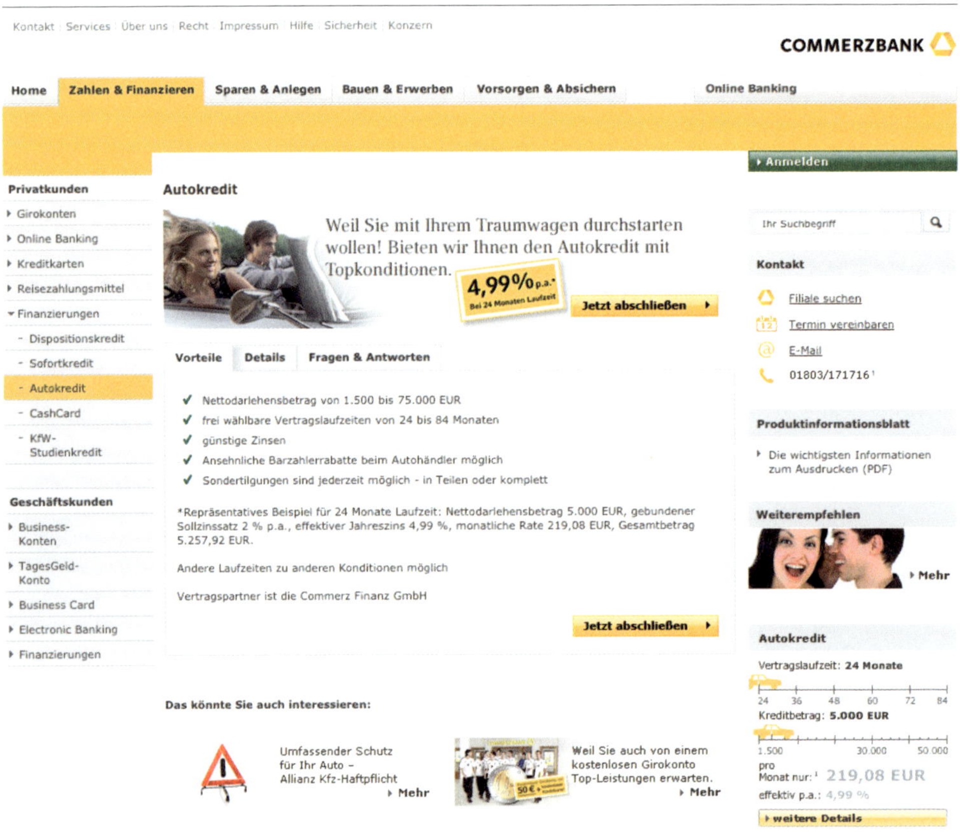

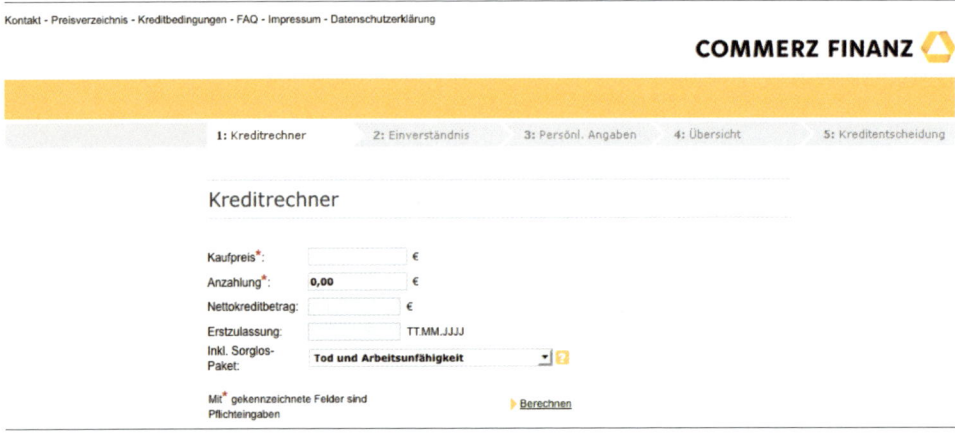

Abb. 15: Step 1. Auch nach dem Umbau noch dürftig in der Ansprache: die Produktpräsentation zum Autokredit.

Abb. 16: Step 2. Das große emotionale „Nichts": der Kunde allein mit dem Kreditrechner.

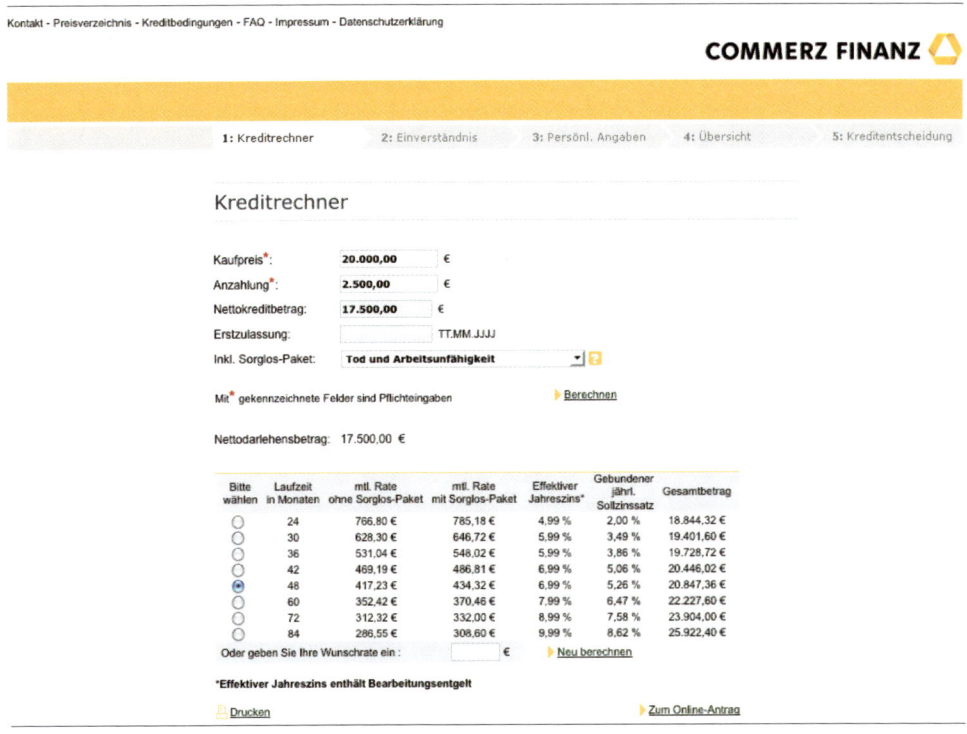

Abb. 17: Step 3. Verbesserung im Vergleich zur ersten Auflage unseres Buches. Der Kunde kann sich auf Basis der vorgezogenen Informationen zumindest entscheiden.

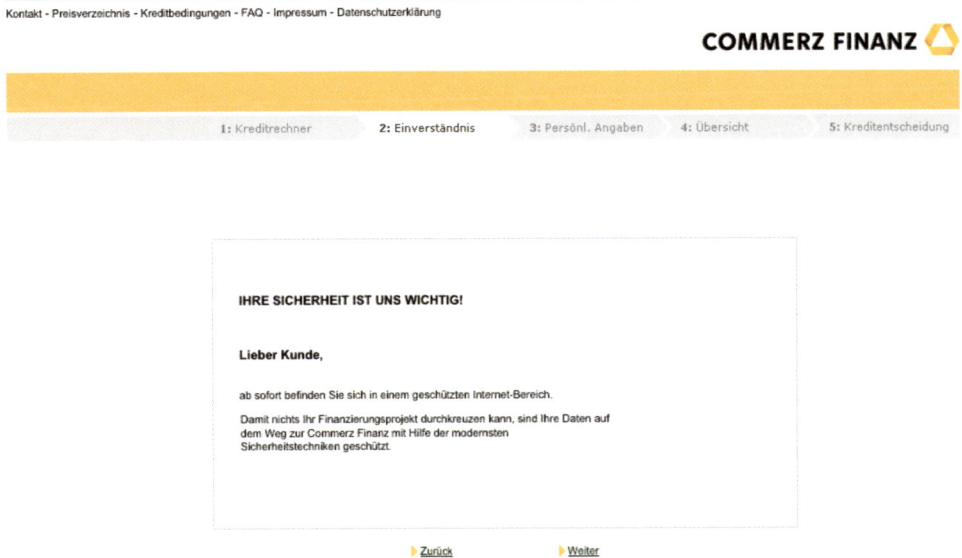

Abb. 18: Step 4. Mehr Fehlermeldung als Vertrauensmodul: der Sicherheitshinweis.

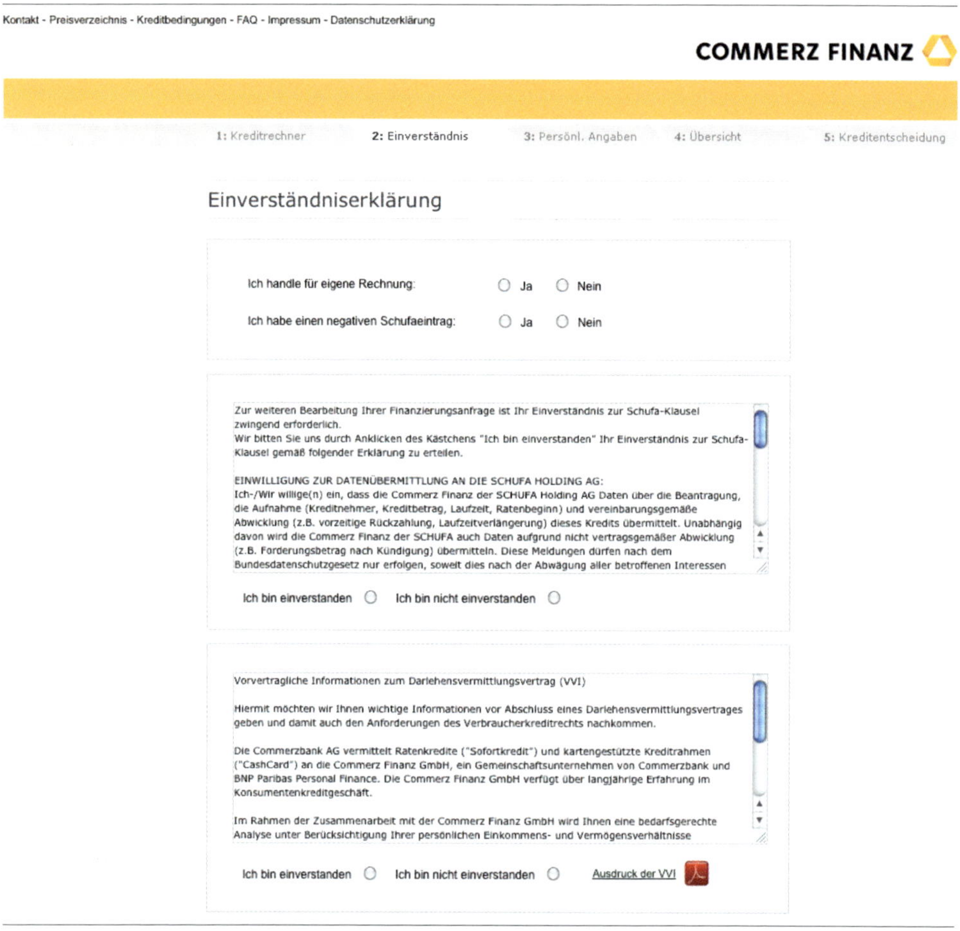

Abb. 19: Step 5. Spätestens an dieser Stelle will der Kunde persönlich an die Hand genommen werden. Hier ist die Filiale näher als der Onlinekauf.

Ihnen ist vielleicht beim Betrachten der einzelnen Screens noch etwas aufgefallen: Es gibt keine Menschen. Es gibt keine Empathie, keine Spiegelneuronen, keine Emotion, keine Hilfestellung, keine Vorfreude auf das neue Auto, kein Vertrauen in das Produkt und den Prozess. Es gibt nur pure Anonymität. Und die ist natürlich mit dafür verantwortlich, dass die Kunden überhaupt keine Probleme dabei haben, den Prozess abzubrechen und zum nächsten Anbieter zu wechseln. Das kleinste Verständnisproblem, die kleinste Irritation, eine simple Fehlermeldung im Formular — das alles reicht aus, den Kunden, der sich bereits für das Produkt entschieden hat, wieder zu verlieren. Das ist so, als würde der Bankberater dem Kunden die Formulare in die Hand drücken, aufstehen und gehen. Oder anders ausgedrückt:

Das hier dargestellte Online-Angebot für den Autokredit kann man genauso gut abschalten. Die Conversion-Rate wird sowieso minimal sein.

Und noch etwas kommt hinzu, wenn es um die Kaufprozesse im Internet geht: Die Menschen lesen online nur sehr wenig — die Wahrnehmung und Verarbeitung von Information ist hier noch niedriger als in den Printmedien. Dazu ein Beispiel: Der Anbieter Intersport Bründl offeriert auf seiner Website den Skiverleih zu besonders günstigen Konditionen und mit vielen Servicevorteilen. Die Basis bildet die Kombination aus Ski-/Snowboardausrüstung und Skipass. Bei der Analyse der Website wurde schnell deutlich, dass viele Kunden gar nicht verstehen, was sie kaufen. Sie wissen beim Einstieg in den Kaufprozess nicht, dass der Skipass mit im sogenannten „bestPrice"-Angebot enthalten ist (Abb. 20). Den im Prozess nach der Dateneingabe ausgewiesenen Preis empfinden sie als viel zu hoch, obwohl er in der Regel bis zu 15 Prozent günstiger ist als Skiausrüstung und Skipass im separaten Kauf. Die Informationen auf der Website waren einfach nicht beim Kunden angekommen. Warum? Weil der Kunde unter der Überschrift „Shopauswahl" nicht die Darstellung der Vorteile des Produkts erwartet. Er liest erst gar nicht, sondern wählt den Shop aus und rauscht damit am eigentlichen USP vorbei.

Das ist ein Zustand, den wir bei sehr vielen Websites vorfinden. Sowohl Online-Agentur als auch das Unternehmen gehen davon aus, dass die Menschen den Content auf der Website gezielt durcharbeiten und verarbeiten. Dabei ist genau das Gegenteil der Fall. Wir wissen aus dem Neuromarketing, dass nur knapp fünf Prozent der Werbekontakte bewusst wirken (Raab 2009). Wir wissen aus der Wahrnehmungspsychologie, dass wir nur zehn Prozent von dem behalten, was wir lesen (Häusel 2008). Und wir wissen aus einem Projekt für die Telekommunikationsbranche, dass die Menschen nach Straße und Hausnummer die Postleitzahl in ein Feld eintragen, auch wenn über dem Feld „Ortsvorwahl" steht. Wer diese Indizien heranzieht, wird die Notwendigkeit zur Neuausrichtung der Verkaufsstrecken im Internet sofort sehen.

Abb. 20: Alleinstellungsmerkmale in den Produkten werden nicht vom Kunden wahrgenommen.

Schlecht aufbereitete Onlineprozesse sind insofern nicht nur aus Conversion-Sicht schädlich. Sie sind sogar dazu in der Lage, das Markenimage negativ zu beeinflussen. So wird aus einer aktiven Kaufentscheidung des Kunden im Verlauf des Onlineprozesses ein negatives Schlüsselerlebnis mit und für die Marke.

Dazu ein abschließendes Beispiel, das eindrucksvoll zeigt, wie wenig Beachtung den Onlineprozessen heute zuteilwird und wie erheblich die negative Wirkung sein kann. Dies zeigt eine international tätige Spendenorganisation, die Kinder in Entwicklungsländern unterstützt. Das Konzept: Man spendet das Geld nicht in einen anonymen Sammeltopf, sondern man hilft einem konkreten Kind. Ich selbst (Ralf Pispers) unterstütze diese Spendenorganisation mit einer solchen Kinderpatenschaft und finde die Idee ganz hervorragend. Meine Tochter sieht das Kind als Teil unserer Familie an, wir bekommen regelmäßig Briefe und Fotos von ihm. Sprich: Wir haben Anteil an seinem Leben. Aus Gesichtspunkten des Neuromarketings ein ganz hervorragendes Konzept. Die Spendenorganisation hat versucht, die Emotionalität des Themas ins Internet zu transportieren. Insofern eine normale Website heutiger Gestaltung (Abb. 21).

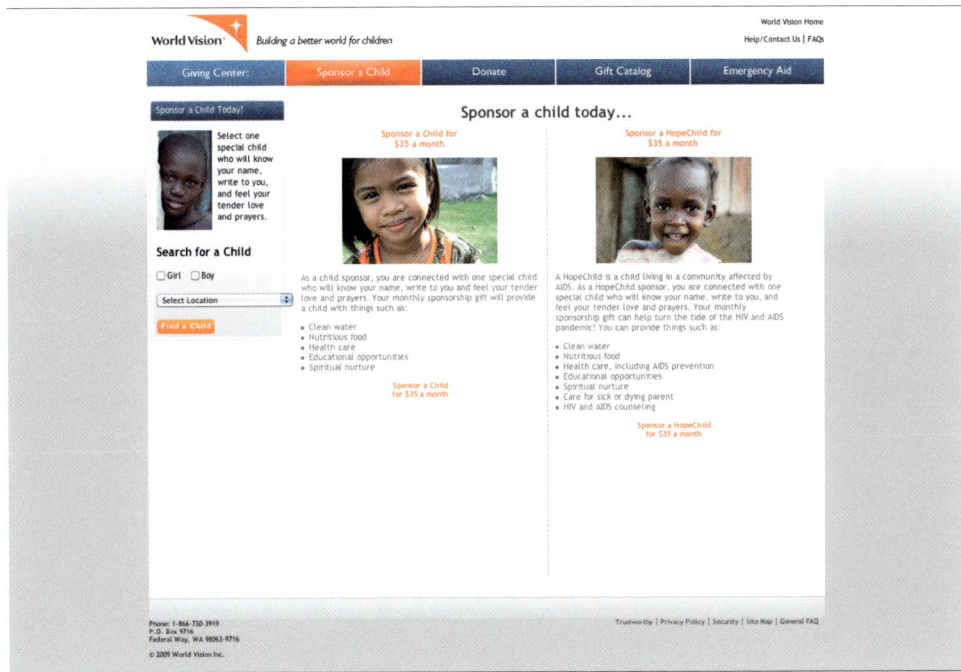

Abb. 21: Kinderpatenschaft bei einer Spendenorganisation.

Entscheidet sich der Kunde für die Patenschaft, wird die positive emotionale Aktivierung jedoch unmittelbar ins Gegenteil umgekehrt, weil man bei der Spendenorganisation und den beteiligten Agenturen der Meinung ist, dass das Ziel mit dem Klick auf den Response-Button erreicht ist. Für den nachfolgenden Prozess setzt man ein Warenkorbsystem ein und scheut sich nicht, dieses auch eins zu eins für die Kinderpatenschaft einzusetzen (Abb. 22). So findet man sein potenzielles Patenkind im Warenkorb wieder: mit der Überschrift „My Basket", mit dem Ausweis von Shipping-Costs und dem Angebot zum „Check-out"!

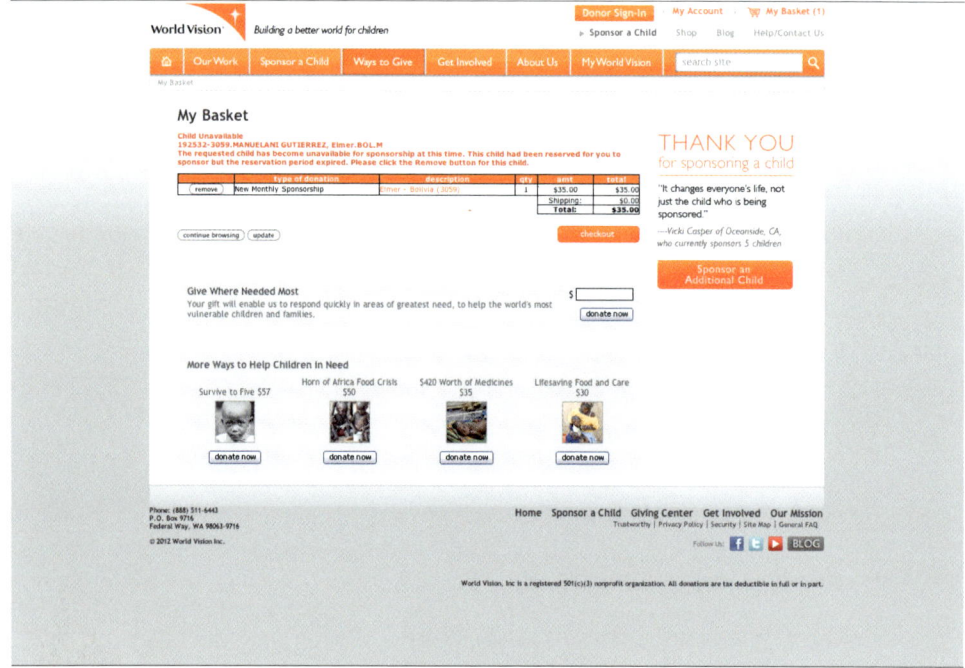

Abb. 22: Pate werden mit Warenkorbsystem – ein erschreckendes Beispiel dafür, wie wenig Aufmerksamkeit den Onlineprozessen geschenkt wird.

Ich habe dieses Beispiel schon auf Dutzenden von Veranstaltungen gezeigt. Jedes Mal geht ein Sturm der Entrüstung durch den Saal. Einzig bei der Spendenorganisation und bei den beteiligten Agenturen scheint man diese Vorgehensweise absolut okay zu finden. Auf unseren Hinweis hin wurde rechts neben dem Warenkorbsystem ein Hinweis platziert, dass der potenzielle Spender die Welt verbessert. Dass dieser Hinweis von ihm überhaupt nicht wahrgenommen wird, weil seine volle Aufmerksamkeit im Bereich der Interaktion liegt, spielt keine Rolle.

Der Ausschnitt an Beispielen aus unserer täglichen Arbeitspraxis macht deutlich, dass das Internet heute viel weiter ist als die Konzepte, die für diesen Kommunikations- und Vertriebskanal erstellt werden. Es wird Zeit, neu und kreativ zu denken. Es wird Zeit für neue Website- und Onlineshop-Formate. Es wird Zeit, den gesunden Menschenverstand einzuschalten, und es wird Zeit für die Anwendung von Erkenntnissen aus dem Neuromarketing im Onlinekanal. Sprich: Es wird Zeit für natürliche Kommunikation über das Internet. Nennen wir das den „Faktor Mensch".

3 Der „Faktor Mensch"

„Die stärkste und beste Droge für den Menschen ist der Mensch." (Bauer 2006) Das ist eine der wichtigsten Aussagen, mit denen man die Relevanz des Neuromarketings für den E-Commerce zusammenfassen kann. Ein Leitmotiv, wenn es um die Gestaltung von Websites und Onlineshops geht. Und nicht zuletzt der Grund, warum man mit interaktiven Video-Interfaces immense Steigerungen bei Response- und Conversion-Rates erzielen kann.

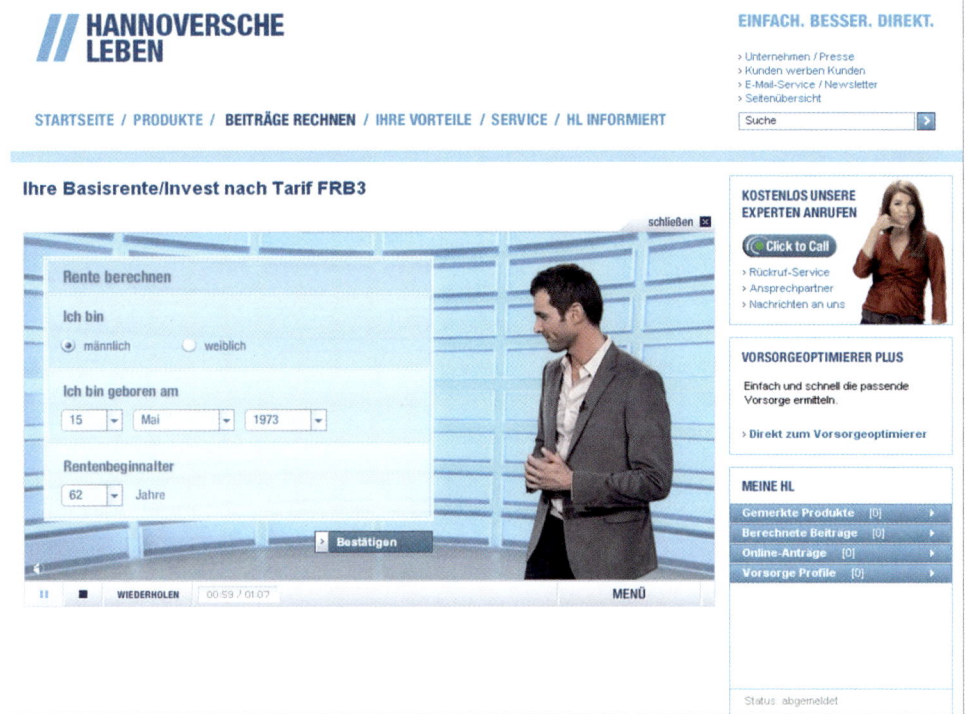

Abb. 23: Der „Faktor Mensch" in der Versicherungsbranche.

In der zweiten Internetrevolution steht der Mensch im Mittelpunkt. Sei es per Social-Media, sei es in Form von interaktiven Video-Interfaces oder sei es in Form des Realtime-Videodialogs. Der „Faktor Mensch" wird die wirkliche Transformation vom stationären ins digitale Zeitalter auslösen. In dem Moment, in dem aus der Website ein Berater beziehungsweise ein Verkäufer wird, wird der stationäre Vertrieb revolutioniert. Und dieses Zeitalter ist bereits angebrochen. Ob im Bereich Beauty, in der Versicherungsbranche oder im Retailsegment: In all diesen Bereichen wurde schon damit begonnen, den „Faktor Mensch" zu inszenieren (Abb. 23 bis 25). Eine Entwicklung, die vor mehr als acht Jahren ihren Anfang nahm und es inzwischen sogar ermöglicht, mit dem interaktiven Videoberater zu sprechen, anstatt ihn mit der Maus zu steuern.

Gehen wir noch einmal kurz zurück in die neunziger Jahre. Damals hat man den Onlineverkauf von Büchern (Amazon) und gebrauchten Gegenständen (eBay) akzeptiert. Dass Musik heute zum großen Teil online verkauft wird, dass ein Otto Versand mittlerweile einen Großteil seines Umsatzes über das Internet generiert, dass der Anzeigenmarkt für Jobs und der Immobilienmarkt vollständig im Internet stattfinden, das hat man damals nicht wirklich glauben wollen. Und heute? Jetzt geht es darum, die nächste Generation zu verstehen, in der

- über das Internet ein reales Einkaufserlebnis realisiert wird,
- Beratung, Produktpräsentation und Verkauf persönlich, interaktiv und in konstant hoher Qualität möglich ist,
- es kaum noch Grenzen gibt, was das Produkt- oder Leistungsspektrum angeht, das über den Onlinekanal vertrieben werden soll,
- im Zusammenspiel aus Rich Media und Social Media ein Mehrwert gegenüber dem stationären Vertrieb entsteht,
- das Internet nicht nur auf PCs und Notebooks stattfindet, sondern auch auf interaktiven TV-Geräten, Smartphones und iPads,
- wir neue Darstellungs- und Kommunikationsformen wie 3-D, Augmented Reality oder VoiceFlash erleben, die uns direkt ins Star-Trek-Zeitalter beamen.

40

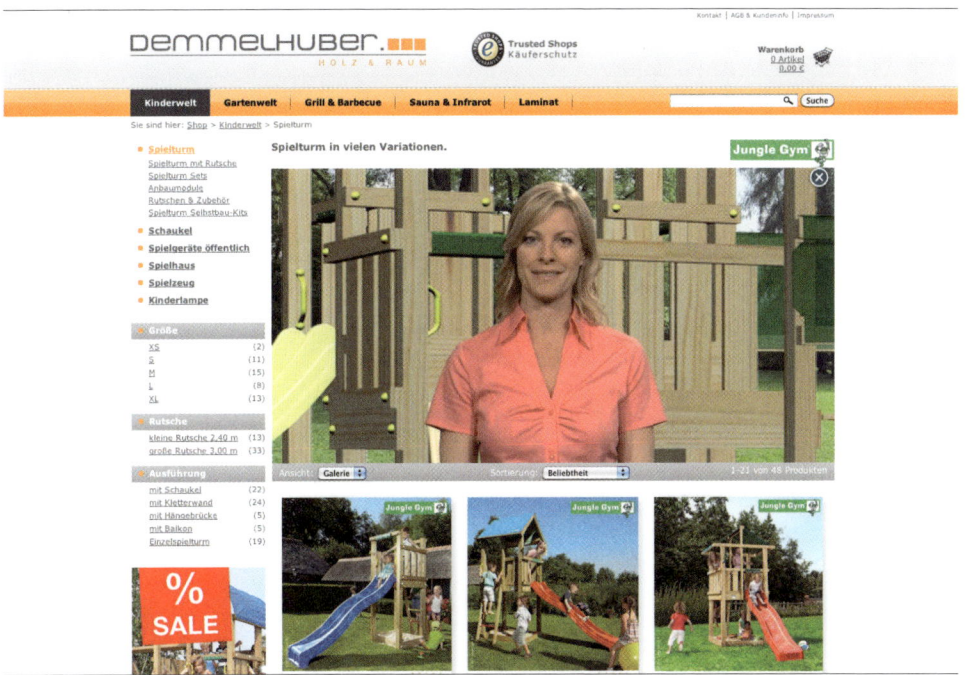

Abb. 24: Der „Faktor Mensch" im Retailsegment.

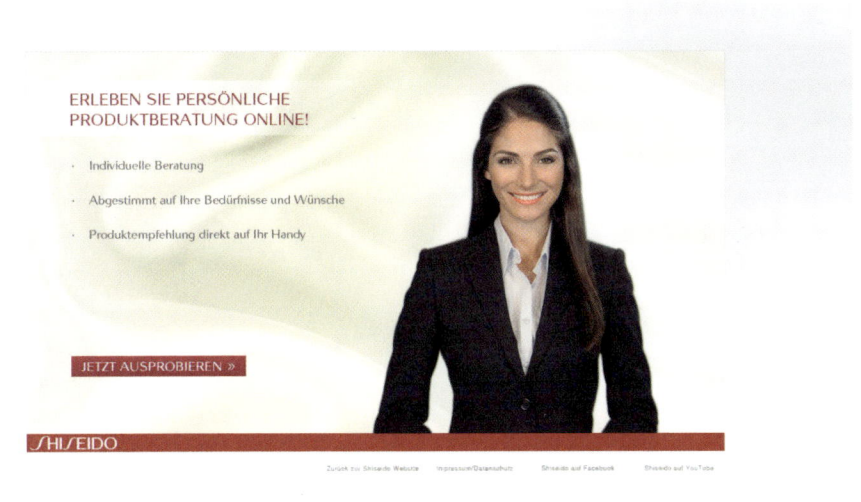

Abb. 25: Der „Faktor Mensch" im Beauty-Segment.

Nehmen wir das klassische Reisebüro als Beispiel für diese Transformation. Betritt der Kunde den Point of Sale, erwartet ihn ein mehr oder weniger dekoriertes Ladenlokal. Das Schaufenster wird im Sommer mit Fischernetzen, Sand und Sonnenschirm oder sonstigen einschlägigen Accessoires dekoriert sein. Sofern der Kunde Glück hat, ist ein Berater frei, der die Wünsche des Kunden abfragt und daraufhin einige Objekte aus den hinter ihm bereitstehenden Katalogen vorstellt. Manche Hotels oder Destinationen wird der Verkäufer selbst kennen, zu anderen hat er vielleicht ein Feedback von Kunden erhalten. Während Sie die Hotelbeschreibungen lesen, wird das eine oder andere Mal das Telefon klingeln, und im Zweifel wird sich der Berater nach einigen Minuten mit dem Hinweis auf andere Kunden verabschieden oder Ihnen die Prospekte mitgeben. Sofern Sie sich sofort zur Buchung entschließen, wird der Verkäufer Eingaben in einigen, von Ihnen nicht einsehbaren Masken vornehmen, gegebenenfalls zur Sicherheit noch ein Telefonat mit dem Reiseanbieter führen und Ihnen dann die Zahlungsanweisung mit dem Hinweis übergeben, dass Sie Ihre Reiseunterlagen etwa zwei Wochen vor Reiseantritt erhalten werden.

In der neuen Onlinewelt wird dieses Reisebüro keine Chance mehr haben, denn Sie werden auf die Website eines Online-Reisebüros gelangen, die für Sie als solche gar nicht mehr erkennbar ist. Eine freundliche, verkäuferisch top geschulte Moderatorin wird per interaktivem Video-Interface Ihre Wünsche abfragen und individuell darauf reagieren. Im Anschluss wird sie Ihnen die besten Angebote vorstellen, die sie natürlich vorher vom System bereits auf Verfügbarkeit geprüft hat. Sie wird Ihnen anbieten, sich Videos und Kundenbewertungen zu den einzelnen Destinationen und Hotels anzusehen, und optional über Wikipedia und andere Social-Media-Plattformen zu Land und Leuten informieren. Sofern Sie sich nicht sofort entscheiden können, wird sie Ihnen weitere Angebote unterbreiten und sich auch an Sie erinnern, wenn Sie nicht direkt beim ersten Besuch online buchen. Sie wird immer hundertprozentig für Sie da sein und sich gemäß Ihren Urlaubswünschen und persönlichen Angaben optimal auf Ihre Situation einstellen. Dazu wird das Video-Interface auf mehrere hundert Videosequenzen zurückgreifen, die passend zur Situation, Ihrer Eingabe oder Ihrer Zielgruppenzugehörigkeit abgespielt werden. Haben Sie die Reise gebucht, wird die Verkäuferin Ihnen anbieten, Ihr Urlaubsziel und Ihre Vorfreude direkt bei Facebook & Co. zu posten. Und nach Ihrem Urlaub wird sie nachfragen, ob Sie eine Bewertung oder einige Ihrer Urlaubsfotos für andere Kunden bereitstellen möchten.

Gefällt Ihnen dieses Einkaufserlebnis? Dann machen Sie sich bewusst, dass man eine solche Website schon heute realisieren kann. Alles, was es braucht, ist Ihre strategische Entscheidung, es zu tun.

Wenn wir im nächsten Abschnitt in das Thema „Neuromarketing" einsteigen, wird sich sehr schnell zeigen, dass der Mensch das stärkste Instrument für Emotion und Empathie ist. Dass die multisensorische Ansprache die Wahrnehmung und Behaltensleistung des Kunden massiv steigert. Dass die Response- und Conversion-Rates teilweise um mehrere hundert Prozent gesteigert werden können. Sie werden detailliert verstehen, warum das oben beschriebene Szenario des Online-Reisebüros so gut funktioniert.

Sie werden erleben, dass man im Neuromarketing viele Dinge nutzt, die in den menschlichen Genen perfekt für uns angelegt wurden. Denn in dem Moment, in dem der Kunde gar nicht mehr mitbekommt, dass er mit einem intelligenten Videodialog kommuniziert, ist das Ziel erreicht: zwischenmenschliche Kommunikation und Kooperation auf Basis einer Maschine.

Wenn Sie in der zweiten Internetrevolution Erfolg haben möchten, dann müssen Sie sich trennen von festgefahrenen Wireframes, dann müssen Sie sich trennen von technologisch getriebener Kommunikation und Navigation, dann müssen Sie sich in die Menschen hineinversetzen können — und damit ist es an der Zeit, Sie mit den Grundlagen des Neuromarketings vertraut zu machen.

INTERVIEW mit Christopher Selke

Abb. 26: Christopher Selke, Leiter Produkt & Marketing – Direktkunden, TeamBank AG.

Ralf Pispers: Herr Selke, Sie haben vor rund zwei Jahren damit begonnen, Neuromarketing-Konzepte bei der Entwicklung von Online-Aktivitäten der Marke easyCredit zu integrieren. Was waren für Sie die Beweggründe?

Christopher Selke: Auch wenn die Filialen der Volks- und Raiffeisenbanken bei uns im Fokus stehen, wird der Online-Kanal für easyCredit immer wichtiger. Die Kunden sind „always on", suchen, vergleichen und kaufen im Netz. Die Onlinekosten steigen, und so sind wir auch dort gefordert, die Abschlussquoten in den Bestellstrecken deutlich zu verbessern. Ab einem gewissen Punkt wird die Luft auf Basis der klassischen Onlinekonzepte dünn. Wir wollten uns damit aber nicht zufrieden geben.

RP: Sie haben die Neuromarketing-Aktivitäten auf die Bestellstrecke von easyCredit fokussiert. Warum legen Sie dort den Schwerpunkt?

CS: Obwohl wir viele Kunden haben, die sich ihren easyCredit berechnen, verlieren wir aus meiner Sicht noch zu viele Kunden im eigentlichen Abschlussprozess. Das ist völlig konträr zum stationären Geschäft. Wenn der Kunde dort mit dem Produkt einverstanden ist, dann hat der Berater nur noch die Formalien zu erledigen. Die eigentliche Entscheidung ist aber zu diesem Zeitpunkt gefallen. Wir verfolgen daher die Zielsetzung, uns viel stärker an den Erfolgsrezepten der Filialwelt zu orientieren. Und dabei spielt Neuromarketing eine zentrale Rolle, können wir doch auf dieser Basis Dinge integrieren, die den Kunden optimal ansprechen und zum Abschluss führen.

RP: Wo setzen Sie denn Neuromarketing ein?

CS: Wir haben auf unserer Website vor zwei Jahren durch die Integration eines Videos mit einer Beraterin, die sich zu Beginn als Ina vorstellt, eine deutliche Steigerung der Conversion-Rate erreicht. Und das lag eben nicht nur daran, dass Ina den Kunden per Videosequenzen zu einzelnen Punkten im Prozess berät. Vielmehr hat ihre bloße Anwesenheit schon dafür gesorgt, dass die Kunden sich wohl fühlen und offener für den Produktabschluss sind. Für uns war das der entscheidende Beleg dafür, dass die Menschen unbewusst auf Komponenten des Neuromarketings reagieren.

RP: Welche Pläne haben Sie?

CS: Im nächsten Schritt stellen wir uns die Frage, ob wir die Neuromarketing-Konzepte noch deutlicher in der Bestellstrecke verankern und uns dabei weitgehend von den bisherigen „Formularen" lösen. Denn wer sagt denn, dass ein Formular immer ein Formular sein muss? Wir sind gerade dabei, in völlig neue Richtungen zu denken. Und wir beobachten natürlich auch die neuen Technologien, die zur Kommunikation auf dem Onlinekanal zur Verfügung stehen. So haben wir auch mit einem Livechat gute Erfahrungen im Hinblick auf Akzeptanz und Steigerung der Conversion-Rate gemacht. Wir gehen davon aus, dass die beschriebene Entwicklung mit großen Schritten voranschreitet. Für alle Beteiligten eine sehr spannende Zeit.

Die Grundlagen des Neuromarketings

1 Die menschliche Kaufentscheidung im Internet

Jeden Tag treffen Sie Kaufentscheidungen. Ob im Supermarkt, an der Tankstelle, am Kiosk, im Restaurant oder auch im Internet: Die Zahl der online induzierten Kaufentscheidungen nimmt stetig zu. Dabei lassen sich die Kaufentscheidungen der Online-User, genau wie im klassischen Handel, generell in zwei Gruppen aufteilen. So gibt es einerseits die alltäglichen Kaufentscheidungen, die von geringer Bedeutung sind. Sie betreffen einerseits extrem kurzfristige, schnelle Entscheidungen, die mit wenigen Mausklicks und innerhalb weniger Sekunden umgesetzt werden. Der Kauf einer iPhone-App ist ein Beispiel oder auch der Kauf eines Buchs beziehungsweise einer CD per Ein-Klick-Option bei Amazon. Andererseits werden im Internet heute auch bedeutsame längerfristige Kaufentscheidungen getroffen oder zumindest vorbereitet. Sei es der Kauf eines Pay-TV-Abonnements, die Buchung einer Kreuzfahrt oder die Bestellung eines kompletten Fenstersatzes für den Hausbau. In diesem Fall werden gewissenhaft Informationen eingeholt und ausgewertet. Dabei bedient man sich verschiedener Informationsquellen und Entscheidungshilfen, zum Beispiel Kundenbewertungsportalen oder Meinungen aus der Social Community.

Kaufentscheidungen werden noch weiter unterteilt und in vier Typen klassifiziert: impulsive, habitualisierte, limitierte und extensive. Diese wollen wir uns nachfolgend genauer anschauen. Wesentliches Klassifizierungsmerkmal ist das Ausmaß der kognitiven Steuerung im Kaufprozess, das heißt die bewusste Abwägung von Informationen für oder gegen eine Kaufentscheidung (Abb. 27).

Entscheidungen mit stärkerer kognitiver Steuerung bilden die beiden Gruppen der extensiven und limitierten Kaufentscheidung. Solche mit geringer kognitiver Steuerung bilden die beiden Gruppen des habitualisierten Kaufverhaltens und der Impulskäufe (Foscht, Swoboda 2007).

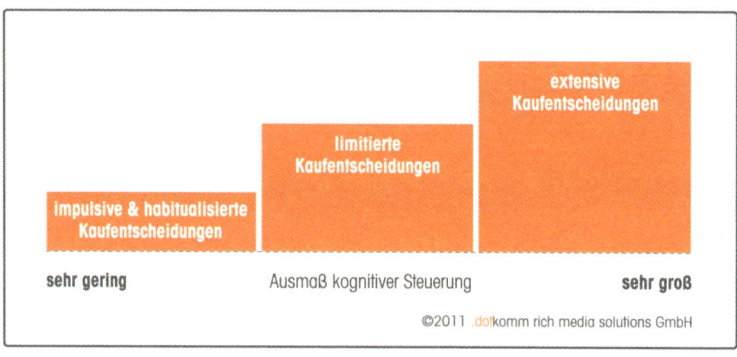

Abb. 27: Ausmaß kognitiver Steuerung bei verschiedenen Typen von Kaufentscheidungen.

1.1 Extensive Kaufentscheidung

Angenommen, der nächste heiße Sommer steht vor der Tür und Sie als echter Grillmeister möchten Ihren Gästen zukünftig mehr bieten als den „Dreifußgrill" von der Tankstelle. Sie haben bereits im Gartencenter mit einem neuen Gerät geliebäugelt und starten jetzt den Weg ins Internet, um sich einen Überblick über das Angebot zu verschaffen. Die Eingabe des entsprechenden Suchbegriffs bei Google führt zu mehr oder weniger nützlichen Links in der Ergebnisliste (Abb. 28). Und nach mehr als 30 Minuten stellen Sie fest, dass Sie zwar in Informationen ertrinken, aber doch nicht so richtig eindeutig erkennen, welcher Grill jetzt der beste für Sie ist.

Also wenden Sie sich an Ihr soziales Online-Netzwerk. Hier führt der Weg zu Facebook, wo Sie über die Statusmeldung die Frage platzieren, wer einen Tipp für Sie hat. Das kann dann zum Beispiel so aussehen: „Auf der Suche nach einem hochwertigen Grill, der maximal 800 Euro kosten darf" (Abb. 29). Die Community postet die Antworten und Kommentare, wobei nach ein paar Stunden eine wilde Diskussion zwischen Ihren „Freunden" entfacht ist, wer jetzt die beste Empfehlung hat. Jeder hat schließlich andere Erfahrungen gemacht oder Prioritäten gesetzt.

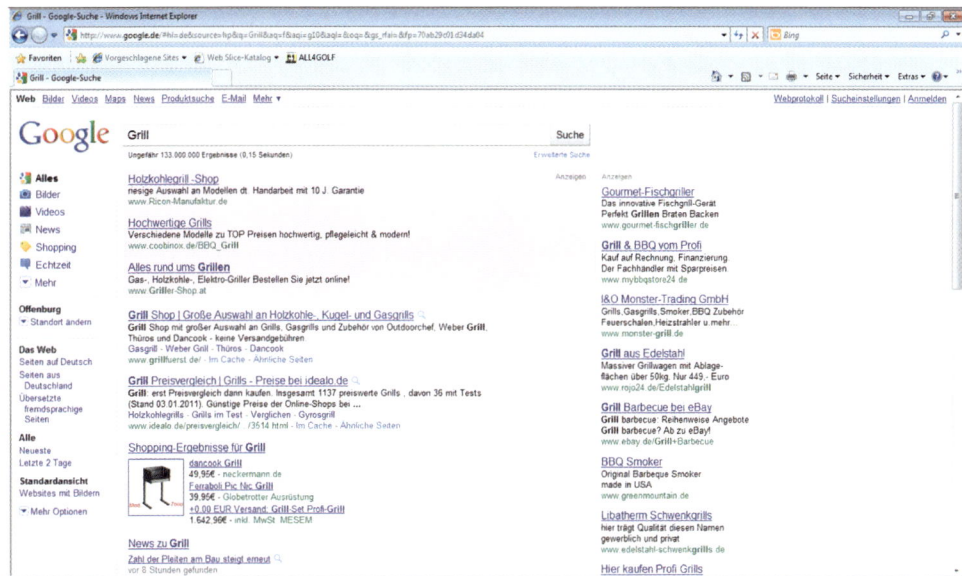

Abb. 28: Die Suche nach einem Grill bei Google.

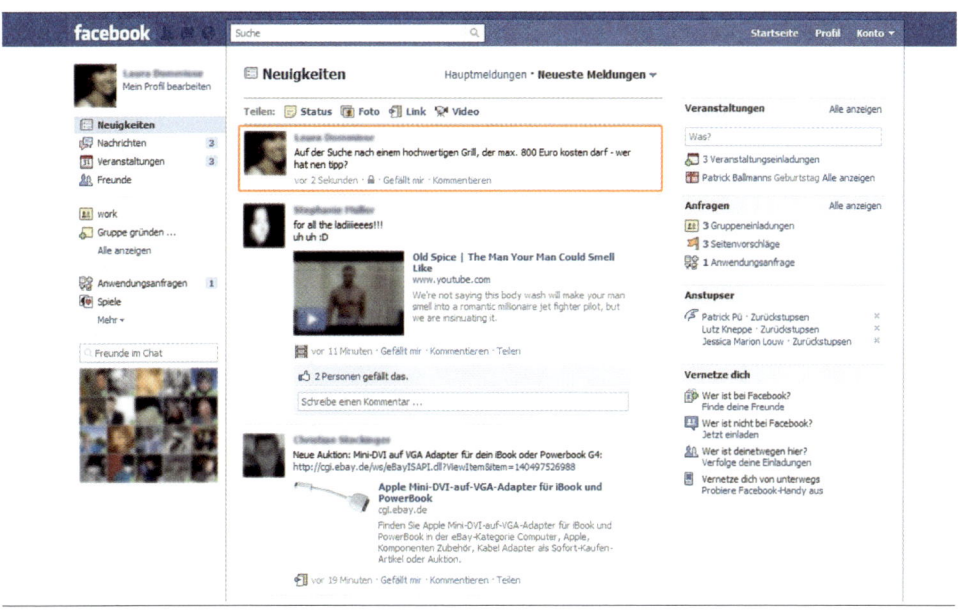

Abb. 29: Facebook-Eintrag.

Schon sind Sie mitten in einer extensiven Kaufentscheidung, also dem Typ, der einer ökonomisch rationalen Kaufentscheidung am nächsten kommt (Moser 2007). Ihr kognitiver Aufwand ist hoch. Produkteigenschaften werden sorgfältig analysiert, miteinander verglichen und in ein Gesamturteil integriert. Dabei wird nicht nur auf die eigenen Erfahrungen zurückgegriffen, sondern auch von dem Wissen anderer User des Internets profitiert.

Die Höhe des Preises eines Produkts ist dabei gar nicht mal der entscheidende Richtwert für die Entstehung einer extensiven Kaufentscheidung. Für den Hobbyangler ist die Wahl des richtigen Angelhakens teilweise von fundamentaler Bedeutung, sogar wenn das Produkt selbst nur wenig kostet.

Auch emotionale Prozesse sind bei extensiven Kaufentscheidungen sehr stark ausgeprägt, da die wirklichen Kaufabsichten erst im Entscheidungsprozess konkretisiert werden und die kognitive Steuerung der Produktauswahl zunächst auf der meist unbewussten Gefühlsebene „angeschoben" werden muss (Hetzel 2009). Extensive Kaufentscheidungen werden vor allem dann getroffen, wenn Käufer stark involviert sind, wenig Vorerfahrung mit einer Produktkategorie haben und die negativen Konsequenzen einer falschen Entscheidung schwer abwägen können. Dem Käufer sind zu Beginn wichtige Attribute und Kriterien, die das Produkt erfüllen soll, noch unbekannt. Die konkreten Kaufabsichten entstehen oft erst im Entscheidungsprozess (Moser 2007).

1.2 Limitierte Kaufentscheidung

Von einem Kollegen haben Sie erfahren, dass es jetzt doch schon den zweiten Teil der tollen Verfilmung des Buchs *Herr der Ringe* zu kaufen gibt. Von dem ersten Teil waren Sie so begeistert, dass die Kaufentscheidung für den zweiten Teil bereits gefallen ist. Zur Kaufumsetzung klicken Sie auf den von Ihnen bevorzugten Amazon-Shop (Abb. 30).

Kurz vor Durchführung des Kaufs sehen Sie, dass ein anderer Kunde, der auch den zweiten Teil des Films „Herr der Ringe" gekauft hat, diesen zusammen mit dem zweiten Teil von „Fluch der Karibik" erwarb. Da Sie auch bei diesem Film den ersten Teil gut fanden, entschließen Sie sich, den zweiten Teil gleich mitzukaufen. Dazu braucht es nur einen Mausklick auf einen separat promoteten Button (siehe Kreis in Abb. 30).

Sie sehen: Im Vergleich zu extensiven Kaufentscheidungen ist der kognitive Aufwand bei der limitierten Kaufentscheidung wesentlich geringer. Der Konsument durchläuft hier nur einen eingeschränkten, verkürzten Entscheidungsprozess

(Moser 2007). Im Unterschied zum extensiven Verhalten beruhen die limitierten Entscheidungen auf Wissen und Erfahrungen. Sobald der Konsument ein Produkt gefunden hat, das seinen Ansprüchen und Vorstellungen genügt, beendet er den Kaufentscheidungsprozess, und weitere Produktalternativen bleiben unberücksichtigt (Scheer 2008). Es wird lediglich eine begrenzte Anzahl an Informationsquellen verwendet. Die Entscheidung wird zumeist innerhalb des sogenannten Evoked Set getroffen, also zum Beispiel präferierter und bereits bekannter Marken. Bei limitierten Kaufentscheidungen kommt der Online-Produktberatung die Rolle zu, über gezielte Vorschläge bisher unbekannte Produkte ins Evoked Set des Konsumenten oder passende Produkte des Evoked Set in den Aufmerksamkeitsbereich des Kunden zu bringen.

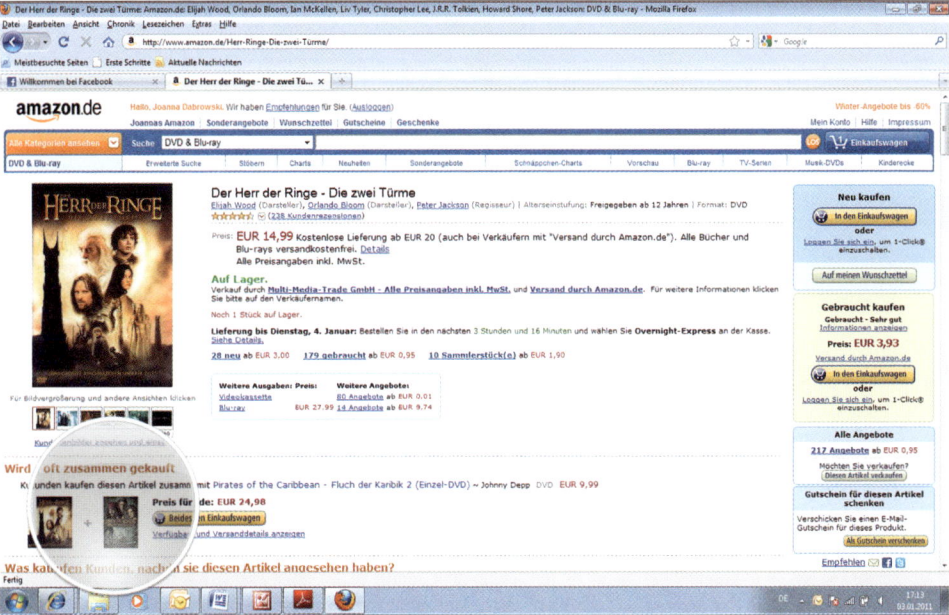

Abb. 30: Limitierte Kaufentscheidung bei Amazon.

1.3 Habitualisierte Kaufentscheidung

Sie haben vor Kurzem den Golfsport für sich entdeckt. Bei einer lockeren Samstagsrunde hören Sie von Ihren Mitspielern, dass es eine Internetseite eines guten Golfshops gibt. In diesem Shop bestellen Sie daraufhin Ihre Golfbälle. Und da Sie ja noch nicht so lange spielen, müssen Sie regelmäßig nachordern. Zur Vereinfachung des Kaufvorgangs speichern Sie den Link mit den favorisierten Golfbällen in Ihren

Favoriten ab (Abb. 31). Wenn Sie jetzt neue Bälle benötigen, reicht Ihnen ein Klick bei den Favoriten (Abb. 32).

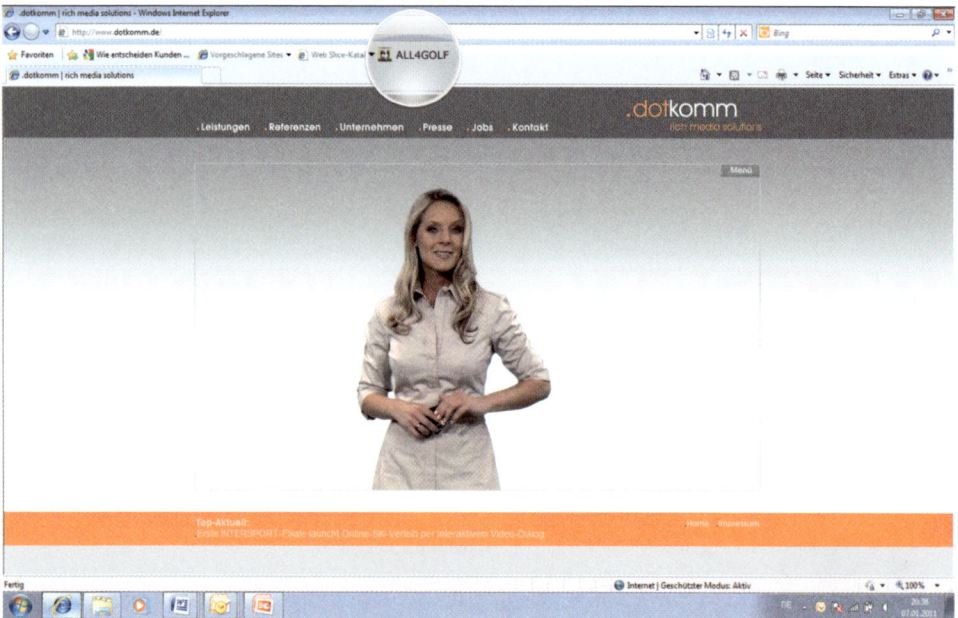

Abb. 31: Gespeicherte Website in der Favoritenleiste.

Bei habitualisierten Kaufentscheidungen handelt es sich um Gewohnheitseinkäufe, das heißt um Güter des täglichen Gebrauchs. Der kognitive Aufwand ist minimal beziehungsweise kaum nennenswert (Moser 2007). Eine habitualisierte Kaufentscheidung findet verstärkt bei bekannten, vertrauten Produkten statt, die häufig gekauft werden. Diesen ist einmal ein komplexer Entscheidungsprozess vorausgegangen, dessen Ergebnis nun unverändert bleiben wird. Typisch ist dies bei häufig erworbenen Produkten mit geringem wahrgenommenem Kaufrisiko und niedrigem Preis (Hofbauer, Körner, Nikolaus 2008). Das Internet hat hier die Kernaufgabe, entsprechende Funktionen bereitzustellen, um das habitualisierte Kaufverhalten durch Funktionen auf der Website oder im Onlineshop optimal zu unterstützen.

1.4 Impulsive Kaufentscheidung

Sie sind auf der Suche nach einer neuen Jeans und gelangen per Suchergebnis in Google auf ein aktuelles Angebot bei eBay. Hier steigen Sie spontan in die Auktion ein, die nur noch zwei Minuten dauert (Abb. 33). Gebannt fiebern Sie bei der Auktion mit und geben im letzten Augenblick das entscheidende Gebot ab. Ob Sie die Jeans jetzt tatsächlich günstiger erstanden haben als im normalen Onlineshop, wissen Sie nicht. Dafür sind Sie aber noch begeistert darüber, dass Sie es allen gezeigt haben mit Ihrem Gebot.

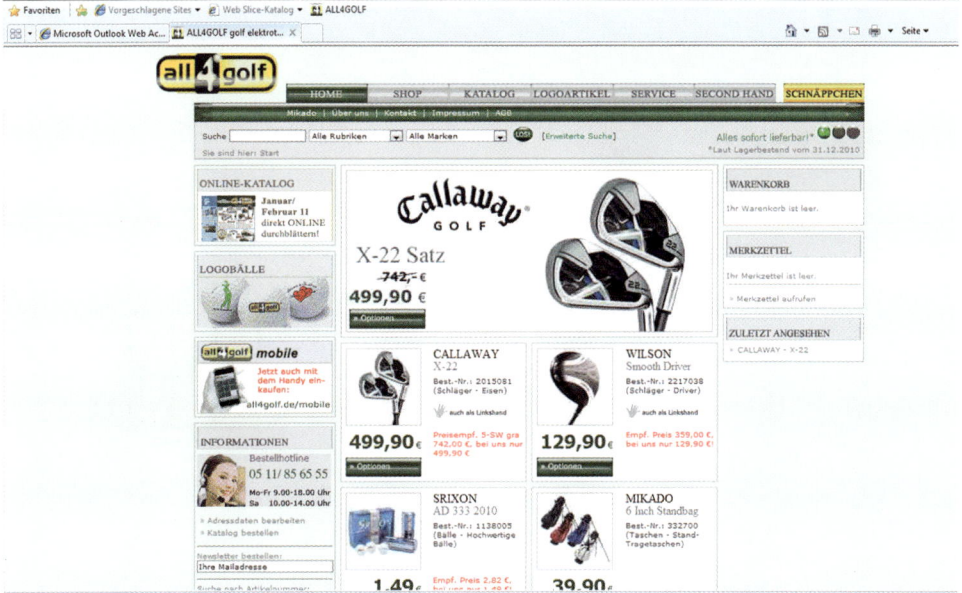

Abb. 32: Mit einem Klick bei Ihrem Favoriten.

Impulskäufe sind durch hohe Reaktivität gekennzeichnet, das heißt durch spontanes, ungeplantes Handeln, durch den plötzlichen Drang, ein Produkt zu kaufen (Moser 2007). Die Entscheidung entsteht oft erst bei der Betrachtung des Produkts, ohne dass die vorherige Absicht bestand, es (in diesem Fall die Jeans) zu erwerben.

Impulskäufe stehen oftmals im Zusammenhang mit preiswerten Produkten, können aber auch hochpreisige betreffen, etwa eine Jeans oder einen Fernseher. Der kognitive Aufwand ist hierbei gering, Impulskäufe sind aktivierend und emotional (Moser 2007). Daher werden diese Kaufentscheidungen auch „Spontan-" oder „Affektkäufe" genannt. Dem Internet kommt bei diesen Kaufentscheidungen die Rolle zu, entsprechende Impulse auszulösen, wobei dafür nicht nur zeitlich befristete Aktionen geeignet sind. Auch das starke Gefühl von Vertrauen kann beim richtigen Produkt und bei einem bisher extensiv geführten Kaufprozess zum Impulskauf führen. Besonders in Zeiten, in denen im Internet unzählige Onlineshops miteinander konkurrieren, kommt dem Impuls eine entscheidende Rolle zu.

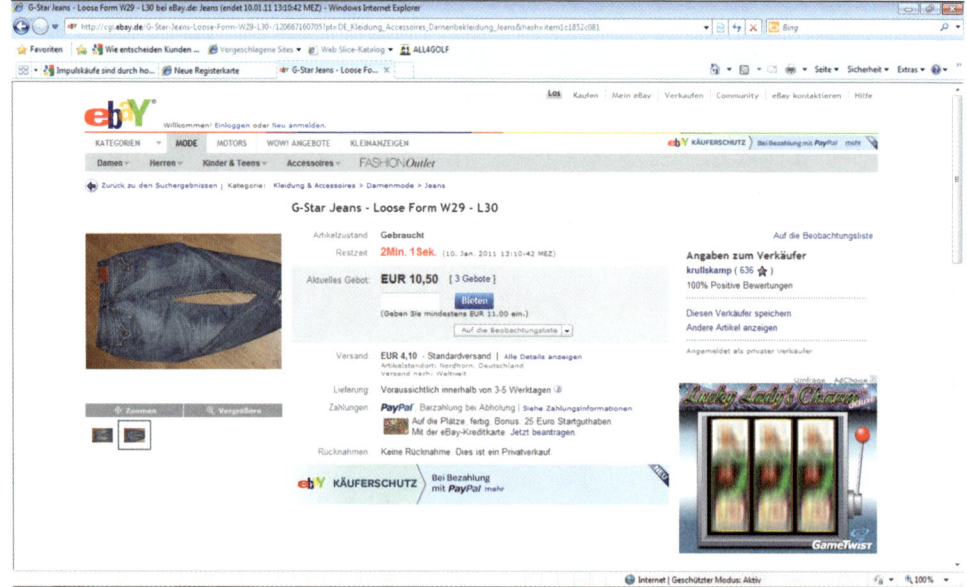

Abb. 33: „3 … 2 … 1 … meins!"

Insofern sind es gerade die extensiven und impulsiven Kaufentscheidungen, die durch emotionale Aktivierung der Kunden positiv beeinflusst werden können. Aber auch bei limitierten und habitualisierten Kaufprozessen kann Neuromarketing durch die bewusste Steuerung der Aufmerksamkeit des Kunden positive Effekte auslösen.

1.5 Einflussfaktoren von Kaufentscheidungen

Der Mensch kann von verschiedenen Faktoren zu einer Kaufentscheidung verleitet werden. In der Literatur wird zwischen kulturellen, sozialen, persönlichen und psychologischen Faktoren unterschieden (Abb. 34).

Zu den kulturellen Faktoren zählen beispielsweise der Kulturkreis und die Massenmedien. Bei den sozialen Faktoren sind etwa Familienmitglieder und Freunde einzuordnen. Zu den persönlichen Faktoren zählen demografische Variablen wie etwa das Alter. Als letzter Einflussfaktor ist die Psychologie unter anderem mit den aktivierenden Determinanten, den Emotionen, oder auch den kognitiven Determinanten, dem Denken und Lernen, zu zählen (Abb. 34).

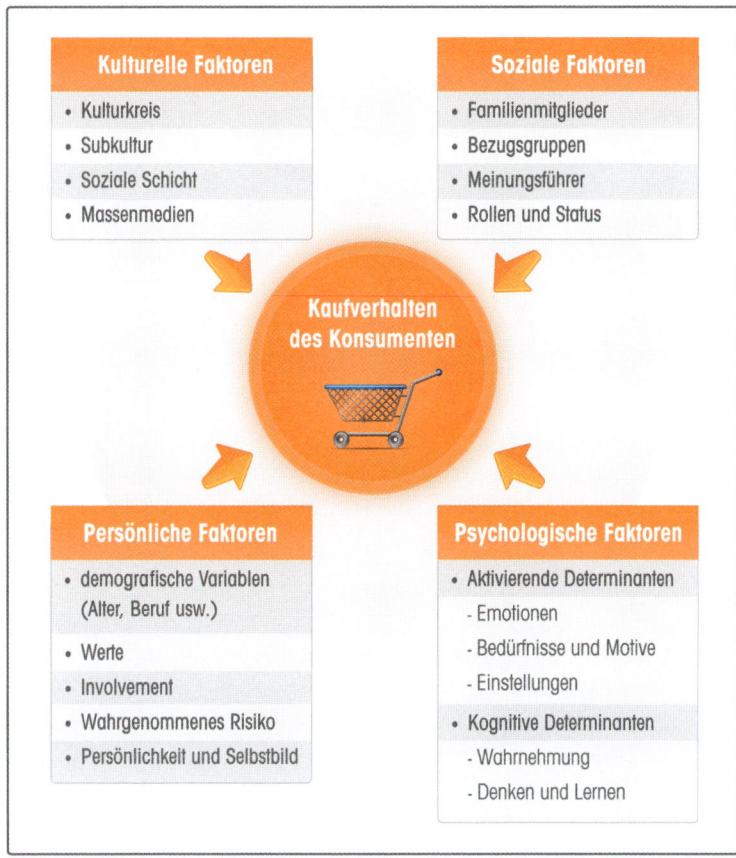

Abb. 34: Determinanten des Kaufverhaltens von Konsumenten.

1.6 Das Internet hilft bei Kaufentscheidungen

Das Internet ist inzwischen *das* Medium zur Vorbereitung von Kaufentscheidungen. Dies zeigt auch eine repräsentative Studie des Hightech-Verbands BITKOM, die im März 2010 zum Thema „Kaufentscheidungen im Internet" veröffentlicht wurde. Befragt wurden 1000 Personen ab 14 Jahren (Abb. 35).

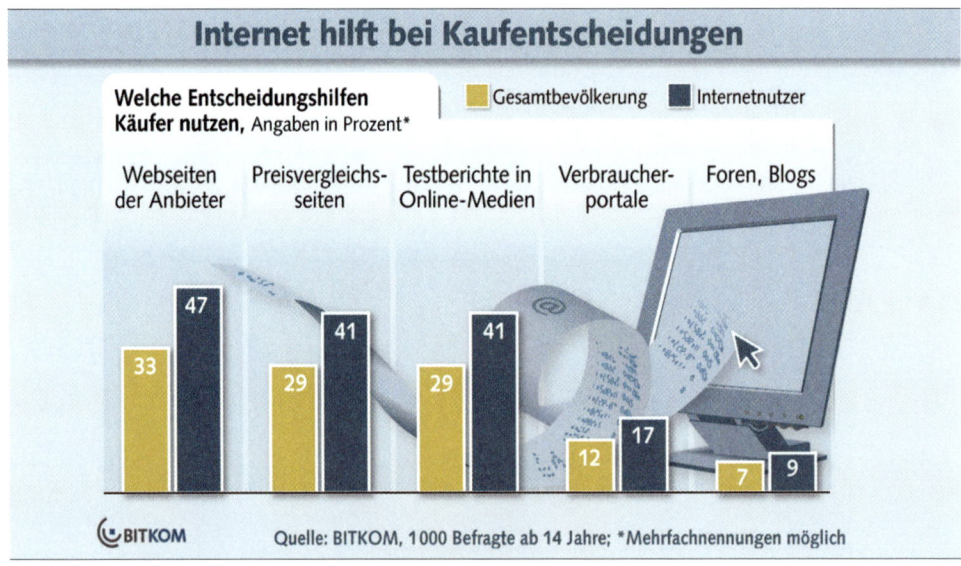

Abb. 35: Internet hilft bei Kaufentscheidungen.

Die Studie ergab, dass bei Kaufentscheidungen heute in der Regel das Internet konsultiert wird. Vor einem Kauf informieren sich 55 Prozent der Bundesbürger im Internet über Preise oder Produkteigenschaften. Die wichtigste Informationsquelle bei Kaufentscheidungen sind die Websites der Hersteller und Händler, die jeder dritte Befragte nutzt. Mit je 29 Prozent folgen Preisvergleichsportale und Testberichte in Onlinemedien. Bei der Umfrage waren Mehrfachnennungen möglich. „Das Internet hat das Konsumverhalten der Menschen grundlegend verändert", sagt BITKOM-Präsident Prof. Dr. August-Wilhelm Scheer. „Bei Kaufentscheidungen ist das Web Informationsquelle Nummer eins." Als weitere Online-Entscheidungshilfen dienen Verbraucherportale, die von zwölf Prozent der Befragten genutzt werden, sowie Foren und Blogs (sieben Prozent) (**www.bitkom.org**).

Grundsätzlich werden die Kaufentscheidung sowie ihre unterschiedlichen Einflussfaktoren wie dargestellt kategorisiert. Mit dem Wissen aus dem Neuromarketing wird diese Kategorisierung allerdings aufgebrochen, wissen wir doch, dass ein erheblicher Teil der Informationen und Kaufentscheidungen von den Menschen unbewusst getroffen wird.

Wenn wir davon ausgehen, dass es den rationalen, kognitiv gesteuerten Internetkäufer nicht gibt, dann werden Kaufentscheidungen auch online zu einem großen Teil auf emotionaler Basis getroffen, also „aus dem Bauch heraus". Und das trotz aller zur Verfügung stehender Informationsquellen. Das ist zwar generell keine neue Erkenntnis. Neu ist jedoch, dass wir die in unserem Körper vorgehenden Prozesse zum Zeitpunkt einer Kaufentscheidung sichtbar machen können. Das Thema „Neuromarketing" stellt insofern einen neuen Ansatz im Bereich der Erforschung des Kaufverhaltens dar. Es baut dabei auf das sogenannte Stimulus-Organismus-Response-Modell auf.

1.7 Das Stimulus-Organismus-Response-(S-O-R-) Modell

Nehmen wir an, dass Sie im Internet surfen, Sie finden einen ansprechenden Onlineshop und kaufen ein Produkt. Beobachtbar sind einerseits der ausgelöste Stimulus, in diesem Fall der Onlineshop und seine Produkte, sowie die bei Ihnen ausgelösten Reaktionen. Dieser Prozess wird in der Konsumentenpsychologie häufig angewandt und als „Stimulus-Response-Modell (S-R-Modell)" bezeichnet.

Eine Weiterentwicklung des Modells stellt das Stimulus-Organismus-Response-Modell (S-O-R-Modell) dar. Die Grundidee beider Modelle besteht in der Annahme, dass das Verhalten der Menschen von bestimmten Reizen beeinflusst wird. Über das S-R-Modell hinausgehend, fügt das S-O-R-Modell den Faktor „Organismus" hinzu (Abb. 36).

Unsere im Organismus ablaufenden Prozesse werden in diesem Modell als „Black Box" aufgefasst, so dass die Frage, welche Prozesse im Menschen zum beobachtbaren Verhalten führen, auf dieser Basis lange nicht erklärt werden konnten. Demnach beeinflussen individuelle Faktoren wie Lernen, Wahrnehmung, Gedächtnis, Aktivierung, Einstellung, Emotionen und Motivation die Wirkungsweise eines Reizes (Schmidt, Gizinski, Heidbred, Zierold 2004).

Das Ziel des S-O-R-Modells besteht darin, ein besseres Verständnis des Konsumentenverhaltens, das heißt der in unserem Organismus ablaufenden Prozesse, zu entwickeln. Innerhalb der Konsumentenforschung ermöglichten die bisher gebräuchlichen Methoden im Rahmen des S-O-R-Paradigmas keine Einblicke in die Vorgänge des menschlichen Organismus. Doch durch die neue Disziplin Neuromarketing und den Einsatz von Hirnforschungsmethoden können diese Vorgänge nun beobachtet werden: Welche Reaktion folgt in unserem Körper auf einen bestimmten Stimulus und inwieweit führt dies zu einer erhöhten Effektivität und Effizienz der Gehirnaktivitäten?

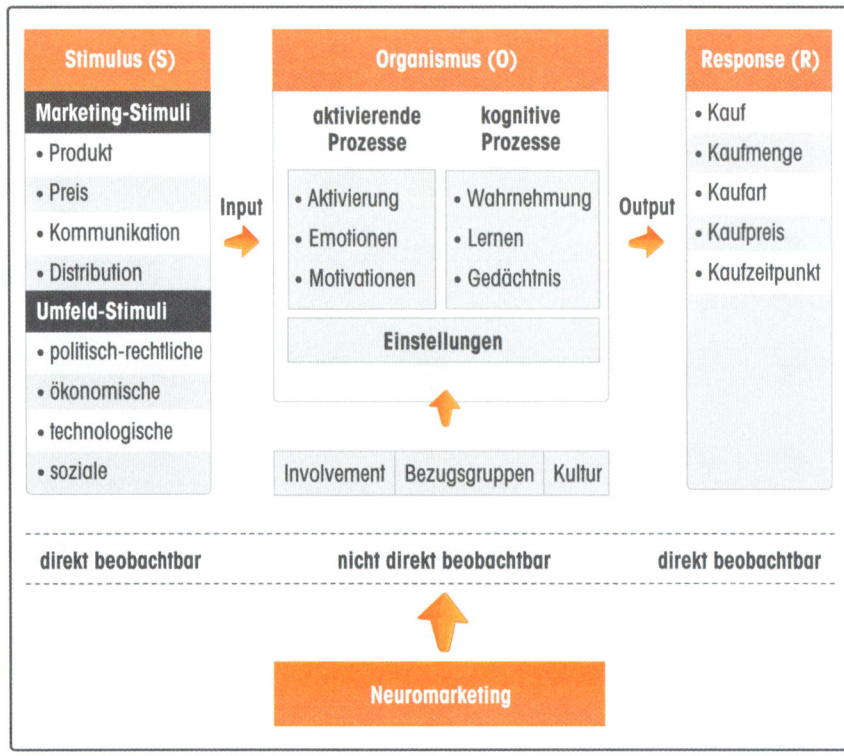

Abb. 36: Darstellung des S-O-R-Modells.

1.8 Der Autopilot als treibende Kaufentscheidung im Internet

Die Neuromarketing-Forscher haben für die beschriebenen Vorgänge den Begriff des „Autopiloten" entwickelt. Unsere Kaufentscheidung wird durch den Autopiloten und Piloten gesteuert. Doch was ist darunter zu verstehen? Und weshalb ist der Autopilot von entscheidender Bedeutung?

Der Autopilot agiert weitestgehend unbewusst. Er ist von ausschlaggebender Bedeutung, denn heute ist klar, dass dieses System entscheidend für das Kaufverhalten ist. Dem renommierten Harvard-Professor Gerald Zaltman zufolge steuert das unbewusste System 95 Prozent des Kaufverhaltens (Häusel 2008). Nur verschwindend wenige Käufe werden folglich durch den Piloten getätigt.

Zu den mentalen Prozessen des Autopiloten zählen die Sinneswahrnehmungen, viele Lernvorgänge, Emotionen, unbewusste Markenimages, spontanes Verhalten und intuitive Entscheidungen (Abb. 37). Der Autopilot, auch „das implizite System" genannt, enthält also neben den Emotionen eine ganze Reihe kognitiver Prozesse. Unter „implizit" versteht man, dass ein Vorgang unbewusst, automatisiert und schnell abläuft. Der Autopilot regelt somit die gesamte nonverbale Kommunikation (Häusel 2008).

Abb. 37 ist — bis auf das System des Autopiloten und Piloten — an das S-O-R-Modell angelehnt. Der User nimmt einen Code, das heißt einen Reiz, innerhalb eines Onlineshops auf. Dieser wird zu 95 Prozent im Autopiloten verarbeitet, in ihm sind auch die Codes von Marken, Produkten, Medien gespeichert — das emotionale und kognitive Arbeiten bleibt unbewusst. Wird eine Kognition durch bestimmte Markensymbole oder Medien hervorgerufen, so beeinflusst der Autopilot den User unbewusst beim Onlineshopping. Der Pilot verarbeitet die kognitiven Prozesse, die bewusst und steuerbar sind. Dieser Vorgang kann auch schlicht als „Nachdenken" bezeichnet werden.

Der unbewusst handelnde Autopilot wurde lange unterschätzt und darf auch im Internet nicht vernachlässigt werden. Bisher werden Websites und Onlineshops nämlich mit einer starken Orientierung auf Struktur, Navigation und Information entwickelt. Hier steht ein neues Zeitalter bevor. Zukünftig heißt es für jeden E-Commerce-Manager, an der Emotionalisierung zu arbeiten. Werden nämlich keine Emotionen beim User ausgelöst, erfolgt keine Response, das wiederum heißt, dass das Produkt nicht in den Warenkorb gelegt wird. Der Schwerpunkt muss zukünftig viel stärker auf den Autopiloten verlagert werden, nur so kann man sich von anderen Onlineshops differenzieren und die Conversion steigern.

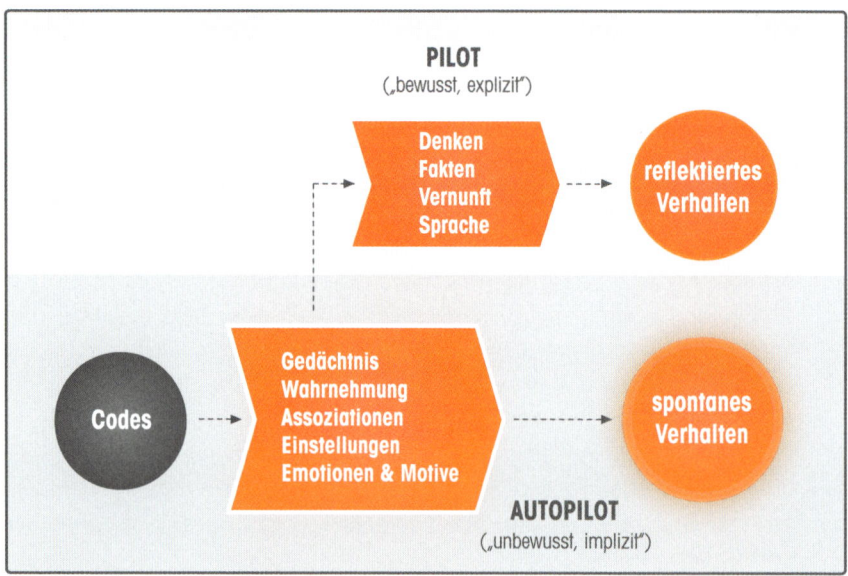

Abb. 37: Der Autopilot im Kopf steuert spontanes Verhalten, der Pilot sorgt für reflektiertes Verhalten.

2 Der Megatrend Neuromarketing

Was wäre, wenn wir in den Kopf des Kunden vordringen könnten, während er vor dem PC sitzt und online einkauft? Was passiert im Gehirn des Konsumenten zum Zeitpunkt der Kaufentscheidung? Inwieweit kann Neuromarketing im E-Commerce eingesetzt werden?

Unsere Großmütter hatten viele gute Weisheiten auf Lager. Aber sie taten halt auch noch Mehl auf Brandwunden. Und viele E-Commerce-Manager glauben nach wie vor an den bewusst und vernünftig handelnden Kunden, um abends nach der Arbeit in ihren BMW zu steigen, den sie wegen der „Freude am Fahren" gekauft haben. Insofern steht fest, dass die Emotion wesentlichen Einfluss auf den Prozess der Kaufentscheidung hat. Und Emotion entsteht im Gehirn des Kunden. Doch welche Rolle spielen unsere Emotionen während des Surfens auf einer Website oder in einem Onlineshop?

Das Neuromarketing gibt uns Antworten und deckt die nichtsichtbaren Prozesse in unserem Organismus auf, während wir eine Kaufentscheidung treffen. Lange blieben diese Prozesse unsichtbar. Unter dem Stichwort „Neuromarketing" wird eine völlig neue Perspektive auf das Online-Marketing eröffnet.

In den letzten Jahren erfährt das Neuromarketing eine immer stärker werdende Popularität. Das hängt von zwei entscheidenden Faktoren ab: Erstens sind die Funktionen einzelner Hirnregionen mittlerweile so weit erforscht, dass anhand von Aktivitäten dieser Hirnbereiche die Bedeutung für das Verhalten untersucht werden kann. Zweitens gab es einige technische Fortschritte in den sogenannten bildgebenden Verfahren (zum Beispiel fMRT), mit denen Neuromarketing überhaupt erst möglich wird.

Neuromarketing beschäftigt sich damit, wie Kaufentscheidungen im menschlichen Gehirn ablaufen und auch beeinflusst werden können (Häusel 2008). In der erweiterten Definition versteht man darunter die Nutzung der vielfältigen Erkenntnisse der Hirnforschung für das Marketing. In den letzten Jahren hat diese interessante Erkenntnisse zutage gefördert. So untermauert die aktuelle Forschung die Erkenntnis, dass der unbewusste Anteil an einer Entscheidung des Menschen um ein Vielfaches größer ist als der bewusste: Ungefähr 95 Prozent der mentalen Prozesse im menschlichen Gehirn laufen unbewusst ab.

Während die herkömmlichen Methoden der Marktforschung lediglich bewusst wahrgenommene Reize erforschen, sieht sich das Neuromarketing in der Lage, auch unbewusste Abläufe im Gehirn aufzudecken und zu analysieren. Denn wenn wir wissen, dass 95 Prozent der mentalen Prozesse unbewusst ablaufen, dann kommen in der klassischen Marktforschung nur die Ergebnisse zutage, die der Mensch auch bewusst wahrnimmt. Der Mensch denkt jedoch nicht nur in Worten. Insofern bleiben in Interviews, Gruppendiskussionen, Onlinebefragungen und ähnlichen Aktivitäten viele Facetten der Kaufentscheidung unberücksichtigt.

Die Verbreitung des Neuromarketings in Deutschland ist nicht so weit fortgeschritten wie beispielsweise in den USA. Bis jetzt sind nur einige wenige Experimente und Untersuchungen in diesem Bereich in Deutschland durchgeführt und veröffentlicht worden. Jedoch ist zu erwarten, dass mit der stetigen Zunahme an Untersuchungen auch die Erfahrung im Neuromarketing entsprechend zunehmen wird. Eine der ersten Anwendungen von Neuromarketing ist die allgemein als „Pepsi-Studie" bekannte Untersuchung.

2.1 Coca- oder Pepsi-Cola?

Welches der Getränke schmeckt Ihnen besser? Welche der beiden Marken bevorzugen Sie und für welche Marke würde sich Ihr Gehirn entscheiden? Dieser Fragestellung ging Dr. Read Montague im Jahr 2003 in einer Studie am Baylor College in Houston, Texas, nach. In dieser Studie wurde in einer Gruppe von Konsumenten der Geschmack von Coca- und Pepsi-Cola verglichen.

Während die Probanden beide Getränke (ohne vorherige Markennennung) zu sich nahmen, wurden die Hirnaktivitäten in einem Kernspintomografen gemessen. Bei allen Konsumenten zeigte sich während des Genusses von Pepsi-Cola eine stärkere Gehirnaktivität im Bereich des „Belohnungszentrums" als während des Genusses von Coca-Cola. Auf die Frage hin, welches Getränk ihnen besser geschmeckt habe, entschied sich die Mehrheit für Pepsi. Als in einem zweiten Durchgang den Probanden mitgeteilt wurde, welches Getränk sie zu sich nahmen, änderte sich das Bild im Kernspintomografen und ebenso die Meinung der Testpersonen: Solange die Probanden nicht wussten, um welche Marke es sich jeweils handelte, schnitt Pepsi also deutlich besser ab. Erst als die Marke erkennbar gemacht wurde, lag Coca-Cola weit vorn.

Das Wissen, dass es sich um die Marke Coca-Cola handelte, führte offensichtlich zu einer Veränderung der Gehirnaktivität und auch der Präferenz. Es scheint sich die Vermutung zu bestätigen, dass die Probanden bei der Darbietung der Marken zusätzlich Erinnerungen, Assoziationen und andere nichtgeschmackliche Eindrücke in die Entscheidung mit einbezogen haben. Diese Faktoren hätten somit die Wirkung des Geschmacks letztlich überlagert. Es wird angenommen, dass mit der Marke Coca-Cola mehr positive Assoziationen und Selbstwertgefühle als mit Pepsi-Cola verbunden werden. Es zeigt sich, dass einem Produkt dann besondere Eigenschaften und Qualitäten zugeschrieben werden, wenn die dazugehörige Marke ein starkes Image hat und viele Assoziationen im Kopf des Konsumenten hervorruft. Die positiven Erinnerungen und Emotionen wirken folglich stärker als der Geschmack (Zimmermann 2006).

2.2 Welchen Einfluss hat der kulturelle Hintergrund auf die Wahrnehmung?

Eine weitere spannende Studie wurde in einem *Review*-Artikel im Jahre 2011 veröffentlicht. Anhand von Pepsi-Cola- und Coca-Cola-Werbespots wurden die unterschiedlichen Wahrnehmungswelten anderer Kulturen aufgezeigt.

Die Studie wurde von Giovanni Vecchiato und anderen Mitarbeitern der Universität Rom unter Nutzung von EEG-Messungen durchgeführt. Dabei wurde bei 15 Testpersonen aus Italien und 13 Testpersonen aus China ein Elektroenzephalogramm (EEG) aufgenommen, während die Personen Werbespots zu Pepsi- und Coca-Cola betrachteten. Der Vorteil einer EEG-Untersuchung besteht in der guten Zeitauflösung. Denn bei einem Werbespot können sich die Reaktionsmuster in Bruchteilen einer Sekunde verändern. Die zentrale Erkenntnis aus der Studie lautet: „Die Ergebnisse dieser Studie scheinen die Beobachtung zu stützen, dass beide Gruppen (Chinesen und Italiener) dazu tendieren, sehr sensitiv auf die Präsentation der Marke zu reagieren. Dabei reagierten die Chinesen nicht so sehr, wenn bei der Präsentation ein einzelner Darsteller die Szene dominierte, während für die Italiener das genaue Gegenteil zutraf." Für die chinesischen Fernsehzuschauer ist die zentrale Figur also besser in eine Gruppe eingebunden, denn das Vergnügen an der Marke wird gemeinsam gelebt. Für das italienische Publikum wird mehr Aufmerksamkeit generiert, wenn eine einzelne Person im Mittelpunkt steht.

Die Studie ist ein gutes Beispiel für das Vorgehen der Neurosoziologie. Im Zentrum steht nach wie vor die Soziologie in ihrem Verständnis kultureller Unterschiede.

Durch neurowissenschaftliche Methoden können soziologische Hypothesen gestärkt oder verworfen werden. Hier kann es dazu beitragen, einen tieferen Einblick in die Wahrnehmungswelten anderer Kulturen zu gewinnen (www.neuroketing. wordpress.com, 2012).

2.3 Was sagt Ihr Gehirn zu einem Sportwagen?

DaimlerChrysler interessierte die Frage, wie bestimmte Autotypen auf das Gehirn von Männern wirken. Während dieser Studie wurden zwölf männlichen Probanden jeweils 22 Schwarzweißfotos von Sportwagen, Limousinen und Kleinwagen in einer zufälligen Reihenfolge gezeigt. Während des Versuchs lagen die Testpersonen in einem Kernspintomografen, in dem ihre Gehirnaktivität aufgezeichnet wurde. Nach jedem gezeigten Bild sollten die Probanden eine Attraktivitätsbewertung zwischen eins und fünf geben, wobei eins für geringe und fünf für hohe Attraktivität stand.

Die Forscher entdeckten, dass beim Anblick der Sportwagen die Aktivität im sogenannten Nucleus accumbens — einem kleinen Kern im limbischen System, der als das Belohnungszentrum des Gehirns gilt — deutlich höher war als bei der Betrachtung von Kleinwagen und Limousinen. Neurobiologisch lief Folgendes ab: Die Neuronen innerhalb dieses Kerns wurden bei Wahrnehmung des Reizes durch den Neurotransmitter Dopamin aktiviert. Aufgrund dessen wurden endogene Opiate freigesetzt. Das sind Nervenstoffe, die im Zusammenhang mit Gefühlen von Wohlbefinden und Lust stehen und das Selbstwertgefühl des Menschen stärken. In der Studie konnte aufgezeigt werden, dass die Wahrnehmung von Objekten, die mit Reichtum und sozialer Dominanz in Verbindung gebracht werden — in diesem Fall ein Sportwagen —, zu einer erhöhten Aktivierung von Gehirnbereichen führt, die mit Belohnung und Selbstwertgefühl in Zusammenhang stehen. Für die Markenwirkungsforschung haben diese Erkenntnisse insofern Bedeutung, als die Freisetzung von Opiaten beziehungsweise eine erhöhte Aktivität des Nucleus accumbens bei Wahrnehmung eines Reizes als Zeichen dafür gedeutet werden kann, dass die Testpersonen eine positive Einstellung gegenüber einem Objekt oder auch einer Marke besitzen (Zimmermann 2006). Mithilfe der aufwendigen bildgebenden Verfahren kann also die Aktivierungs- und Wahrnehmungswirkung direkt im Kopf des Konsumenten beobachtet werden.

2.4 Was sagt das Gehirn eines Rauchers?

In einer **Studie**, die im Mai 2012 in der Psychological Science veröffentlicht wurde, haben Wissenschaftler der Universität von Kalifornien die Gehirnaktivität von 31 Probanden bei der Betrachtung von Anti-Raucher-Werbung analysiert. Außerdem befragten sie die Probanden darüber, ob sie die Kampagnen mögen und ob sie glauben, dass diese ihr Verhalten verändern können. Die Forscher entdeckten dabei, dass die Aktivität in einer Region des Gehirns die Effektivität von Werbespots bei den meisten Menschen voraussagen kann.

Der Versuchsaufbau sah wie folgt aus: Den Probanden wurden drei unterschiedliche Werbespots gezeigt. Die Werbespots forderten dazu auf, eine „Nichtraucher-Hotline" anzurufen. Dabei wurde die Gehirnaktivität der Probanden mit der tatsächlichen Performance der Spots im Hinblick auf die Anrufrate verglichen. Das heißt, je mehr Probanden nach dem Anblick eines Spots zum Hörer griffen, umso effizienter war der Spot tatsächlich. Dabei konzentrierten sich die Forscher auf eine Unterregion des medialen präfrontalen Kortex (MPFC). Allerdings beobachteten sie zu Kontrollzwecken auch die Aktivität in anderen Regionen des Gehirns. Sie konnten zeigen, dass die Kampagne, die die größte Aktivität in der MPFC-Region generierte, auch zu deutlich mehr Anrufen bei dieser Hotline führte. Die Probanden waren dabei nicht in der Lage, den Spot zu identifizieren, der ihr Verhalten ändern würde. Ganz im Gegenteil, denn der Spot, der von den Probanden als der wahrscheinlich ineffektivste eingestuft wurde, war tatsächlich der, der am besten funktionierte.

Neben den Probanden wurden noch Experten aus der Industrie befragt, die ebenfalls voraussagen sollten, welcher Spot die beste Wirkung haben würde. Diese sogenannten Fachleute lagen ebenso falsch wie die Probanden.

Wie die Forscher selbst feststellen, handelt es sich hierbei um einen neuen Ansatz, der die neuronalen Antworten auf Werbespots (Aktivität) direkt mit dem Verhalten verlinkt, das durch diese Spots ausgelöst wird (**www.neuromarket.wordpress. com**, 2012). Die gemessenen Gehirnaktivitäten weichen also erheblich von eigenen Einschätzungen der Probanden ab. Daher ist im Zweifel eher auf die beschriebenen Methoden und ermittelten Tendenzen abzustellen als auf die Befragung durch die potenziellen Nutzer.

2.5 Aufbau und zentrale Bereiche unseres Gehirns

Welches sind die entscheidenden Bereiche in unserem Gehirn? Wo findet die Kaufentscheidung statt? Hierzu wollen wir Sie jetzt in eine kleine Biologiestunde entführen. Also belohnen Sie sich mit einem Kaffee oder Tee, und starten Sie mit uns in den Kopf des Kunden.

Faszinierend ist, dass sich Grundfunktionen unseres Gehirns trotz der Schnelllebigkeit in unserem Umfeld nicht verändern. In der Steuerzentrale des gesamten Körpers bilden Milliarden Nervenzellen den Kern, dessen Hauptfunktion es ist, Erregungen aufzunehmen, zu verarbeiten und wieder abzugeben.

Im Inneren unseres Großhirns liegen die Basalganglien, der Thalamus, der Hippocampus und die Amygdalae. Darunter befinden sich der Hypothalamus, das Mittelhirn, das Kleinhirn und der Hirnstamm. Für das Verständnis unseres Themas sind folgende Hirnregionen von entscheidender Bedeutung: Großhirn, Zwischenhirn und der Hirnstamm.

Die Funktion des Hirnstamms liegt hauptsächlich in der Kontrolle lebenswichtiger Grundfunktionen wie Atmung, Herzschlag, Blutkreislauf und Schlaf-wach-Rhythmus. Die Steuerung und Feinabstimmung der stützmotorischen Anteile von Haltung und Bewegung, der Blick-, Ziel- und Sprachmotorik übernimmt das Kleinhirn (Abb. 38).

Die Großhirnrinde ist in eine rechte und eine linke Hälfte aufgeteilt, die beiden Hemisphären (Häusel 2002). Diese stehen in einer Wechselbeziehung zueinander, da sowohl Sprache als auch Bilder jeweils sprachliche und bildliche Assoziationen hervorrufen (Kroeber-Riel, Esch 2004). Folgendes Beispiel zeigt den engen Zusammenhang zwischen den beiden Hemisphären: 24 Probanden wurden in zufälliger Reihenfolge zwei Kaffeemarken präsentiert, im Anschluss wurden sie aufgefordert, sich für eines der Produkte zu entscheiden. Mithilfe der Magnetresonanztomografie konnte die neuronale Aktivität des Markenstimulus im Gehirn gemessen werden. Das Ergebnis zeigte, dass die beobachteten Aktivierungsmuster in beiden Gehirnhälften zu finden waren (Raab, Unger 2005). Damit konnte bewiesen werden, dass emotionale und rationale Prozesse anatomisch nicht klar trennbar, sondern in funktionalen Netzwerken sehr eng miteinander verknüpft sind. Auf unser Thema bezogen: Auch im Internet können wir nicht davon ausgehen, dass es dem kaufinteressierten „User" nur um den Preisvergleich geht. Auch hier beeinflussen emotionale Prozesse die Kaufentscheidung. An dieser Stelle sei bereits darauf hingewiesen, dass Botschaften, die zeitgleich über verschiedene Wahrnehmungskanäle eingespielt werden, die Wirkung im Gehirn um ein Vielfaches verstärken. Auf diesen interessanten Bereich wird später noch expliziter eingegangen.

2.6 Das limbische System – Machtzentrum in unserem Gehirn

Eine ganz wichtige Gehirnstruktur ist das limbische System, das wesentlich an der Emotionsverarbeitung beteiligt ist und aufgrund dessen im Neuromarketing immer wieder im Zentrum der Aktivitäten und der Berichterstattung steht. Es ist unter anderem für die emotionale Bewertung und Verarbeitung von Informationen sowie die unbewusste Verhaltenssteuerung zuständig. Welche Wirkung Onlineshops auf uns haben, wie wir eine Einstellung gegenüber diesen bilden und was wir letztlich in den Warenkorb legen, all dies wird auf Basis emotionaler Kriterien in unserem limbischen System entschieden.

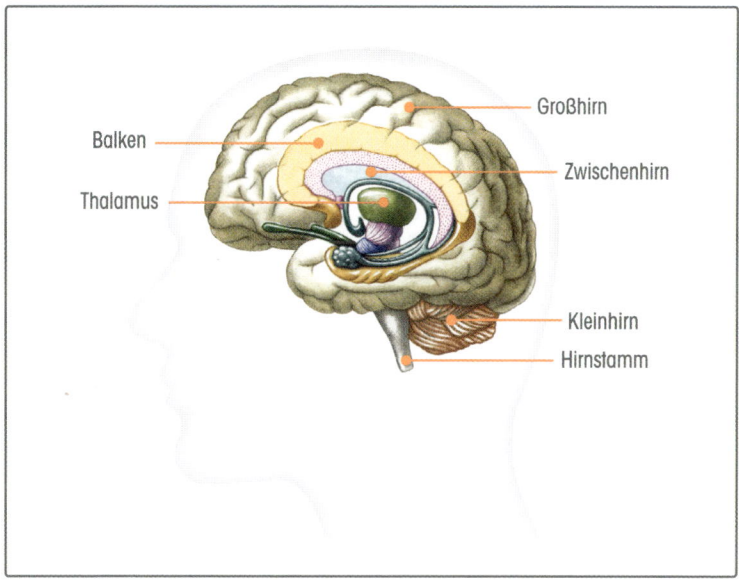

Abb. 38: Unser Gehirn.

Doch kommen wir zunächst zu seinen wichtigsten Akteuren (Abb. 39). Das sind Teile des präfrontalen Kortex, die zwei Amygdalae („Mandelkerne"), der Hippocam-

67

pus, der sogenannte mesolimbische Bereich mit dem vorderen Teil der Basalganglien, die hintere Kerngruppe des Hypothalamus mit dem Corpus mamillare und einige Bereiche und Kerne im Hirnstamm (Häusel 2002).

Die Amygdala ist maßgeblich an der emotionalen Bewertung von Objekten beteiligt. Früher hatte man angenommen, dass sie nur für Angst- und Furchtbewertungen verantwortlich ist. Heute weiß man, dass sie Teil aller großen Emotionssysteme ist (Häusel 2002). Die Amygdala steuert Affektverhalten/-motorik, emotionales Lernen und beeinflusst vegetative und sexuelle Funktionen.

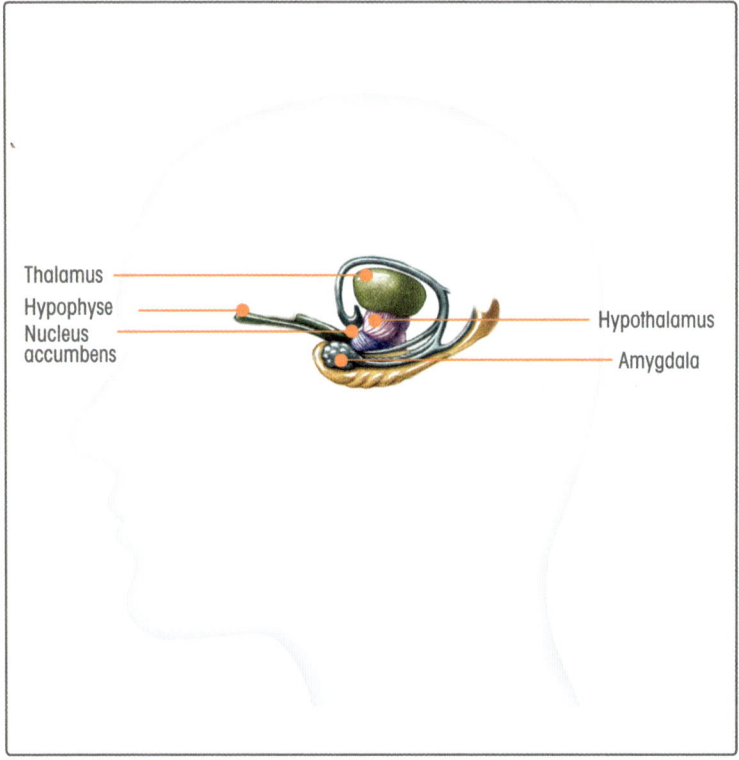

Abb. 39: Unser limbisches System.

Der Hypothalamus setzt zum Beispiel die Bewertung der Amygdala in körperliche Reaktionen um, indem er die Ausschüttung von Nervenbotenstoffen und Hormonen veranlasst. Die Vitalbedürfnisse Hunger, Durst, Schlaf und Sexualität sitzen im Hypothalamus (Häusel 2008).

Einen weiteren wichtigen Bestandteil des limbischen Systems bildet der Hippocampus. Ohne ihn können keine bewusstseinsfähigen Inhalte des Gedächtnisses im Gehirn gespeichert oder abgerufen werden. Er bildet das Gedächtnis und das Verhalten und steuert ebenfalls vegetative und emotionale Funktionen (Zimmermann 2006).

Der Nucleus accumbens, das „Belohnungszentrum", ist aufgrund seiner Größe und seiner Funktion einer der Lieblinge der Neuromarketing-Forscher. Er wird gern als unser „Haben-wollen-Kern" im Gehirn bezeichnet, und er ist dann aktiv, wenn unerwartete und lustvolle Belohnungen aller Art auf uns warten (Häusel 2008). Er ist vor allem für die Umsetzung von Motivation in Aktion beziehungsweise von Emotion in Lokomotion (aktive Umsetzung) verantwortlich und bildet eine Art Relaisstelle zwischen den Basalganglien und dem limbischen System. Eine Belohnung kann zum Beispiel der Kauf eines Produkts beim Onlineshopping sein.

3 Die Werkzeuge

Heutzutage lassen sich in der Gehirnforschung verschiedene technische Methoden unterscheiden, mit deren Hilfe es möglich ist, die emotionalen Aktivitäten sowohl der einzelnen Nervenzellen als auch des ganzen Gehirns darzustellen. Einen Zugang in unser Gehirn liefern folgende Verfahren:

- fMRT (funktionelle Magnetresonanztomografie),
- EEG (Elektroenzephalografie),
- SST (Steady State Topography,
- MEG (Magnetoenzephalografie) und
- EDA (elektrodermale Aktivität).

Als weitere Methode möchten wir bereits an dieser Stelle das Eye-Tracking anführen, wobei dies nicht direkt zu den technischen Methoden des Neuromarketings gezählt werden kann. Für Studienzwecke kann Eye-Tracking allerdings als unterstützendes Element benutzt werden, da es mithilfe entsprechender technischer Hilfsmittel die Augen- beziehungsweise die Blickbewegungen misst. Nachdem die Eye-Tracking-Technologie längst etabliert ist, verspricht die Aufzeichnung und Analyse von Emotionen einen großen Erkenntniswert für die Forschung. Beim EMOScan zeichnen Kamerasysteme spontane mimische Reaktionen auf, die sich während eines Tests im Gesicht des Probanden widerspiegeln.

3.1 Funktionelle Magnetresonanztomografie (fMRT)

Wer schon einmal Probleme mit dem Rücken oder dem Knie hatte, deren Ursachen nicht ermittelt werden konnten, der hat mit Sicherheit bereits seine Erfahrungen mit dem funktionellen Magnetresonanztomografen gemacht. Auch das Neuromarketing bedient sich dieser Technologie: Auf dem Gebiet der Gehirnforschung ist die funktionelle Magnetresonanztomografie das Hauptinstrument für die Grundlagenforschung.

Das Prinzip der fMRT beruht darauf, die Variation von Magnetfeldern durch eine Veränderung der Durchblutung sichtbar zu machen. In aktiven Hirnarealen ist die Durchblutung stärker, das im Blut enthaltene Hämoglobin verändert so das Magnetfeld (Möll, Esch, Decker, Herrmann, Sattler, Woratschak 2007; Abb. 40).

ARBEITSHILFE ONLINE

Der Hirnforschung gelingt es somit, direkt ins lebende Gehirn zu sehen. Die fMRT-Methode bietet die beste räumliche Auflösung aller bildgebenden Verfahren und ermöglicht die Beobachtung in Echtzeit (Abb. 41). Auf **www.dotkomm-files.de/neuromarketing/fmrt.html** finden Sie einen Film, der einen spannenden fMRT-Scan aus mehreren Perspektiven unseres Gehirns zeigt.

Wer die Rechnung einer fMRT-Untersuchung schon einmal in der Hand hatte, bevorzugt wahrscheinlich inzwischen die Rückenschule oder hat mit dem Fußballspielen aufgehört. Denn dieses Verfahren ist sehr kostspielig und verursacht einen hohen wissenschaftlichen Aufwand, der nur bei kleinen Stichproben durchführbar ist. Selbst bei Untersuchungen mit nur zehn bis 20 Personen liegen die Kosten bei mindestens 30.000 Euro. Dazu kommt, dass die Messung mit fMRT aufgrund der Größe nicht räumlich flexibel einsetzbar ist und folglich nicht direkt am Point of Sale vorgenommen werden kann (Kroeber-Riel, Weinberg, Gröppel-Klein 2009).

Ein entscheidender negativer Aspekt ist aber insbesondere die Zeitverzögerung von einer Sekunde, bis eine Veränderung dargestellt wird. Dies kann gerade bei der Interpretation der Wirkungsmessung von bewegten Bildern, zum Beispiel Werbespots oder auch bei den multimedialen Darstellungsformen, zu Schwierigkeiten führen. Interaktion ist beim Einsatz von fMRT überhaupt nicht abbildbar. Daher liegt der Schwerpunkt auch in der Grundlagenforschung. In der täglichen Arbeit und vor dem Hintergrund größerer Stichproben verwendet man pragmatischerweise alternative Verfahren, zum Beispiel das EEG oder elektrodermale Methoden.

3.2 Elektroenzephalografie (EEG)

Die Elektroenzephalografie ist ebenfalls eine Methode zur Messung der elektrischen Aktivität des Gehirns. Dabei werden auch im Neuromarketing am Kopf der Versuchsperson Oberflächenelektroden angebracht, die durch die Schädeldecke Spannungsschwankungen an der Hirnoberfläche messen (Abb. 42).

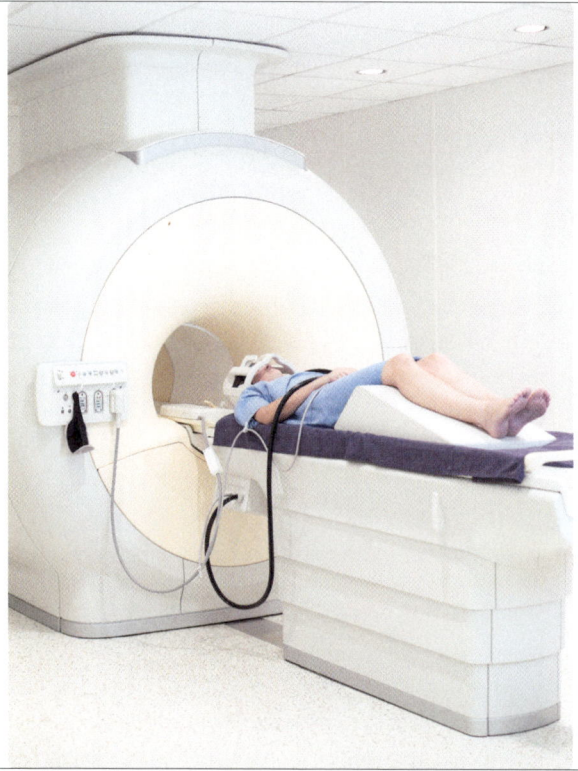

Abb. 40: Magnetresonanztomografie.

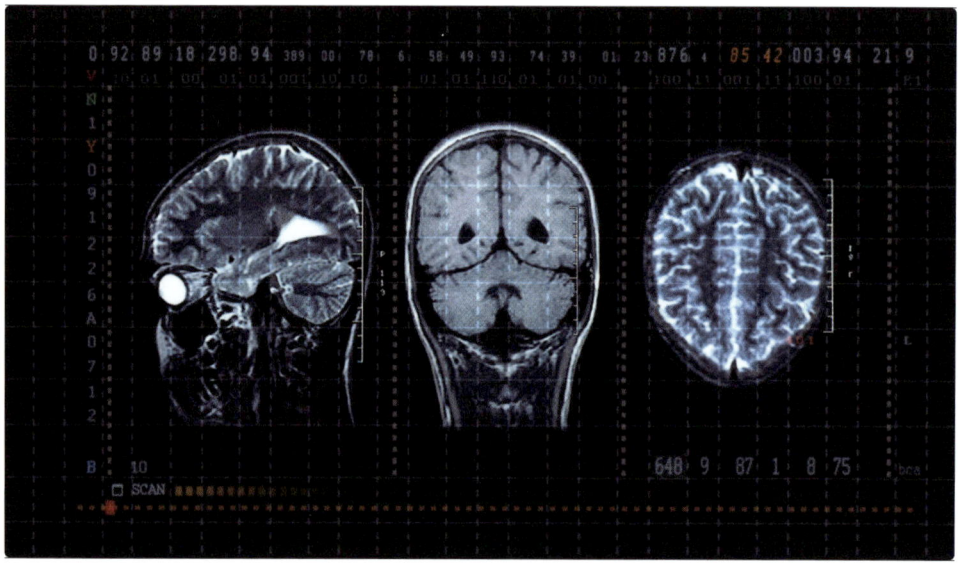

Abb. 41: Magnetresonanztomografie-Scan.

Abb. 42: Elektroenzephalografie.

Diese Schwankungen entstehen aufgrund von zahlreichen Aktionspotenzialen zwischen den einzeln verschalteten Nervenzellen, und sie können in einem sogenannten Elektroenzephalogramm grafisch dargestellt werden. Das zeitliche Auflösungsvermögen bewegt sich im Millisekundenbereich, aufgrund dessen kann mit der EEG-Messung die genaue Reihenfolge der auftretenden Gehirnaktivitäten bestimmt werden. Hierbei leidet aber zugunsten der zeitlichen Genauigkeit die räumliche Darstellung, da über die Elektroden lediglich oberflächennahe Aktivitäten gemessen werden können. Obwohl dem Probanden heutzutage bis zu 100 Elektroden angelegt werden, ist die Lokalisation der Erregung im Gehirn noch sehr ungenau (Raab, Gernsheimer, Schindler 2009).

Dr. Matthias Rothensee, Senior Research Consultant der eye square GmbH, Berlin: „Die EEG-Messung wird auch im Bereich E-Commerce Anwendung finden, da die kognitive Beanspruchung damit sehr genau erfasst werden kann. Im Angesicht der Flut der Informationen, die uns über das Internet tagtäglich übermittelt werden, wird die Informationssparsamkeit einer Website durchaus zum Gradmesser ihrer Qualität. Ein Registrierungsprozess auf einer Website, der zu lang ist und komplizierte Wordings verwendet, wird vom Nutzer schnell als frustrierend erlebt. Diese Prozesse kann das EEG erfassen, ohne dass sie der Nutzer äußern muss, obendrein ist das Verfahren vergleichsweise einfach und ökonomisch. Daher wird das EEG in Zukunft regen Einsatz in Usability-Studien im Bereich E-Commerce finden. Das gilt insbesondere für den Bereich mobiles Internet (M-Commerce)."

3.3 Steady State Topography (SST)

Das Verfahren versteht sich als Weiterentwicklung der Elektroenzephalografie. Die Testpersonen müssen lediglich ein Headset ähnlich einer Badekappe und eine Spezialbrille tragen. Elektroden im Headset messen die Gehirnströme der Probanden. 20 Messpunkte auf der Kappe identifizieren unter anderem Memory Encoding, Engagement, Attention und Emotionen:

- **Wirkungsebene Memory Encoding:** Der Begriff „Long-Term Memory Encoding" steht für die Stärke der Speicherung von Informationen und Werbebotschaften im Langzeitgedächtnis. Damit eine Werbung als wirksam bezeichnet werden kann, müssen Markeninformationen und wesentliche Schlüsselbotschaften im Langzeitgedächtnis des Rezipienten abgespeichert werden. Unter Verwendung von SST kann diese Gehirnaktivität gemessen werden. Dafür sind Messdaten verschiedener zuständiger Gehirnregionen notwendig. Für alle weiteren Schlussfolgerungen bei der Anwendung der SST-Messung wird immer die Kernkomponente „Memory" ermittelt. Dabei werden sekundengenau in den Gehirnregionen, denen das Langzeitgedächtnis zuzuordnen ist, Strömungen gemessen. So lässt sich beispielsweise ermitteln, wie stark Bausteine eines TV-Spots oder einer Webseite wirken.
- **Wirkungsebene Engagement:** Unter „Engagement" versteht man die persönliche Relevanz und das persönliche Involvement einer Person. Engagement wird bei einem Probanden hervorgerufen, wenn er eine Situation erlebt oder etwas visuell wahrnimmt, die beziehungsweise das für ihn persönlich — mehr oder weniger — von Bedeutung ist. Unterschieden wird beim Involvement zwischen High und Low Involvement. High Involvement bedeutet, dass die bewussten Aktivitäten des Gehirns hoch sind. Wogegen beim Low Involvement Situationen eher vom zufälligen Lernen bei geringerer Aufmerksamkeit geprägt sind.
- **Wirkungsebene Attention:** Von entscheidender Bedeutung ist die Erzeugung von Aufmerksamkeit beim Rezipienten. Aufmerksamkeit bezieht sich dabei auf die Konzentration des Rezipienten und fokussiert seine mentalen Anregungen.
- **Wirkungsebene Emotionen:** Bei der Messung von Emotionen wird zwischen zwei Arten unterschieden: Emotional Intensity und Emotional Valence. *Emotional Intensity* beschreibt das Ausmaß der emotionalen Erregung einer Person. Die Messung dieses Faktors zeigt an, wie stark die jeweilige Situation emotional erlebt wird, unabhängig von der *Art* der Emotion. *Emotional Valence* beschreibt dagegen die Motivation des Probanden, die durch Emotionen hervorgerufen wird. Dieser Status zeigt verschiedene Abstufungen von positiv bis negativ an, die vereinfacht als Zuneigung oder Abneigung dargestellt werden (Bruhn, Köhler 2010).

3.4 Magnetoenzephalografie (MEG)

Statt der elektrischen Signale des EEGs und des SSTs registriert man mit der Methode der Magnetoenzephalografie magnetische Signale. Die MEG nutzt die Existenz vom Gehirn erzeugter schwacher elektromagnetischer Felder, von denen sich unter bestimmten Bedingungen messbare Ströme induzieren lassen (Markowitsch, Siefer 2007).

Folgendermaßen können Sie sich den Untersuchungsablauf mit dem Magnetoenzephalografen (Abb. 43) vorstellen: Der Kopf des Probanden wird von einer helmartigen Anordnung aus ungefähr 100 bis 300 Sensoren umschlossen. Diese Konstruktion ermöglicht dann eine neuronale Messung aller Hirnareale gleichzeitig. Das MEG-System befindet sich in einer Abschirmkammer, die in der Regel aus mehreren Lagen Metall besteht. Die Sensoren werden mit flüssigem Helium gekühlt, das sich in einem vakuumisolierten Behälter befindet (Walter 2004).

Der Vorteil des MEG liegt im zeitlichen Auflösungsvermögen. Dieses bewegt sich im Millisekundenbereich und ermöglicht, zu erkennen, wo im Gehirn Reize zuerst verarbeitet werden (Markowitsch, Siefer 2007). Bei der MEG-Untersuchung erfolgt eine genauere Lokalisierung aktivierter Hirnregionen im Vergleich zum EEG (Walter 2004).

Zu den Nachteilen gehört die Tatsache, dass mit der MEG-Methode nur die Aktivitäten beobachtet werden können, die in der Oberfläche des Gehirns erfolgen, jedoch nicht die Aktivitäten in tieferen Gehirnbereichen, zum Beispiel des limbischen Systems (Häusel 2008).

3.5 Elektrodermale Aktivität (EDA)

Inwieweit werden Sie emotional aktiviert, wenn Sie eine Website, einen Onlineshop oder ein Produkt sehen? Wie reagieren Sie auf Markenzeichen im Internet? Antworten findet man auf diese Frage, indem man Ihre Hautleitfähigkeit misst. Wie erfolgt diese Messung?

Bei der elektrodermalen Aktivität handelt es sich um einen häufig verwendeten Indikator zur Messung von Aktivierungen des autonomen Nervensystems. Bei diesem Verfahren werden die mit Aktivierungsschwankungen verbundenen Veränderungen des elektrischen Hautwiderstands gemessen. Die Hautleitfähigkeit wird durch die Menge an Schweiß in den Schweißdrüsen beeinflusst. Diese Schweißdrüsen sind am emotionsbedingten Schwitzen beteiligt und über den ganzen Körper verteilt. Wird das autonome Nervensystem aktiviert, dann führt dies zu einer stärkeren Absonderung von Schweiß und somit zu einer besseren Hautleitfähigkeit. Je höher die innere Erregung, desto höher ist die Aktivität der Schweißdrüsen. Dabei messen die Geräte natürlich nicht, ob Ihnen beim Anblick eines Weber-Grills oder eines Gucci-Kleides im Onlineshop der Schweiß von der Stirn läuft. Die Amplituden sind minimal, aber die Messung erfasst schon kleinste Veränderungen.

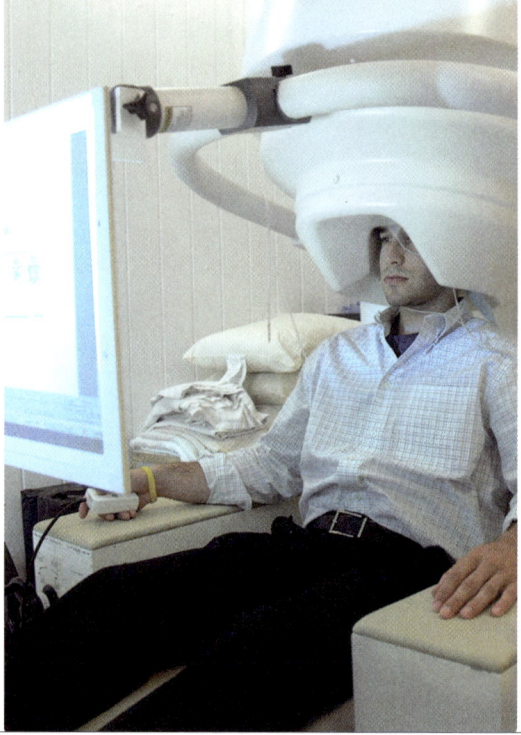

Abb. 43: Magnetoenzephalografie.

Die menschliche Haut setzt sich im Wesentlichen aus zwei Schichten zusammen, der Dermis und der Epidermis. Die Epidermis befindet sich an der Hautoberfläche und besteht aus Epithelgewebe. Diese Schicht ist umso stärker verhornt, je weiter sie an der Oberfläche liegt. Die vergleichsweise dickere und tiefer liegende Dermis ist aus straffem und fibrösem Bindegewebe. Unterhalb der Dermis liegt die Subcutis, die die sektorischen Teile der Schweißdrüsen (Ductus) sowie Fettgewebe und Gefäße enthält, welche die Hautoberfläche versorgen (Kroeber-Riel, Weinberg, Gröppel-Klein 2009; Abb. 44).

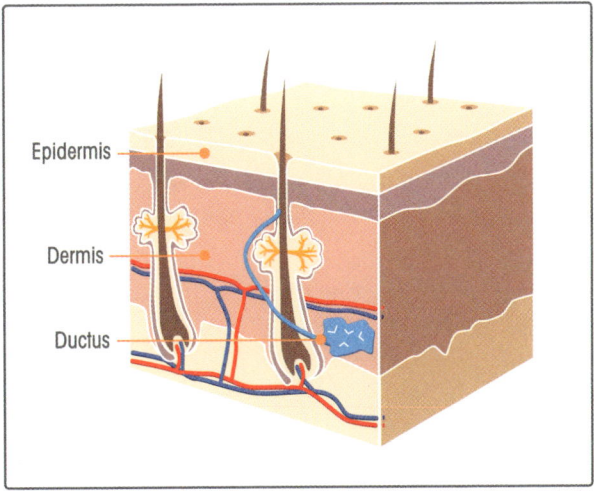

Epidermis

Dermis

Ductus

Abb. 44: Unsere Haut.

Die Epidermis ist für die EDA von sehr großer Bedeutung. Obwohl sie zu ihrer Außenschicht hin trockener wird, weil die regelmäßig angeordneten Zellen dort weniger dicht geschichtet sind, findet eine permanente unmerkliche Transpiration von der Dermis über die Epidermis statt, selbst wenn keine Aktivität der Schweißdrüsen vorliegt. Diese Hydration hängt von externen und inneren Faktoren ab und führt zu einer guten elektrischen Leitfähigkeit der Haut, die mit Elektroden gemessen werden kann. Die Leitfähigkeit wird mittels eines Verstärkers zu einem Computer übertragen (Kroeber-Riel, Weinberg, Gröppel-Klein 2009; Abb. 45).

Vergleichen kann man die Hautwiderstandsmessung mit dem Prinzip des Lügendetektors. Zur Messung werden Elektroden an den schweißsensiblen Stellen der Handinnenflächen, an zwei Fingern oder mithilfe eines speziellen Handschuhs positioniert. Am dichtesten liegen die schweißsensiblen Stellen jedoch an den Handflächen und an den Fußsohlen. Beide Elektroden werden auf der Handfläche der linken Hand bei Rechtshändern, beziehungsweise der rechten bei Linkshändern, angebracht. Hierbei muss darauf geachtet werden, dass kein Druck auf die Elektroden ausgeübt werden darf, dies würde zu Artefakten (sogenannten Darstellungsfehlern) führen.

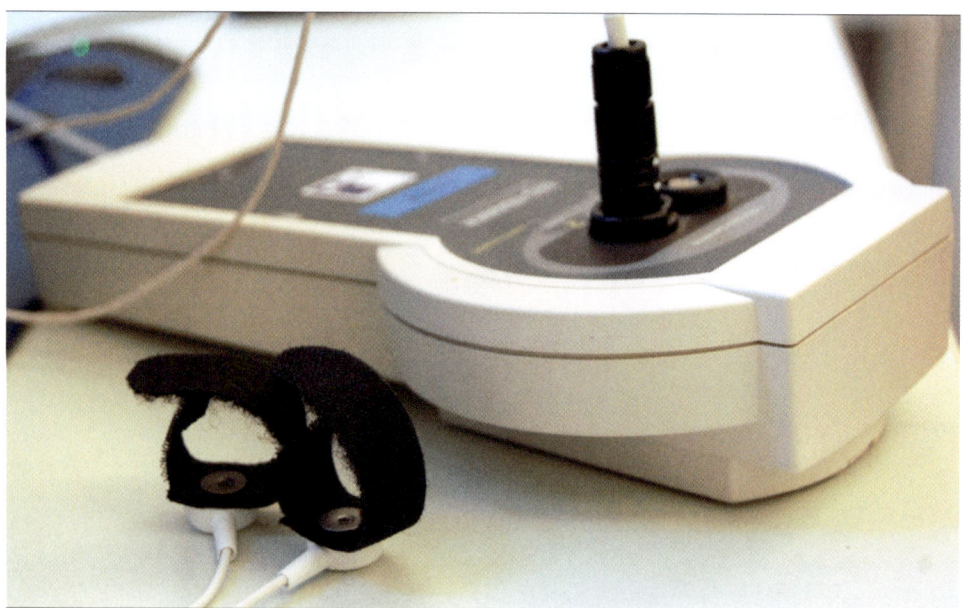

Abb. 45: EDA-Gerät mit Sensoren für Ring- und Mittelfinger.

Da ein Anstieg der Aktivierung im autonomen Nervensystem ein Indikator von Erregung ist, kann die Hautleitfähigkeit insbesondere zur Messung von Erregung eingesetzt werden (Möll, Esch, Decker, Herrmann, Sattler, Woratschek 2007). Die Höhe der Aktivierung hat einen Einfluss auf die Behaltensleistung (also die Kommunikationsleistung) sowie auf die Kaufabsicht (Kroeber-Riel, Weinberg, Gröppel-Klein 2009). Diese These lässt sich in entsprechenden Befragungen immer wieder verifizieren. Auch wir werden im weiteren Verlauf des Buches zeigen, dass die emotionale Aktivierung die Behaltensleistung und die Kaufabsichten massiv beeinflusst.

Messverfahren wie EEG, fMRT oder EDA liefern Indikatoren, die bewusst kaum zu beeinflussen sind. Wie gesagt werden die bildgebenden Verfahren jedoch aus Kostengründen nur für die Grundlagenforschung mit kleinen Fallzahlen und weniger für das angewandte Neuromarketing eingesetzt. Dort dominiert die Arbeit mit elektrodermaler Aktivität, da bei dieser Methode das beste Kosten-Nutzen-Verhältnis erreicht wird. Man arbeitet vorzugsweise mit elektrodermalen Studien, denn sie liefern den empfindlichsten Indikator für die verhaltenssteuernde Aktivierung (Kroeber-Riel, Weinberg, Gröppel-Klein 2009). Man kombiniert diese aber mit dem Eye-Tracking und kann auf diese Weise die emotionale Aktivierung, die Auswirkung auf die Behaltensleistung und die Beeinflussung der Kaufabsichten sehr gut aufzeigen. Die Kombination mit dem Eye-Tracking ermöglicht zusätzliche Aussagen zu ganz bestimmten Bereichen der Website, zu speziellen Situationen in den Rich-Media-Elementen oder auch zu Interaktionspunkten in der natürlichen Kommunikation. Sie werden im weiteren Verlauf des Buches sehen, wie interessant die Ergebnisse solcher Projekte sind.

Insgesamt betrachtet ist es wichtig, dass man beim Einsatz von Neuromarketing für Websites und Onlineshops durch die beschriebenen Methoden die Möglichkeit hat, Antworten von den Probanden — also von den Kunden — zu bekommen, bei denen man keinen Einfluss auf ihre Gedanken und Antworten hat.

3.6 Eye-Tracking

Die Methode des Eye-Trackings hat sich in den letzten Jahren etabliert und lässt sich in verschiedenen Bereichen der Forschung einsetzen. Hierbei geht es darum, anhand entsprechender technischer Hilfsmittel die Augen- beziehungsweise die Blickbewegungen einer Testperson aufzuzeichnen und hinsichtlich verschiedener Fragestellungen auszuwerten. Auch in den klassischen Usability-Labs der Internetindustrie kommt Eye-Tracking regelmäßig zur Anwendung (Abb. 46).

Eine entscheidende Rolle spielt beim Eye-Tracking neben der eingesetzten Technologie die Blickbewegungsforschung. Sie versucht, die Zusammenhänge zwischen unseren Augenbewegungen und den neurologischen Verarbeitungsprozessen in unserem Gehirn aus kognitionspsychologischer Perspektive nachzuvollziehen. Im Sinne der Wahrnehmungspsychologie sollen durch geeignete Analyse- und Interpretationsschemata den von uns extern beobachtbaren Blickbewegungen entsprechende interne, subjektive Vorgänge und Ergebnisse zugeordnet werden (www.e-teaching.org). Eine Analyse der Dauer und Anzahl von Fixationen kann klären, ob Nutzer sich auf den Inhalt der Website konzentrieren, zum Beispiel einen Text aufmerksam lesen, oder eine Bildschirmseite nur überfliegen.

Eye-Tracking basiert auf der wissenschaftlichen Grundlage, dass die tatsächliche Aufmerksamkeit in direkter Korrelation mit der Augenbewegung steht. Insbesondere bei Websites, die für User neu sind, lässt sich anhand von Veränderungen des Pupillendurchmessers ermitteln, ob unbekannte beziehungsweise irrelevante oder erwartete Begriffe und Bereiche erfasst werden, nach denen wir Ausschau gehalten haben. Welche Elemente einer Website nehmen Sie überhaupt wahr? Wie lange und wie oft betrachten Sie bestimmte Bereiche? Wird Ihre Augenbewegung schneller oder verlangsamt sie sich?

Abb. 46: Eye-Tracking.

Mithilfe weiterer Beobachtungen, aber auch Befragungsmethoden werden nun Rückschlüsse auf die im Menschen ablaufenden Prozesse gezogen. Eye-Tracking ist hervorragend dafür geeignet, Schwachstellen in Onlineshops aufzudecken, die im Zusammenhang mit einer niedrigen Conversion-Rate stehen. Eine entsprechend gestaltete Testkonstruktion kann die Motivation und Demotivation des Nutzers beim Besuch der Seite aufzeigen und exakt die Elemente ausmachen, die zum „Nichtkauf" führen. Doch wie verhält sich dazu die emotionale Aktivierung? Dies kann man durch die Kombination von EDA und Eye-Tracking untersuchen.

EMOSCAN: „The truth is written all over your face" (Paul Ekman)

Auf dem 47. BVM-Kongress der Deutschen Marktforschung in Berlin erhielt die GfK-Nürnberg e.V. im Jahr 2012 den Innovationspreis für den GfK EMOScan. Mit dem Innovationspreis werden neue Forschungsmethoden ausgezeichnet, die gegenüber bestehenden Verfahren erhebliche Effizienzvorteile aufweisen. Der GfK EMOScan ist ein Instrument, das der Analyse dessen dient, was der Gesichtsausdruck über die Werbewirkung verrät. Emotionale Reaktionen können dabei in Echtzeit erfasst werden, und zwar ohne die für neurowissenschaftliche Methoden typischen Nachteile. So kommt der GfK EMOScan ohne störende Verkabelung aus, man braucht lediglich eine Webcam, und die Ergebnisse sind auch für Praktiker verständlich. Mit dem standardisierten Softwarepaket, das die Einbindung in verschiedenste Befragungsprogramme ermöglicht und automatisch intuitive Ergebnisse liefert, sind nonverbale Messungen erstmals kosteneffizient möglich.

Die für Marketingprozesse entscheidenden Grundemotionen wie Überraschung, Freude, Ärger oder Traurigkeit sind jetzt automatisiert erkennbar und interpretierbar; die Erfassung noch subtilerer Emotionsausdrücke ist in der Entwicklung.

Diese Innovation stellt im Spektrum noninvasiver, impliziter Messverfahren eine kostengünstigere Alternative zu klassischen neurowissenschaftlichen Instrumenten wie zum Beispiel dem EEG dar. Hohen praktischen Nutzen verspricht das modular einsetzbare Instrument insbesondere in der quantitativen und qualitativen Kommunikationsforschung und bei der Optimierung der sogenannten Joy of Use von Webseiten (www.verbaende.com).

3.7 Die Innovation: EDA und Eye-Tracking in Kombination

Interessant ist die Frage, wie man sich verhält, wenn man eine Website sieht, und was für eine emotionale Reaktion in dem Moment stattfindet. Welche Elemente emotionalisieren uns am stärksten? Wie verhält sich die Reaktion bei statischen oder multimedialen Darstellungsweisen? Was passiert, wenn wir einen realen Menschen im Internet sehen, der mit uns spricht und uns das Produkt erklärt? Aus einer Kombination von EDA und Eye-Tracking kann nicht nur die Messung von statischen Websites oder von Video-Content erfolgen. Vielmehr ermöglicht uns diese Kombination auch die Analyse von Interaktionsbausteinen innerhalb von Websites und Onlineshops. Hier liegt ein riesiges Potenzial, denn die Onlinebranche kann es sich nicht länger leisten, die interaktiven Online-Anwendungen mit Methoden der statischen (Anzeige) und seriellen (TV) Marketingforschung zu optimieren.

Wir werden die kleine Biologie- und Technikstunde dieses Abschnitts im weiteren Verlauf für Sie mit Leben füllen und Ihnen die Vorgehensweise und die Ergebnisse anhand einer realen Studie für die ERGO Versicherungsgruppe aufzeigen. Innerhalb dieser Studie wurde erstmals das gesamte Spektrum von statischen Seiten über Animationen und serielle Videos bis hin zu interaktiven Video-Interfaces in einem

Neuromarketing-Labor analysiert. Aber lassen Sie uns erst einmal gemeinsam in die wichtigsten Erkenntnisse und Konzepte der Neuromarketing-Forscher einsteigen.

AUSBLICK

Das Hirn der Zukunft

Wie wird das Gehirn in 100 Jahren aussehen? Genauso wie heute — natürlich. Evolutionäre Veränderungen brauchen Hunderttausende von Jahren, nicht Hunderte. Die Antwort ist aber nur vordergründig ernüchternd. Denn das Gehirn der Zukunft wird vernetzt sein, und zwar in beiden Richtungen: von innen nach außen und von außen nach innen. Es wird Kommunikation geben, die von der Evolution nicht vorgesehen war: Gedanken und Absichten werden direkt aus dem Gehirn auf Computer und Roboter übertragen werden können — ohne den Zwischenweg über Sprache, Mimik, Gesten oder Hände. Und umgekehrt werden Informationen direkt von einem technischen Speichermedium in das Gehirn überspielt werden — nicht über den Umweg der Augen, Ohren, Haut, Nase oder Zunge. Man spricht von Brain-Computer-Interfaces, egal ob die Signale hinein- oder herausgehen. Und beide Arten der Vernetzung gibt es schon, die Zukunft des Gehirns hat längst begonnen.

Von innen nach außen: Das Lesen der Gedanken

Lügt er oder lügt er nicht? Die Frage stellt sich Staatsanwälten, Ehepartnern — aber auch Marketingexperten. Die Faszination, die ein Auto, ein Schuh oder ein Panini-Bild auslösen, ist bisher nur indirekt messbar: über die Aussagen der potenziellen Käufer. Aber sagen sie die Wahrheit? Und vor allem: Wissen sie überhaupt, was sie denken? Wissen sie, wie kauffreudig sie in Wirklichkeit sind? Das beste Instrument für solche Vorhersagen ist ein funktioneller Kernspintomograph (fMRT). Er misst die Gehirnaktivität, indem er den Zuckerverbrauch in den entsprechenden Hirnregionen analysiert. Der Nachteil: die Zeit. Das System ist aufwändig und vor allem träge: Es dauert mehrere Sekunden, bis ein entsprechender Gedanke aufgezeichnet ist. (Aber wie lang ist ein Gedanke eigentlich?) Der Vorteil: die Auflösung. Ein Messpunkt ist circa 1 bis 10 Kubikmillimeter groß — klein genug, um gedankentypische Muster im Gehirn zu erkennen. Konkret ist es gelungen, Kaufentscheidungen mit einer Sicherheit von etwa 75 Prozent vorherzusagen. Lügen konnten mit diesem System mit noch größerer Sicherheit erkannt werden. Vor allem aber: Die Technik erschließt auch die Gedanken des Unterbewussten. Bisher können Probanden oder Käufer nur Fragen beantworten, wenn sie sich auf den Vorgang konzentrieren. Eine kernspintomographische Untersuchung lässt dagegen auch dann Einblicke zu, wenn sich der Untersuchte auf ganz andere Dinge fokussiert — wie in der normalen Werbewelt, in der die Werbung nur beiläufig wahrgenommen wird. Wirkt sie trotzdem?

Der Proband ist sich selbst dessen zwar gar nicht bewusst, aber auch beiläufig präsentierte Produkte bewirken im Gehirn eine Kaufentscheidung — und die ist genauso zuverlässig messbar.

Von außen nach innen: Datenautobahnen ins Hirn

Der Traum ist so alt wie der Computer: Daten und Fähigkeiten werden auf einer Festplatte gespeichert und bei Bedarf ins Gehirn transferiert — direkt, ohne den mühevollen Umweg über Monitor und Augen. Eine Vision? Längst nicht mehr. Denn schon länger werden große Datenmengen direkt ins Gehirn übertragen: etwa von künstlichen Ohren. Ein sogenanntes Cochleaimplantat (Cochlea = Hörschnecke, ein Teil des Innenohrs) überträgt über eine Spule die Informationen eines Mikrofons direkt in den Hörnerv. Das Gehirn muss lernen, aus den Signalen wieder Worte und Sätze zu formen — was vor allem bei Kindern sehr gut funktioniert. Die Operation ist mittlerweile Standard und wurde weit über 200.000-mal ausgeführt. Ein zweiter Kanal ist das Auge: Forscher arbeiten an einer künstlichen Netzhaut, deren Signale über den Sehnerv direkt in das Sehzentrum des Gehirns übertragen werden. In ersten Versuchen konnte ein Patient Formen unterscheiden: einen Apfel von einer Banane. Der Weg ist noch lang, die Vision grandios. Denn eine künstliche Netzhaut muss sich nicht darauf beschränken, das für Gesunde sichtbare Licht zu übertragen. Sie könnte per Knopfdruck umgestellt werden, etwa auf Infrarot. Oder Ultraviolett. Sie könnte Restlicht verstärken, und Nachtsichtbilder direkt ins Gehirn übertragen. Eine künstliche Netzhaut könnte schon bald einer echten weit überlegen sein. Und das gilt natürlich auch für die anderen vier Sinne.

Dr. med. Magnus Heier Neurologe, Journalist, Buchautor
(Nocebo — wer's glaubt, wird krank) und Vortragsreisender
(hirnwelten.de)

Die wichtigsten Neuromarketing-Konzepte

1 Multisensorische Verarbeitungsprozesse im Gehirn

Sie sind bereits in voller Ferienstimmung, obwohl es erst im Sommer mit der gesamten Familie in den wohlverdienten Urlaub geht. Diesmal wollen Sie rechtzeitig buchen, um vom Frühbucherrabatt zu profitieren. Sie möchten gern nach Frankreich, und Ihr Sohn liegt Ihnen ständig in den Ohren, dass er auf einem Hausboot Urlaub machen möchte. Diese Idee finden Sie sehr gut. Auf Empfehlung Ihres Nachbarn begeben Sie sich auf die Internetseite von Center Parcs (Abb. 47). Sie sind begeistert, da der Moderator Sie auf einen Rundgang durch die unterschiedlichen Center-Parcs-Bereiche begleitet. Sie können selbst bestimmen, was Ihnen der Moderator zeigt — ob es zum Beispiel in den Aqua-Mundo-Park geht oder ob Sie eine Tretbootfahrt machen möchten. Diese Art der Urlaubsbuchung halten Sie für ansprechend und unterhaltend, denn als der Moderator mit Schnorchel erscheint, müssen Sie lauthals lachen. Center Parcs bietet auch das Wohnen auf einem Hausboot an. Sie fühlen sich durch diese multimediale Produktansprache sehr gut beraten und buchen Ihren Urlaub online bei Center Parcs. Als Ihr Sohn Sie am nächsten Tag ausfragt, können Sie sich noch ganz genau an das Center-Parcs-Angebot erinnern. Da wären der Kinderbauernhof, die Privatabenteuer und natürlich auch das Hausboot und vieles mehr.

An dieser Stelle fällt der Begriff „Multisensorik". Hierbei geht es um die Aufgabenstellung, durch Instrumente des Marketings den Konsumenten zeitgleich über unterschiedliche Wahrnehmungskanäle mit der gleichen Botschaft anzusprechen, um einen bleibenden Eindruck zu hinterlassen. Inzwischen spielt die Multisensorik eine wichtige Rolle in der Hirnforschung. Zunehmend wird nämlich deutlich, inwieweit sich die Wahrnehmungskanäle gegenseitig beeinflussen (Häusel 2008).

Abb. 47: Multisensorische Ansprache.

Center Parcs bedient sich der mehrkanaligen Ansprache, das heißt über Visualität, Akustik und vor allem *Interaktivität*. Grundsätzlich erleben Sie etwas immer dann mit allen Sinnen und sind nachhaltig beeindruckt, wenn Sie dabei selbst mitmachen und etwas miterleben können. Dann bleibt ein tiefer, lang anhaltender Eindruck von den Informationen in unseren Köpfen.

Diese multisensorische Verstärkung, auch „Multisensory Enhacement" genannt, ist für das sensorische Marketing von zentraler Bedeutung. Die zeitgleiche Vermittlung der Markenbotschaft auf verschiedenen Sinneskanälen führt zu einem neuronalen Verstärkermechanismus. Dieser Mechanismus bewirkt, dass wir in unserem Bewusstsein das Ergebnis bis zu zehnmal stärker erleben, als man dies aus der summierten Stärke der einzelnen Sinneseindrücke erwarten könnte. Die Verstärkerzentren in unserem Gehirn addieren die wahrgenommenen Sinne nicht nur, sondern verstärken sie um ein Vielfaches. Dieses Phänomen nennt man „Superadditivität" (Häusel 2008).

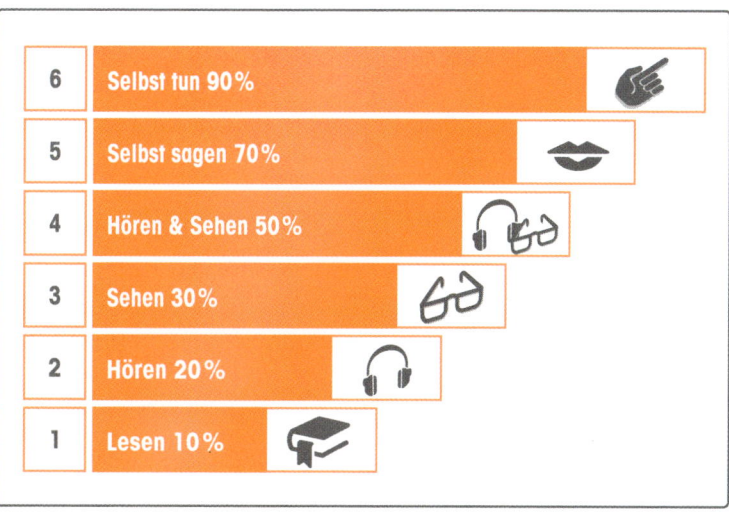

Abb. 48: Die Behaltensleistung ist beim „Selbsttun" am höchsten.

Wenn wir lesen, behalten wir lediglich zehn Prozent der aufgenommenen Informationen, 20 Prozent durch Hören, 30 Prozent durch Sehen, 50 Prozent durch Sehen und Hören, 70 Prozent durch Sehen und Sprechen. Am meisten behalten wir, wenn wir selbst mitmachen, mitgestalten und miterleben, das heißt interaktiv handeln. Hierbei liegt die maximale Behaltensleistung bei 90 Prozent (Abb. 48).

Durch Interaktion, das „Selbsttun", kann ein tiefer, lang anhaltender Eindruck von einer Website in unserem Kopf erhalten bleiben. Hier spielt das Internet eine seiner Hauptstärken im Vergleich zu Einbahnstraßenmedien wie TV oder Radio aus. Denn damit wird klar, dass wir im Internet wesentlich bessere Kommunikationswerte und mehr Behaltensleistung erreichen können als die traditionellen Kanäle. Dazu müssen wir das Internet aber natürlich auch multisensorisch ausgestalten und die Interaktivität fördern. Selbst zu einem Teil des Events zu werden ist besonders wichtig im Hinblick auf unsere Sinne. Denn genau an dieser Stelle kann der Konsument über die Sinnesorgane interaktiv in das Ereignis eingebunden werden (Herbrand 2008). Das menschliche Gehirn wandelt demnach sämtliche Eindrücke und multisensorischen Ergebnisse zu einer ganzheitlichen emotional-kognitiven Wahrnehmungseinheit zusammen (Lindstrom 2009). Grundsätzlich gilt: Je mehr Sinne bei uns angesprochen werden, desto größer ist die Wirkung. Allein eine Kombination aus Musik und Bildern erzielt eine dreifach so hohe Wirkung, als wenn beide allein aufträten (Lindstrom 2007, Vortrag).

Schon heute sind wir in der Lage, über das Internet das Sehen, das Hören und das Sprechen zu aktivieren. Letzteres, indem die Kunden die Webapplikationen über VoiceFlash mit der Sprache steuern können. Und auch die Haptik können wir über 3-D-Darstellung sowie virtuelle Realität schon ganz gut nutzen.

Die Aufbereitung einer Website mit multisensorischer Ansprache kann aber nicht nur Emotionen hervorrufen und das Interesse des Nutzers wecken, sondern auch zu einer Entscheidung für das Produkt des Unternehmens führen (Hilker, Raake 2010). Informationen werden vom Konsumenten intensiver gespeichert und können dann besser erinnert werden.

Sekündlich versorgen die fünf Sinne Sehen, Hören, Riechen, Schmecken und Fühlen unser Gehirn mit bis zu elf Millionen Bits an Informationen. Im gleichen Zeitraum verarbeitet unser bewusstes Erleben aber nur ganze 40 bis 50 Bits (Scheier, Held 2006). Wie schnell und effizient das Gehirn aus diesen elf Millionen Bits Bedeutungen ableitet, untermauert eine Studie der Carleton-Universität in Kanada. Sie zeigt, dass Kunden sich innerhalb von weniger als einer halben Sekunde ein erstes Urteil über eine Website bilden. Die Forscher legten Probanden mehrere Websites für jeweils eine halbe Sekunde vor. Anschließend sollten sie diese nach mehreren Dimensionen beurteilen, zum Beispiel ob ihnen die Seiten gefallen haben oder nicht. Eine weitere Gruppe hatte dieselbe Aufgabe, durfte die Websites aber beliebig lang anschauen. Trotz der längeren Betrachtung war ihr Urteil mit der ersten, spontanen Gruppe nahezu identisch. Für die Ausgestaltung von Websites bedeutet dies, dass ein Großteil der Konzepte zu komplex ist. Zu viele Themen, zu viel Navigation, keine Emotion. Das Ergebnis: Der Surfer ist weg, wenn der erste Eindruck nicht stimmt. Fällt das spontane Urteil positiv aus, steigt der User ein. Das ist bei Websites wie auch der zwischenmenschlichen Entscheidung nicht anders, wir treffen jemanden und kategorisieren diese Person. Das vereinfacht unserem begrenzten Bewusstsein die Arbeit, wir müssen nicht mehr nachdenken. Stereotype und Vorurteile sind deshalb so weit verbreitet, weil sie effiziente Vereinfachungsstrategien des Gehirns sind (Scheier, Held 2006).

3

2 Zielgruppenbestimmung nach Limbic® Types

Das limbische System ist der Entstehungsort für unsere Emotionen und zu 95 Prozent an unseren Kaufentscheidungen beteiligt. Das heißt, welche Wirkung Onlineshops auf uns haben, wie eine Einstellung zu diesen gebildet wird und wie wir uns letztlich entscheiden, passiert in dieser Machtzentrale.

Der Psychologe und Unternehmensberater Dr. Hans-Georg Häusel vom Beratungs- und Marktforschungsunternehmen Gruppe Nymphenburg entwickelte die sogenannte Limbic® Map. Sie stellt ein umfassendes Grundmodell dar, das Auskunft darüber gibt, wie der Kunde denkt. Es ist nach Ansicht vieler Experten heute weltweit eines der besten Instrumente, um den Konsumenten, seine Motive, Emotionen und Werte besser zu verstehen (Scheier, Held 2006). Dr. Häusel hat sich zur Aufgabe gemacht, die bisher erforschten Fakten und Methoden aus den Natur- und Neurowissenschaften, der Medizin und der Neuroökonomie für Marketingexperten in ein systematisches Planungskonzept, die Limbic® Map, einzuarbeiten und als Marketingdienstleistung zur Zielgruppenansprache anzubieten. Sicherlich kennen Sie die klassische Zielgruppensegmentierung nach den Sinusmilieus, in denen Konservative, bürgerliche Mitte, Postmaterielle, Hedonisten etc. abgebildet sind. Im Neuromarketing besteht nun jedoch mit der Limbic® Map ein neuer Ansatz durch eine ganz neue Positionierung. Dieses Modell analysiert die Emotionssysteme im Gehirn, wie sie funktionieren und zusammenspielen. In einem Dreieckkonstrukt unterscheidet man die drei großen Emotionswelten Balance, Stimulanz und Dominanz (Abb. 49). Es basiert auf Erkenntnissen der Hirnforschung, der Psychologie und der Forschung (Häusel 2008).

Jede Entscheidung, die ein Mensch trifft, wird durch eine oder mehrere dieser Emotions- und Motivwelten stimuliert. Mittlerweile ist bekannt, dass jede Person von Natur aus eine individuelle Ausprägung von Dominanz-, Stimulanz- und Balanceverhalten in ihrer Persönlichkeit festgelegt hat (Abb. 49). Bei dominanten Menschen überwiegt das Streben nach Leistung, Anerkennung, Macht und Autonomie. Sie vermeiden Fremdbestimmung und Unterdrückung. Stimulante Menschen hingegen sind kreativ, spontan, neugierig und aktiv. Sie vermeiden Langeweile und Reizarmut. Der balanceorientierte Mensch ist auf Sicherheit bedacht. Zurückhaltung und Vorsicht prägen seine Persönlichkeit, er vermeidet Angst und Unsicherheit.

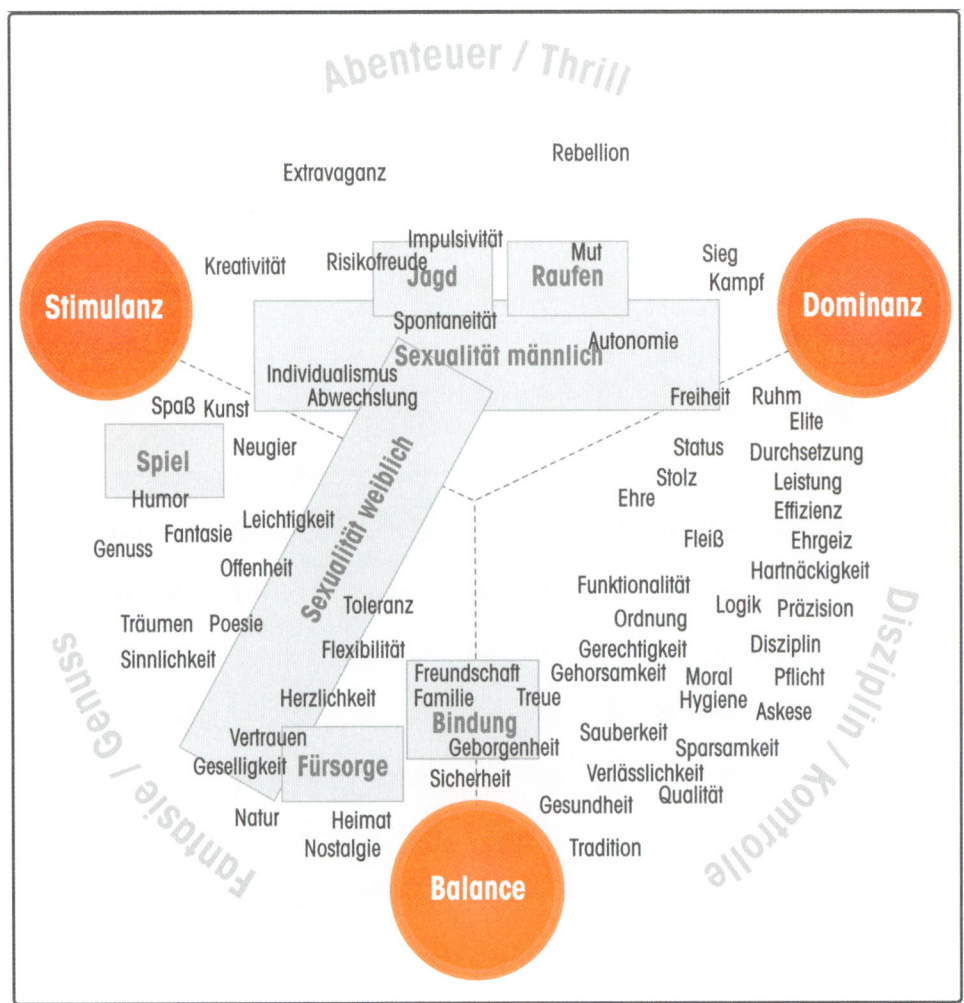

Abb. 49: Limbic® Map.

Doch wenn wir die drei Emotionssysteme genau betrachten, sehen wir, dass es neben diesen auch eine Reihe zusätzlicher Emotionsmodule gibt. Sie liegen innerhalb oder zwischen den drei Emotionssystemen.

Es gibt nicht nur die drei großen Emotionssysteme Dominanz, Balance und Stimulanz. Hierbei kann es nämlich auch zu Mischungen kommen, die sich aus den Kombinationen der drei Emotionssysteme bilden (Abb. 49). Abenteuer und Thrill ergeben sich aus der Kombination von Stimulanz und Dominanz. Auf der einen Seite will man über sich hinauswachsen und sich beweisen (Dominanz). Auf der anderen Seite will man dabei Neues entdecken (Stimulanz).

Fantasie und Genuss ergeben sich aus dem Stimulanzsystem, das aktiv nach Neuem und nach unbekannten Genüssen sucht, während das Balancesystem dabei bremst. Das Disziplin- und Kontrollsystem bildet die letzte Mischung aus Balance und Dominanz. Das Balancesystem fordert, dass alles seine Ordnung hat und stabil bleibt, sich möglichst nicht verändert. Das Dominanzsystem dagegen möchte das Geschehen regeln (Häusel 2008).

Wie können nun diese Erkenntnisse im E-Commerce Anwendung finden? Nicht nur Marken, sondern auch Websites können den einzelnen Emotionssystemen in der Limbic® Map zugeordnet werden. Voraussetzung ist, dass die Zuordnung zielgruppenspezifisch erfolgt. Beachtung muss auch der unterschiedliche Mix der Sexualhormone bei Mann und Frau finden, denn diese haben einen enormen Einfluss auf die Motiv- und Emotionssysteme im Gehirn. Während im männlichen Hirn eine stärkere Konzentration der Sexualhormone Testosteron und Vasopressin zu finden ist, wird das weibliche Hirn stärker von Östrogen/Östradiol, Prolactin und Oxytocin bestimmt. Testosteron beispielsweise verstärkt im emotionalen Gehirn das Dominanzsystem und die benachbarten Felder Abenteuer und Disziplin/Kontrolle. Hat der User eine hohe Affinität zu Produkten, beispielsweise Autos und Technik, dann lässt sich dies in der Limbic® Map zwischen Abenteuer/Thrill und Disziplin/Kontrolle zuordnen (Häusel 2008). Für Frauen sind Produkte rund um Soziales, Familie, Wohnen und Harmonie von großer Bedeutung. Hormone können folglich bei Frauen und Männern unterschiedliche Emotionsschwerpunkte verstärken, aber auch unbewusste Neigungen und Interesse für Websites verändern (Häusel 2008). Beispielsweise kann auch mit der Gestaltung der Website eine Zuordnung im Gehirn erfolgen (Abb. 50).

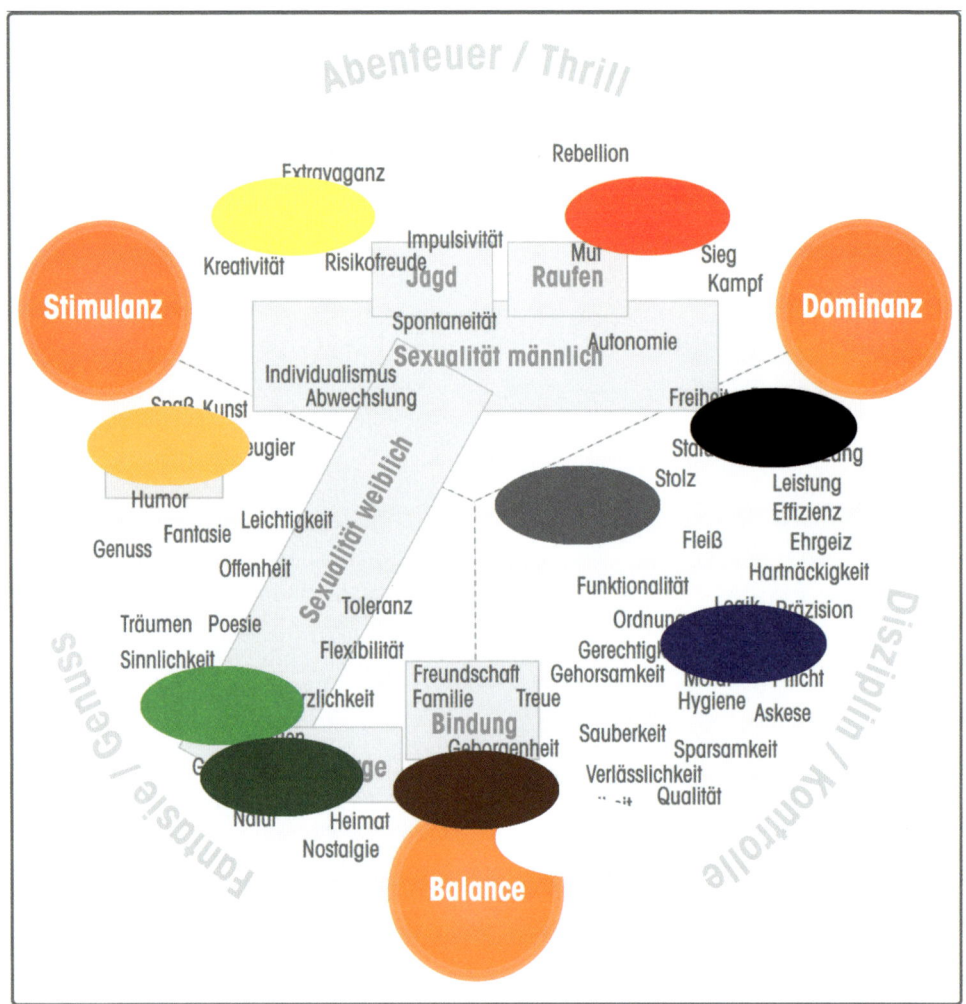

Abb. 50: Die emotionale Bedeutung von Farben.

Zum Beispiel steht die Farbe Blau für Kühle, aber auch für Sicherheit und Ordnung. Sie ist eher dem Bereich der Disziplin und Kontrolle zuzuordnen. Dagegen kann ein frisches, leuchtendes Gelb aktivieren und vitalisieren und steht für Optimismus. Gelb ist aus diesem Grund im Stimulanzbereich einzuordnen. Schwarz und Rot sind die Farben der Aggression. Insofern müssen wir uns die Frage stellen, warum die meisten Fehlermeldungen und Hinweise in Onlineprozessen rot, also aggressiv visualisiert werden. Aus Sicht der Limbic® Map müsste man hier eine aktivierende, vitalisierende Farbe zum Einsatz bringen.

3 Weitere Konzepte zur unbewussten Beeinflussung von kognitiver Wahrnehmung und affektivem Verhalten

3.1 Framing

Über den Framing-Effekt („Einrahmungseffekt") konnte die Neurowissenschaft nachweisen, dass unterschiedliche Formulierungen einer Botschaft bei gleichem Inhalt das (Kauf)verhalten der Kunden beeinflusst (www. wikipedia.org/wiki/Framing-Effekt). So konnte Greg Miller nachweisen, dass Kunden ein Produkt eher kaufen, wenn es „zu 80 Prozent fettfrei" ist, als wenn es „20 Prozent Fettgehalt" aufweist (Raab, Gernsheimer, Schindler 2009).

Der Entscheidungsrahmen des Menschen wird eingeteilt in Gain-Szenarien (in denen der Mensch augenscheinlich etwas gewinnt) und in Loss-Szenarien (in denen er offensichtlich etwas verliert). Welches der Szenarien das richtige für das Marketing ist, hängt vom jeweiligen Produkt bzw. der jeweiligen Kaufentscheidung ab. Um beim obengenannten Beispiel zu bleiben, ist es — vereinfacht ausgedrückt — eher reizvoll, 80 Prozent Fett zu verlieren, als 20 Prozent Fett zu sich zu nehmen.

Aber auch der umgekehrte Fall ist möglich und wurde in Versuchen nachgewiesen. Um es wiederum vereinfacht darzustellen: Wenn Sie jemandem 20 Euro in die Hand geben und ihn fragen, ob er die behalten möchte oder im Spiel mit der Chance auf den Gewinn von 50 Euro einsetzen möchte, wird er wahrscheinlich die 20 Euro behalten. Geben Sie Probanden dagegen 50 Euro in die Hand, nehmen ihnen 30 Euro gleich wieder weg und bieten an, diese 30 Euro im Spiel zurückzugewinnen, werden sich die meisten für das Spiel entscheiden. Dabei ist die Chance in beiden Fällen gleich: „Setze 20 Euro ein, um 50 Euro zu gewinnen."

ARBEITSHILFE
ONLINE

Löst man sich von den klassischen Konzepten der Webshops und Websites, lässt sich Framing dort kreativ einsetzen. So implementieren wir in ersten Projekten zeitgesteuerte Gain-Szenarien, um die Kunden zur Übermittlung des Warenkorbes zu aktivieren. Der Ansatz lautet: „Schicke in den nächsten x Minuten den Warenkorb ab und erhalte den Vorteil Y." Beim Framing muss man auch ins Detail gehen.

Die Überschrift hier, der Störer dort und dazu das passende Timing und die richtige Dynamik, das macht den Einsatz von Framing erfolgreich. Seine Wirkung ist hinreichend bewiesen, man sollte es wesentlich häufiger und breiter umsetzen.

3.2 Priming

Mit dem Priming-Effekt kann man bei Menschen bestimmte Verhaltensreaktionen oder Assoziationen unbewusst beeinflussen beziehungsweise anbahnen (der *prime* ist eine Art „Vorreiz"). Er basiert auf dem Effekt, dass ein vorangegangener Reiz beim Menschen implizite Gedächtnisinhalte beziehungsweise Handlungen aktivieren und beeinflussen kann. Die „primenden" Reize können zum Beispiel Wörter, Bilder, Gerüche oder Musik sein. Diese werden vom Kunden unbewusst wahrgenommen, lösen aber die gewünschten Assoziationen und Handlungen aus. Werden Assoziationen ausgelöst, spricht man vom semantischen Priming. Der Rezipient reagiert beispielsweise schneller auf das Wort „Kellner", wenn vorher das Wort „Restaurant" genannt wurde. Sollen Handlungen ausgelöst werden, kommt affektives Priming zum Einsatz, eine automatische Aktivierung bereits vorhandener Informationen beziehungsweise Auffassungen.

ARBEITSHILFE ONLINE

Per Priming lassen sich hochinteressante Konzepte ausrollen. So konnte beispielsweise in einem Experiment nachgewiesen werden, dass deutsche Hintergrundmusik im Supermarkt zum verstärkten Kauf von deutschen Weinen beiträgt, während französische Musik den Kauf von französischen Weinen stimuliert (Kröber-Riel, Weinberg, Gröppel-Klein, 2009). In einer Untersuchung von Christian Scheier und Dirk Held konnte gezeigt werden, dass Restaurantgäste tendenziell mehr Geld für ihr Essen und mehr Trinkgeld geben, wenn Markenlogos von Kreditkarteninstituten am Restauranteingang wahrgenommen wurden (Raab, Gernsheimer, Schindler, 2009). Werden Probanden auf das Thema „Altern" geprimt, bewegen sie sich danach langsamer. Und umgekehrt erkennen Menschen, die sich fünf Minuten langsam bewegt haben Wörter besser, die mit dem Thema „Altern" assoziiert werden (www.wikipedia.org).

Übertragen wir diese Ergebnisse auf Webshops und Websites, finden wir auch dort Einsatzpotenzial. Das fängt bei der multisensorischen Produktpräsentation an, bei der wir über Musik, Geräuschcodes oder die Tonalität der Off-Stimme gezielt Assoziationen und Handlungen auslösen können. Denn der französische Wein lässt sich online genauso durch passende Hintergrundmusik im Shop pushen wie im Supermarkt. Der leistungsstarke Gasgrill wird vom Kunden stärker wahrgenommen, wenn ein kräftiges Zischen des Fleisches die Hitze auf dem Rost signalisiert. Und die beschwichtigende Geste des Moderators lässt beim Kunden die Assoziation von Sicherheit und Vertrauen gegenüber dem Angebot entstehen.

Aktuell beschäftigen wir uns verstärkt mit den unbewussten Reizen im Verlauf von Bestellprozessen. Hier arbeiten wir daran, die Kaufentscheidung stärker vorzubereiten und damit die Conversion-Rates zu steigern. Eine hochinteressante Aufgabe, deren Erfolg wir gerade im E-Commerce durch Web-Controlling sowie multivariates A/B-Testing hervorragend messen können.

4 Spiegelneuronen als Grundlage menschlicher Kommunikation

Sicher kennen Sie das Phänomen, dass jemand gähnt und Sie automatisch mitgähnen müssen. Im Volksmund heißt es dann: „Gähnen ist ansteckend." In dem Moment, in dem auch Sie gähnen, werden Ihre Spiegelneuronen aktiv. Für das Neuromarketing ist das ein wichtiger Aspekt, denn wie schon am Anfang dieses Buches angesprochen wurde, können Emotionen über sogenannte Spiegelneuronen im Gehirn ausgelöst werden.

Die Spiegelneuronen wurden in den neunziger Jahren von Vittorio Gallese und Giacomo Rizzolatti an der Universität Parma in Versuchen an Makakenaffen entdeckt. Für die Versuche wurden den Affen Elektroden ins Gehirn implantiert, so dass man verfolgen konnte, wie die Neuronen feuerten, wenn die Tiere nach einem Gegenstand griffen. Die Nervenzelle feuerte nur dann, wenn der Affe mit seiner Hand nach einer Erdnuss griff, die auf dem Tablett lag, nicht beim alleinigen Anblick der Nuss. Die Forscher konzentrierten sich auf diese Zelle und beobachteten, dass die Nervenzelle ein bioelektrisches Signal sendete, sobald der Affe diese Handlung ausführte. Sie machten nun eine erstaunliche Entdeckung: Wenn die Affen sahen, wie einer der Forscher nach einer Nuss griff, zeigten sie die gleiche Hirnaktivität, wie wenn sie selbst die Greifbewegung ausführten. Es war eine neurobiologische Sensation (Bauer 2006).

Auch bei Menschen lässt sich das Spiegelneuronenphänomen nachweisen. Die für diesen Zweck derzeit gebräuchlichste Methode ist die funktionelle Magnetresonanztomografie (fMRT). Menschen, die die Handlungen anderer beobachten, aktivieren Netzwerke ihrer eigenen Handlungsneuronen. Das bedeutet: Beim Beobachter wurden dieselben Zellnetze aktiviert, die auch bei eigenem Handeln angesprochen wären.

Der Vorgang der Spiegelung passiert simultan, unwillkürlich und ohne jedes Nachdenken. Von der wahrgenommenen Handlung wird eine interne neuronale Kopie produziert, als vollzöge der Beobachter die Handlung selbst. Was er beobachtet, wird auf der eigenen neurobiologischen Tastatur in Echtzeit nachgespielt. Eine Beobachtung löst also in einem Menschen eine Art innere Simulation aus (Bauer 2006).

Spiegelneuronen sind auch dafür verantwortlich, dass wir häufig das Verhalten anderer Menschen nachahmen. Das Phänomen ist angeboren und kann bereits bei

Babys beobachtet werden. Strecken Sie einem Säugling einfach die Zunge heraus, und mit großer Wahrscheinlichkeit wird das Baby die Bewegung nachahmen (Abb. 51).

Abb. 51: Die Wirkung von Spiegelneuronen.

Auch für die Onlinedarstellung sind Spiegelneuronen von besonderer Bedeutung, denn um Emotionen zu erleben, muss man den Reiz selbst nicht unmittelbar erleben, sondern er kann ebenso multimedial vermittelt werden (Kroeber-Riel, Weinberg, Gröppel-Klein 2009). Das Vormachen und das Zeigen haben also „genau wie im richtigen Leben" eine wichtige Funktion. Nur so können bestimmte Inhalte effizient und lebhaft vermittelt werden (Herbrand 2008).

4.1 Menschlich kommunizieren auch im Internet

Die Spiegelneuronen kann man sich also auch im Internet zunutze machen. Wenn man die Kaufbereitschaft im Netz erhöhen möchte, muss man menschlich kommunizieren: „Der Mensch ist die stärkste Droge des Menschen", so Prof. Joachim

Bauer. Ein menschliches Gehirn könne ein anderes in Resonanz bringen — ähnlich wie eine Stimmgabel. Sein Fazit: Kennt und spiegelt ein Verkäufer die Wünsche und Bedürfnisse des Kunden, fühlt sich der Kunde gut. Fühlt er sich gut, kauft er ein (Bauer, Vortrag auf dem Neuromarketing-Kongress 2010).

In den meisten Strategien zur emotionalen Beeinflussung werden Emotionen visuell durch Darstellung von Menschen kommuniziert. Bildliche Informationen weisen im Vergleich zur textlichen Informationsaufnahme wesentliche Vorteile auf, denn Bilder können stärker emotionalisieren als Texte und werden in der Regel vor Texten betrachtet, besser gelernt und auch länger behalten. Bilder haben um ein Vielfaches mehr Informationen als ein Text — der größte Teil der Informationen wird sofort vom Gehirn im Unterbewussten aufgenommen, während man sich durch einen Text mit dem bewussten Teil des Gehirns durcharbeiten muss, was in diesem Fall äußerst ineffektiv ist.

Die Darstellung von Emotionen in der Werbung konzentriert sich in der Regel auf Situationen, in denen Menschen handeln und gemeinsam mit einem Produkt oder einer Dienstleistung dargestellt werden, so dass sowohl eine verbal als auch eine nonverbal übermittelte Information erfolgt. Die Art und Stärke der dargestellten Emotionen müssen im Hinblick auf die durch die Argumentation aufgezeigten Verhaltensmöglichkeiten als kongruent empfunden werden. Die durch nonverbale Signalsysteme präsentierten Emotionen müssen mit den verbal und bildlich übermittelten Informationen einen konsistenten Gesamteindruck hinterlassen. Menschen verhalten sich in Gesellschaft anders, als wenn sie allein sind. Für eine solche Verhaltensänderung muss der andere jedoch nicht gegenwärtig sein. Auch wenn auf dem Bildschirm ein Gesicht erscheint, zeigen die Testpersonen andere Reaktionen, als wenn es sich um eine textbasierte Bildschirmoberfläche handelt. Das Gesicht ist einer der wichtigsten Bezugspunkte für den Menschen. Ein Gesicht erlaubt anderen Personen, Rückschlüsse auf die Emotionen des Menschen zu ziehen und auf einige seiner Charaktereigenschaften zu schließen (Diehl 2002).

Abb. 52: Zeigegeste des Moderators auf den Button.

Wir können auch impulsiv Bewegungen nachahmen und dadurch selbst erleben. Das zeigt das folgende Ergebnis aus unserer Neuromarketing-Studie. Im Video-Interface der ERGO Direkt weist der Moderator mit der Hand auf den Button „Beitrag berechnen" (Abb. 52). Der Proband folgt der Handbewegung des Moderators und klickt den Button.

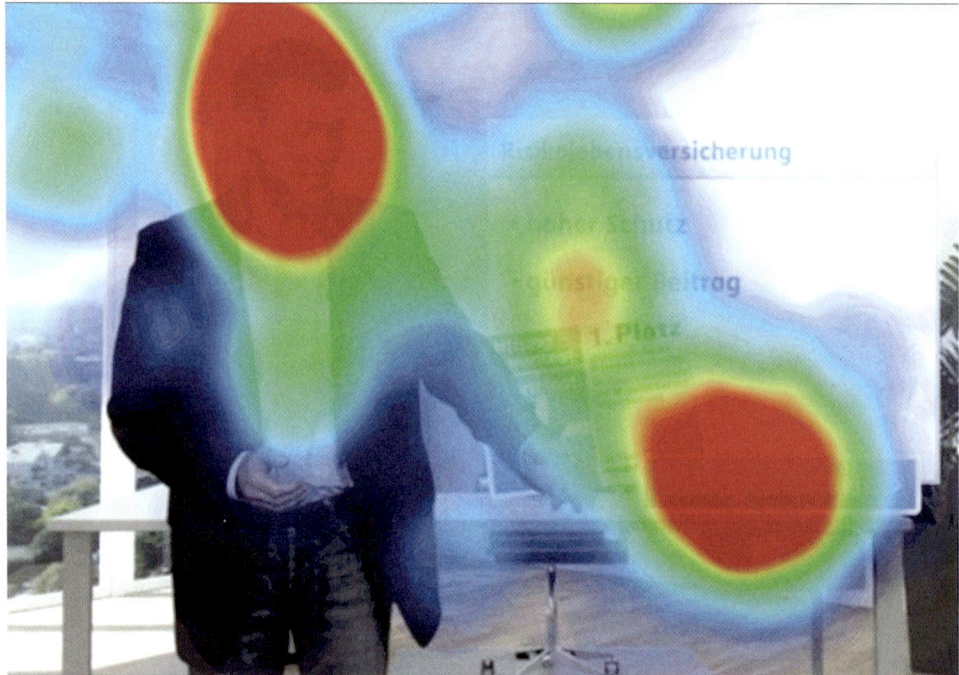

Abb. 53: Heatmap – Zeigegeste des Moderators.

Die Heatmap der Eye-Tracking-Aufzeichnung zeigt den Blickverlauf des Probanden (Abb. 53). Anhand der Aufzeichnung wird deutlich, dass der Proband die Bewegung impulsiv nachgeahmt hat. In diesem Moment sind bei ihm Spiegelneuronen aktiviert worden.

4.2 Perspektiventausch

Nicht nur die Entdeckung der Spiegelneuronen hat für viel Aufsehen gesorgt, sondern auch die Fragestellung, ob mit den Spiegelneuronen der Schlüssel für das Verständnis von Empathie gefunden worden sei. Empathie ist eine von einem Betrachter und einem Betrachteten geteilte Emotion, ein gemeinsames Gefühl von Subjekt und Objekt in einer Interaktion. Ohne Empathie wäre kein soziales Verständnis möglich. Menschen könnten weder die Gefühle noch die Absichten anderer in einer Interaktionssituation verstehen und interpretieren.

Zusammenfassend gesagt, geht es bei der Empathie also um die Übernahme von Gefühlen (Mikos 2008). Findet diese Übernahme der Gefühle beim Betrachter statt, so können die Spiegelneuronen in diesen Zusammenhang gebracht werden. Das Gegenüber ist dann in der Lage, die Perspektive zu wechseln und einen anderen Menschen zu verstehen.

Eine Homepage sollte Sympathie und Empathie vermitteln, um erfolgreich sein zu können. Das gelingt nur, wenn „der Faktor Mensch" berücksichtigt wird, denn eine statische Website kann keine Emotionen auslösen und Spiegelneuronen aktivieren, also auch keine Empathie zum User herstellen.

Weitere Erkenntnisse aus der praktischen Arbeit zeigen, dass der Blick des Users bei statischen Websites unruhig ist und nach Ankerpunkten sucht. Hierbei werden keine Spiegelneuronen aktiviert. Die Nutzer haben beim Betrachten vieler statischer Websites stattdessen Schwierigkeiten, sich überhaupt zurechtzufinden. Ganz anders sieht das bei multisensorischen Websites aus, in denen Menschen agieren. Dort reagieren die Nutzer mit eigener Mimik auf Emotionen, die über den Menschen transportiert werden.

Onlineshops müssen persönlicher werden und uns nachempfinden lassen, wie sich das Konsumerlebnis anfühlt. So schlüpfen wir aufgrund der Spiegelneuronen unbewusst in die Haut des Protagonisten, denn die Vorgänge laufen im Gehirn unbewusst und automatisch, also implizit, ab.

Doch wie erfolgt der Perspektiventausch? An dieser Stelle möchten wir die „Transportation Theory" zitieren: „‚Transportation into a narrative world' ist ein Prozess des völligen Eintauchens in eine Geschichte. Er beschreibt die kognitive, emotionale und bildliche Teilnahme an einer Erzählung. Des Weiteren beinhaltet die ‚Transportation Theory' die Konzepte des Absorbiert-Seins und der Identifikation." Das Gefühl der Transportation wird damit beschrieben, „sich völlig einer Geschichte hinzugeben und alles um sich herum zu vergessen. Rezipienten verlassen ihre ‚alltägliche' Wirklichkeit und begeben sich in eine alternative, für sie einzigartige Wirklichkeit" (Steinmann, Groner 2007). Als Resultat bestimmter Handlungen werde eine Person (der Reisende) „transportiert, mit welchen Mitteln auch immer. Der Reisende distanziert sich von der Welt, aus der er stammt. Auf diese Weise werden für ihn bestimmte Aspekte dieser Welt unzugänglich. Dann kehrt der Reisende in seine Welt zurück, irgendwie verändert durch die Reise" (Gerrig 1993). Und wie kann man am besten in eine Handlung einbezogen werden? Die Lösung liegt im Storytelling.

5 Storytelling

5.1 Im Kopfkino des Users

Überlegen Sie sich einmal eine Story zum Thema „Als ich das erste Mal …". Welches Thema Sie auch immer wählen werden, die erste Autofahrt, der erste Kuss, der erste Schultag oder auch „*das* erste Mal": Vorhang auf, Ihr Kopfkino beginnt, und Sie werden selbst den Film sehen, der gerade in Ihrem Inneren abläuft. Das Skript ist authentisch, lebhaft und leibhaftig. Sie werden sich vielleicht nicht an das Datum erinnern, aber was würde das zu Ihrer Geschichte beitragen? Sie wissen jedoch noch, wie es nach dem „ersten Mal" später leicht regnete, wie es damals in der Schulklasse roch, welches Gesicht Ihr Fahrlehrer machte, wie die Kirchenglocken klangen, damals im Urlaub … deshalb ist eine Story eine lebendige Erinnerung, eine lebhafte Wiedervorlage Ihrer persönlichen Ereignisse (Gálvez 2009).

Storytelling heißt, Geschichten gezielt, bewusst und gekonnt einzusetzen, um wichtige Inhalte besser verständlich zu machen, um das Lernen und Mitdenken der Zuhörer nachhaltig zu unterstützen, um Ideen zu streuen, geistige Beteiligung zu fördern und damit der Kommunikation eine neue Qualität hinzuzufügen. Durch gut erzählte Geschichten können Neugierde erregt, Spannung erzeugt, Vergnügen bereitet, Emotionen geweckt und Spiegelneuronen aktiviert werden (Frenzel, Müller, Sottong 2006).

Warum mag unser Gehirn Geschichten? Die ersten Entscheidungen werden von den unbewusst arbeitenden Hirnrealen getroffen. Diese suchen in einer Story zuerst nach den Mustervorlagen bereits bekannter Prototypen, nach Scripts, die auf Erfahrungen der frühen Lebensjahre beruhen. Dies gelingt am besten durch einfache Geschichten, die reduziert und durchdacht sind (Fuchs 2009). Bei der Suche nach einer Mustervorlage für das Storytelling sollten Sie nach einer Geschichte Ausschau halten, die mit Erlebnissen der Kindheit oder der Pubertät verbunden und positiv besetzt ist. Die stärksten Geschichten sind immer die selbst erlebten (Fuchs 2009).

Eine Geschichte kann als Beziehungsangebot fungieren: das Erzählen eines Prozesses, einer Lösungsfindung oder auch des Offenbarwerdens eines Problems, das die Zuhörenden nachvollziehen können. Dies kann auch eine Einladung sein an die anderen, Vergleiche zu ihrem eigenen Erleben zu ziehen, mit eigenen Erfahrungen und Geschichten an die Erzählung anzuknüpfen. An dieser Stelle wird die Offenheit zum Dialog kommuniziert (Frenzel, Müller, Sottong 2006).

Der Begriff des Storytellings gewinnt derzeit im World Wide Web immer mehr an Bedeutung. Durch die Entwicklung der digitalen Medien wird dem User ja die Möglichkeit gegeben, die Geschichten und Erzählungen zu beeinflussen und interaktiv zu handeln. Kleine Geschichten sind bekanntermaßen sehr einprägsam, sie werden im sogenannten episodischen Gedächtnis abgelegt, welches als das höchstentwickelte Gedächtnissystem des Menschen gilt. Dies führt dazu, dass man auch Geschichten speichert, die man sich eigentlich nicht merken will.

Die Vorstellung eines Produkts, das in eine Geschichte eingepackt ist, wird eher von dem Nutzer wahrgenommen als einzelne Begriffe, ellenlange Texte oder auch Diagramme. Ansprechende und emotional aufgeladene Bilder geben Sinn, und Sinn schafft folglich auch Wert. Untersuchungen zeigen, dass Produkte, die mit einer guten Geschichte versehen sind, den erzielten Verkaufspreis um 30 bis 30.000 Prozent steigern können (Häusel 2010). Aus diesem Grund muss zur Funktion und zum Status auch die Geschichte mitgeliefert werden. Der Wert entsteht durch den Status, dieser muss aber auf der funktionalen Ebene mitgetragen werden. Wir leben im Zeitalter der Unterhaltung, das heißt, der User wartet auf eine Story, bekommt er keine, verlässt er innerlich den Raum — also den Onlineshop (Gálvez 2009). Wenn wir nicht unterhalten werden, dann schalten wir „ab", ganz gleich, ob wir in einem Meeting hinhören müssen oder vor dem PC sitzen.

Der Wahlkampf Barack Obamas folgte perfekt dem Prinzip des Entertainments, und dazu gehörte: „Kein Auftritt ohne Storytelling, das Vermitteln einer Problemstellung durch Erzählen einer Begebenheit aus seiner Biografie." Warum? Bei einer guten Story sind wir ganz Ohr und oft auch mit dem Herzen dabei. Wir fühlen uns innerlich von einem Lagerfeuer gewärmt, an dem jemand etwas Persönliches und oft sehr Rühriges buchstäblich „von sich gibt" (Gálvez 2009).

Doch nicht nur der Aspekt des Storytellings schaffte bei Obamas Präsidentschaftswahlkampagne 2008 neue Maßstäbe, sondern der gekonnte Einsatz im Web 2.0. Obama setzte nämlich von Anfang an auf Social Media wie Facebook, YouTube und Twitter. Zum Schluss hatte er in den neuen Medien 5,1 Millionen Fans. Insgesamt betrug die Wahlbeteiligung 2008 etwa 65 Prozent, das ist der höchste Wert seit 1908.

5.2   User Generated Content

„User Generated Content" heißt die Zukunft, und das ist von entscheidender Bedeutung, da es die neue Generation des Storytellings ist. „Teile dich und deine Story mit" könnte der Leitsatz heißen. Denn der maßgebliche Treiber der Social-Media-Entwicklung ist die Tatsache, dass die Inhalte zum großen Teil von den Usern selbst bereitgestellt werden (siehe auch das folgende Kapitel „Social Media aus der Perspektive des Neuromarketings").

Am 3. Januar 2010 hat zum Beispiel Randi Zuckerberg, die Leiterin des Facebook-Consumer-Marketing-Teams, bei Twitter Folgendes gepostet: „People celebrated New Year's on Facebook by uploading a record number of photos — 750 million over NYE weekend alone!" (Abb. 54). Silvester ist nämlich *der* Abschluss des Jahres, und jeder hat seine eigene persönliche Geschichte dazu. Jeder User erzählt sie anders und in Bildern auf Facebook. Adaptieren wir die Zahlen aus 2010 auf die aktuellen Nutzerzahlen von Facebook, dann können wir uns ausmalen, wie viele *personal stories* jeden Tag entstehen.

Abb. 54: Rekordzahlen – über 750 Millionen Fotos wurden über das Silvesterwochenende bei Facebook hochgeladen.

Einige Unternehmen haben das Storytelling als wesentlichen Treiber der Social-Media-Entwicklung bereits erkannt und setzen entsprechende Kampagnen in den Social Networks auf. Eine solche Kampagne hat Coca-Cola zur Olympiade in London auf Facebook gestartet (Abb. 55).

Abb. 55: Coca-Cola schafft Customer-Engagement über Facebook. Die Möglichkeit zur aktiven Vernetzung wird von den Nutzern sehr gut angenommen. Aktive Vernetzung ist aus Sicht des Nutzers eine Belohnung.

Der Facebook-User erstellt hier seinen eigenen Remix des „Global Beat", mit dem Coca-Cola die Olympischen Spiele begleitet. Coca-Cola greift über eine Facebook-App dabei auf die gesamten Profil-Informationen des Open Graph von Facebook zu und nutzt diese Informationen, um das Musikstück sowie das dazugehörige Video zu individualisieren (Abb. 56, 57).

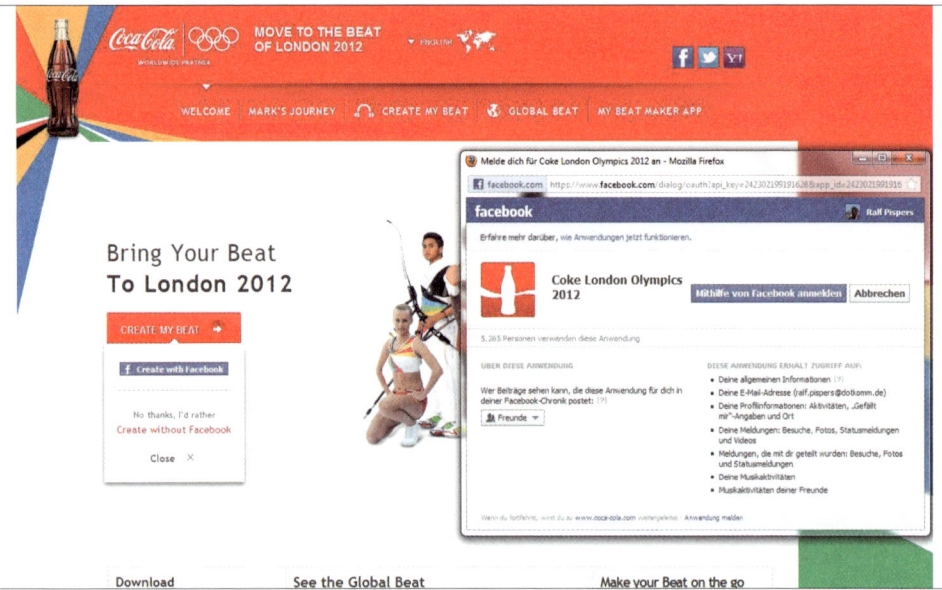

Abb. 56: Keine Scheu – Facebook-Nutzer haben keine Probleme damit, der werbenden Marke die Profildaten aus Facebook zur Verfügung zu stellen. Im Gegenteil: Die Kampagne wird gerade dadurch für die Nutzer interessant.

Abb. 57: Aus der Verbindung von Kampagne und Profildaten der Facebook-Nutzer entsteht überdurchschnittliches Engagement und eine virale Kampagne, die stärker wirkt als herkömmliche Werbeformate. Denn die Werbung kommt jetzt aus der Bezugsgruppe der Freunde.

Dieses postet der Nutzer auf seine Facebook-Pinnwand und verbreitet die Kampagne viral im Freundeskreis. Bei über 3,2 Millionen individualisierten „Remixes" des Global Beat noch vor der Olympiade zeigt sich die kommunikative Schlagkraft der Kampagne (Abb. 58). Denn die meisten der 3,2 Millionen „Remixes" wurden von den Nutzern als „eigene Story" an der Facebook-Pinnwand geteilt und generierten mit Sicherheit einen dreistelligen Millionenbetrag an Zielgruppenkontakten.

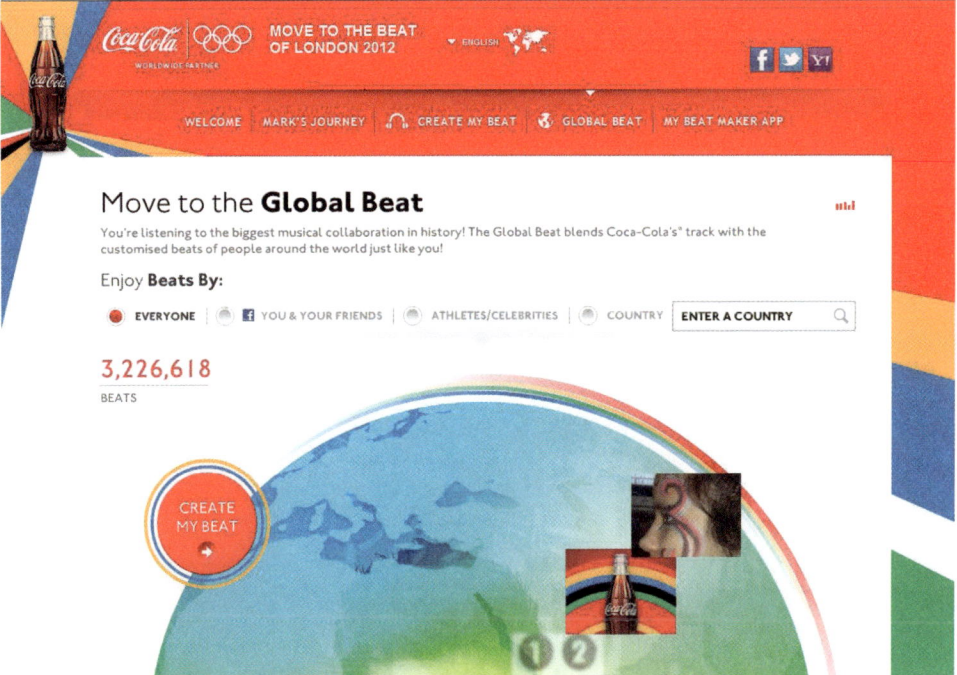

Abb. 58: Über drei Millionen Teilnehmer noch vor dem Beginn der Olympischen Spiele. Jedes der individualisierten Musikvideos per Facebook im Freundeskreis geteilt – macht unterm Strich Werbekontakte im dreistelligen Millionenbereich.

Und noch etwas zeigt sich in der Kampagne — die Menschen haben überhaupt keine Scheu, sich mit ihren Facebook-Profilen an Aktionen und Kampagnen zu beteiligen. Im Gegenteil, sie möchten aktiv in den Social Networks gestalten und werden durch diese Art der Interaktion stark belohnt.

Auch die Attraktivität von Bewertungsportalen liegt zu einem großen Teil im Bereich Storytelling. Denn die Geschichte, die ein Gast in einem Hotel erlebt hat, wirkt durch die Authentizität viel stärker als die Hotelseite selbst. Jede Produktbewertung erzählt die Geschichte des jeweiligen Käufers oder Nutzers.

Für Tabellen, Charts und Zahlen muss man sich Eselsbrücken bauen. Storys bauen emotionale Brücken, liefern Fakten in Bildern, regen an und überraschen: Es ist das Prinzip der Unterhaltung. Außerdem ist eine Story etwas Persönliches, mit ihr werden die rationalen Bewertungsmechanismen ausgeschaltet. Man lässt sich „ohne Bedenken" auf Geschichten ein, weil die Tatsachen in den Hintergrund gerückt werden. Geschichten sind nicht wahr oder falsch, sondern unterliegen ästhetischen Kategorien wie „gefallen" oder „nicht gefallen", „langweilen" oder „nicht langweilen". Mit Geschichten können Sie den User buchstäblich auf andere Gedanken bringen, an verschiedene Orte oder auch in wechselnde Stimmungen versetzen. Wenn Sie dann einmal im Kopf der Zuhörer angedockt haben, können Sie Handlungen und Kaufverhalten aktiv beeinflussen.

6 Social Media aus der Perspektive des Neuromarketings

Neben der klassischen Website spielen das mobile Internet sowie die Social-Media-Networks wie gesagt eine immer wichtigere Rolle in der Onlinekommunikation. Die Entwicklung ist rasant. Dabei ist die mobile Nutzung des Internets eng mit den Social Networks verbunden, nutzen doch die meisten User die sozialen Plattformen über das Smartphone. Facebook hat sich schneller verbreitet als jede andere Plattform (Abb. 59). Und dabei ist nicht nur die Anzahl der Nutzer gestiegen, sondern auch die Nutzungsfrequenz. Rund die Hälfte der Facebook-Nutzer ist täglich online (Abb. 60). Knapp die Hälfte der Facebook- und Twitter-Nutzer checkt die Accounts nachts oder sobald sie aufwachen (Abb. 61). Und jeder zweite Fernsehzuschauer ist parallel im Internet und in den Social Networks (Abb. 62).

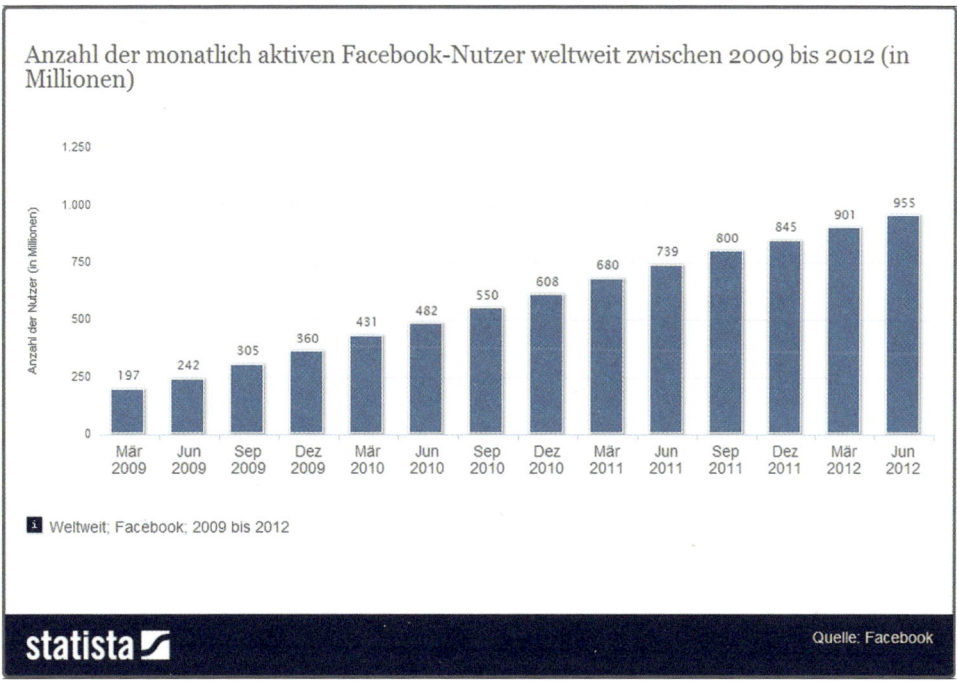

Abb. 59: Rasantes Wachstum – Facebook ist die dominierende Plattform im Bereich Social Media.

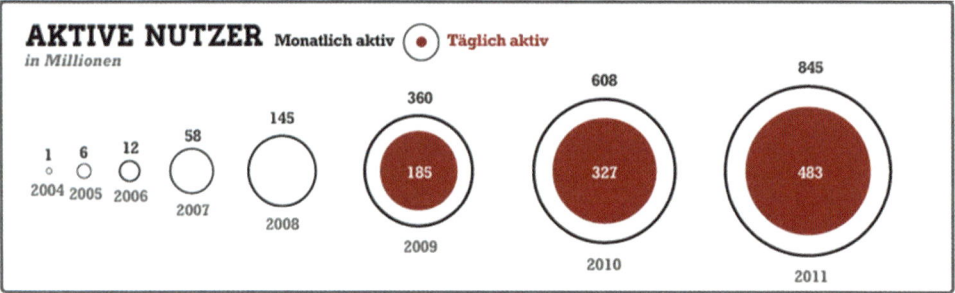

Abb. 60: Social Media werden zum festen Bestandteil unseres Lebens.

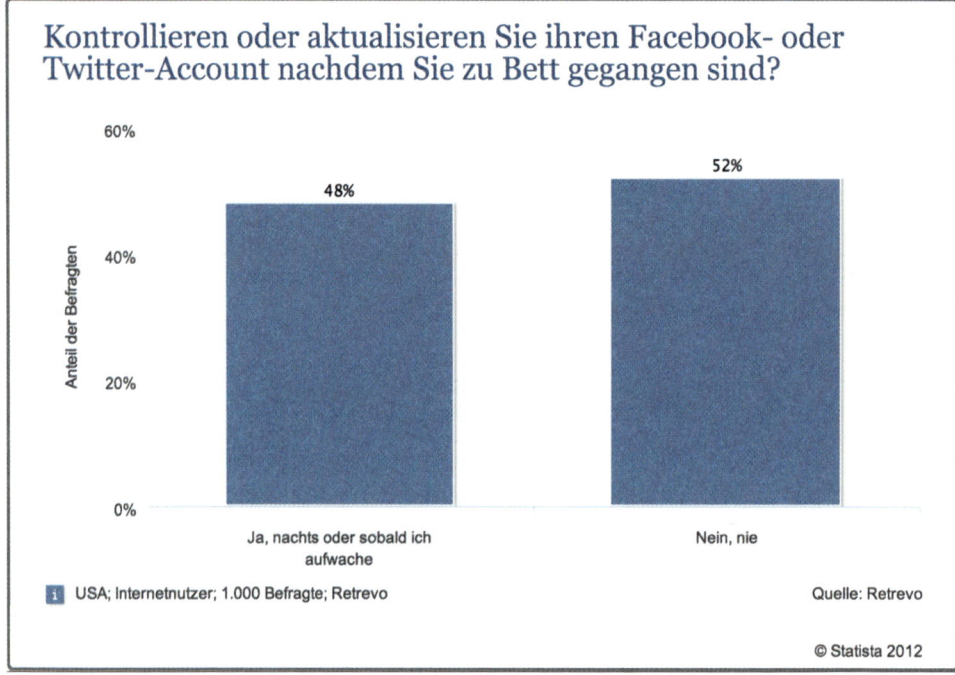

Abb. 61: Dafür stehen die Leute sogar nachts auf – Social Media sind in unseren Alltag integriert: natürlich wie Zähneputzen oder Mittagessen.

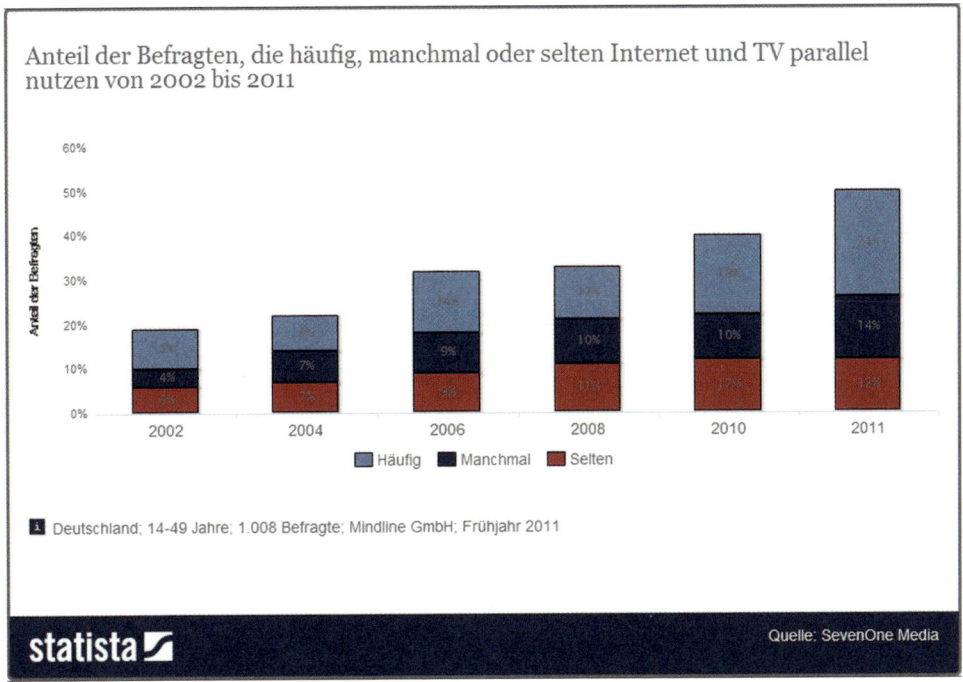

Anteil der Befragten, die häufig, manchmal oder selten Internet und TV parallel nutzen von 2002 bis 2011

Häufig Manchmal Selten

Deutschland; 14-49 Jahre; 1.008 Befragte; Mindline GmbH; Frühjahr 2011

statista Quelle: SevenOne Media

Abb. 62: Schon heute ist Social TV Realität. Wenn auch noch in getrennten Kanälen – aber auch das wird sich schnell ändern.

Die Zahlen der Social-Media-Entwicklung sind außergewöhnlich. Und sie schreitet voran, obwohl sich die klassischen Medien — teils wohl auch aus einem Konkurrenzgedanken heraus — stärker mit den Risiken wie Datenschutz, Privatsphäre, Mobbing oder Sucht beschäftigen. Hier sieht sich eine Medienbranche als Aufklärer für eine Bevölkerung, denen der Schutz ihrer Daten gar nicht so sehr am Herzen liegt. Denn immerhin ist ein Großteil der Facebook-Profile für jedermann einsehbar, auch wenn keine Vernetzung als „Freunde" vorliegt. Hier verzichten die Nutzer sogar auf die „Privatsphäre-Funktionen", die in Facebook und allen anderen sozialen Netzwerken angeboten werden.

Viele Unternehmen fragen sich aktuell noch, ob die sozialen Netzwerke ein vorübergehender Trend sind oder ob sie tatsächlich das Kommunikationsverhalten der Menschen nachhaltig verändern werden. Wir sind der Meinung, dass Social Media die Kommunikation, die Werbung und auch viele Geschäftsmodelle nachhaltig beeinflussen werden. Denn die Entwicklung der Social Networks lässt sich aus der Perspektive des Neuromarketings hervorragend erklären. Einige Aspekte möchten wir nachfolgend skizzieren.

6.1 Grüße aus dem Genpool: Warum Social Media wichtige Grundbedürfnisse des Menschen erfüllen

Der Mensch ist ein soziales Wesen, ein Herdentier sozusagen. Das bedeutet, dass er neben den vitalen Bedürfnissen wie Nahrung und Schlaf einen programmierten Drang nach sozialer Beziehung hat. Schon in der Maslow'schen Bedürfnispyramide aus dem Jahr 1943 wurden die sozialen Bedürfnisse direkt nach den physiologischen Bedürfnissen und dem Sicherheitsbedürfnis eingeordnet. Also weit vor dem Haus, dem Porsche und der Designerjeans (Abb. 63).

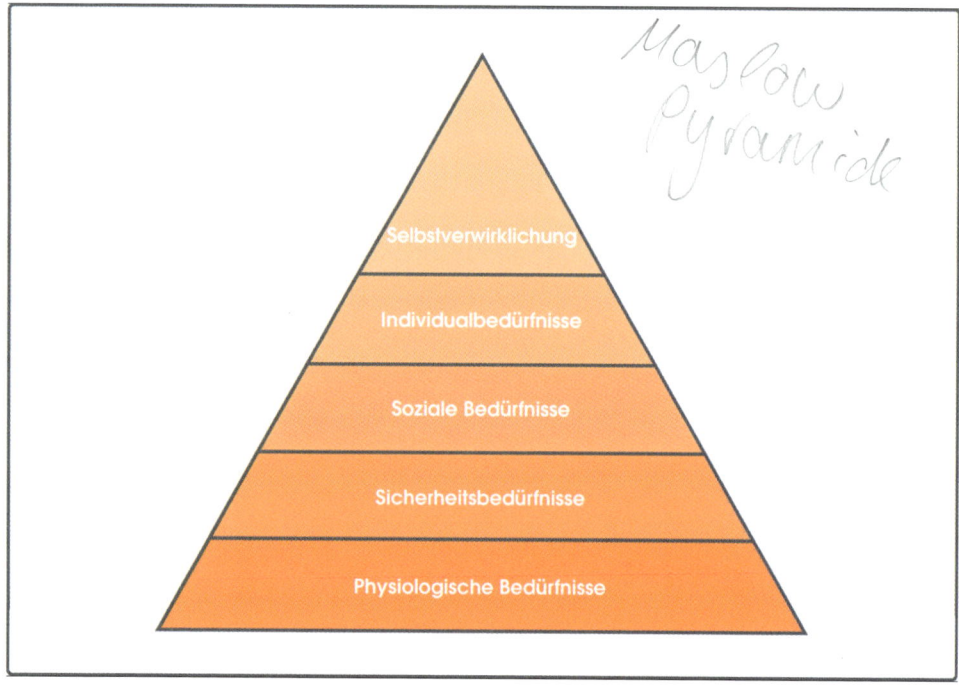

Abb. 63: Soziale Interaktion ist elementarer Bestandteil unserer Bedürfnispyramide. Die Social Networks sorgen hier für „Belohnung" im Sekundentakt.

Und genau hier entfalten die Social Networks ihre Kraft. Sie erfüllen das Grundbedürfnis nach sozialer Interaktion. Mit jedem neuen Freund, mit jedem „Gefällt mir" und mit jedem Kommentar feuert das Netzwerk emotionale Belohnung in das Gehirn des Nutzers. Hier entsteht das „Suchtpotenzial" von Facebook & Co. Und darin liegt der Grund, warum wir heute vor dem Zähneputzen und vor dem Lesen der Tageszeitung in Facebook sind. Ohne es zu merken, fühlen sich die Nutzer der sozialen Netzwerke gut, wenn ihr Video bei YouTube 2500-mal aufgerufen wurde, wenn zehn Freunde „Gefällt mir" geklickt oder 38 Leute einen Kommentar zum neuesten Urlaubsfoto geschrieben haben (Abb. 64). Social Media sind Neuromarketing par excellence.

Abb. 64: Balsam fürs Gehirn. Jedes „Gefällt mir" und jeder Kommentar vermitteln ein gutes Gefühl und bestätigen den Nutzern, dass sie im sozialen Umfeld wahrgenommen werden. Daher ist es nur konsequent, dass es keinen „Gefällt-mir-nicht"-Button gibt: ein perfekter Schachzug von Facebook.

Probieren Sie es einmal selbst aus, wenn Sie in den sozialen Netzwerken unterwegs sind. Spüren Sie in sich hinein und beobachten Sie aktiv, wie Sie auf Feedback reagieren und warum Sie wann im Social Network einloggen. Mit dem Bewusstsein um die Informationen, die Sie in diesem Buch erhalten haben, werden Sie die Belohnung der Social Networks „am eigenen Leib" erfahren können.

6.2 Eldorado der Motive oder Warum die Social Networks eine Spielwiese der Limbic® Types sind

Im Kapitel über die wichtigsten Neuromarketing-Konzepte haben wir uns mit den Limbic® Types auseinandergesetzt und erfahren, wie wichtig die Ansprache der

Werte und Motive des Kunden ist. Die sozialen Netzwerke sind in diesem Bereich ein wahres Eldorado.

Zum Beispiel für Frank, den erfolgreichen Unternehmer mit klarem Dominanzprofil in der Lymbic® Map. Die sozialen Netzwerke geben Frank die Möglichkeit, seine Motivwelt optimal auszuleben. Im Titelbild auf Facebook zeigt er seinen Porsche. Regelmäßig checkt er per Foursquare in den Top-Locations ein, um seinen Status zu unterstreichen. Und auch die Fotos seines letzten Urlaubs in Kitzbühel wurden oft kommentiert und „gelikt". Frank selbst hat die Facebook-Pages von Weber Grills, Berlin-Marathon (er war von 10.000 Männern im letzten Jahr 45. und hat das Zielfoto direkt online gestellt) und *Playboy* gelikt.

Sylvias Facebook-Profil ziert eine Blumenwiese, die sie beim letzten Toskana-Urlaub fotografiert hat. Sie hat unter anderem die Seiten des *Yoga Journal* und „Ich liebe Hunde" gelikt. Ihre letzten Postings waren der Aperol Spritz in ihrer Lieblingsbar, der wunderbar in der Sonne glitzerte, sowie ihr neues Paar Schuhe, was sie noch im Schaufenster fotografiert und online gestellt hat. Die Social Networks geben Sylvia die Möglichkeit, ihr Stimulanzprofil voll und ganz auszuleben.

Und das Tolle dabei: Selbst wenn Sylvia — durch äußere Einflüsse, Umfeld, Job und Ähnliches begründet — im wahren Leben viele ihrer innersten Motive unterdrückt, kann Sie im Social Network so sein, wie sie wirklich sein möchte.

Die beiden Beispiele zeigen, dass die Social Networks den Nutzern die optimale Plattform zum Ausleben ihrer jeweiligen Werte- und Motivwelten geben. Hier wird, zum großen Teil unbewusst, das Innerste nach außen gekehrt. Es passiert also genau das, was wir im Neuromarketing mit aufwendigen Apparaturen und Laborsets untersuchen. Und hier entsteht riesiges Potenzial für das (Online-)Marketing.

6.3 Wer braucht Google und die gelben Seiten? – Warum die Bezugsgruppen der Social Networks das Leben der Nutzer einfacher machen

In den neunziger Jahren war das Buch *The One To One Future* von Don Peppers eine Bibel für die Macher der ersten Internetwelle. Don Peppers prophezeite das Ende des Massenmarketings und des Broadcastings. Marketingbotschaften sollten eins zu eins auf den jeweiligen Nutzer zugeschnitten sein, Produkte sollten für den Käufer *customized* sein, und die Informationen und Nachrichten sollten sich danach nur auf die Interessenlage des Empfängers ausrichten. Das Ende des Information-Overloads schien nahe.

Geschehen ist, zumindest was den Information-Overload angeht, das Gegenteil. Wer heute ein Produkt oder eine Lösung bei Google sucht, ist schnell überfordert: bezahlte Links, Vergleichsportale, fingierte Testberichte und Landingpages, die das gesuchte Produkt gar nicht enthalten. So mancher geht dann doch lieber in den Laden und lässt sich beraten.

Immer mehr Nutzer entscheiden sich dazu, ihr digitales Network zu fragen. Welchen Fernseher soll ich kaufen? Steht mir diese Bluse? Wer kennt einen guten Hausarzt? Kann mir jemand ein gutes Hotel in Berlin empfehlen? All diese Fragen werden heute im sozialen Netzwerk gestellt. Und zurück kommen Antworten aus einer Bezugsgruppe, das heißt einer Gruppe, die grundlegende Motive und Werte mit dem jeweiligen Nutzer teilt. Der wesentliche Faktor: Den Empfehlungen und Meinungen aus der digitalen Bezugsgruppe der Social Networks wird mehr vertraut als der klassischen Werbung (Abb. 65). Und damit kommt der Nutzer schneller zur Lösung. Die Social Networks haben das Potenzial, die klassische Suchmaschine sowie das klassische Marketing wesentlich, wenn nicht sogar grundsätzlich zu beeinflussen. Und in dem Moment, in dem Facebook beginnen wird, Onlinewerbung auszuspielen (und das wird es tun), kann es das beste Targeting aller Anbieter betreiben. Denn keiner kennt den Kunden, der gerade die Website besucht, so gut wie Facebook.

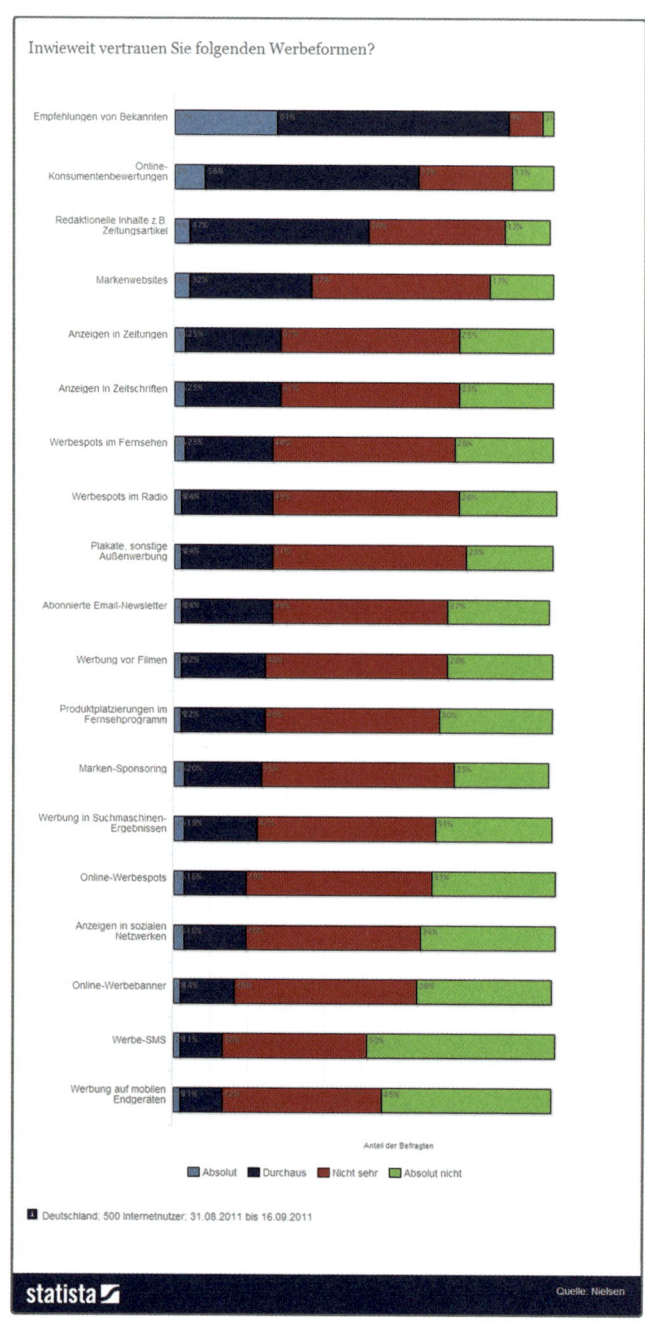

Abb. 65: Social Media verschieben die Machtverhältnisse in der Kommunikation. Facebook & Co. werden zur Bedrohung für Google, TV und andere klassische Kommunikationskanäle. Denn der Empfehlung und Bewertung aus dem Social Network wird mehr vertraut als dem Suchergebnis und dem Fernsehspot.

Dieser Faktor ist der Grund, warum Google mit allen Mitteln versucht, Google+ zum Fliegen zu bringen. Google hat den Index. Google hat die Videos auf YouTube. Aber Google hat keine Motiv- und Lebenswelten des Nutzers, kennt das soziale Umfeld nicht und weiß auch nicht, was der Kunde „likt". Google weiß nicht, ob der Kunde gerade einen schlechten Tag hat oder den Arbeitgeber gewechselt hat. Und Google weiß auch nicht, wann wir wieder Single sind.

6.4 Digital Storytelling oder Warum die Social Networks die spannendsten Geschichten erzählen

Bei den Neuromarketing-Instrumenten haben wir bereits über die Kraft des Storytellings gesprochen. Und die schönsten Geschichten — das besagt ja auch ein geflügeltes Wort — schreibt das Leben selbst. Da das Leben inzwischen ebenso in den sozialen Netzwerken stattfindet, entstehen hier gleichsam die schönsten Geschichten aus dem wahren Leben: Die Hochzeit von Ruth und Ingo in Schweden den ganzen Tag über die Fotopostings der beiden verfolgen — sehr romantisch. Den Wintereinbruch von Ralph bei der Alpenüberquerung quasi live erleben — abenteuerlich. Am Rosenkrieg von Michael und seiner Frau teilhaben — besser als die *Gala* ...

Einer der beiden Autoren dieses Buches kommt aus einem kleinen Ort in der Nähe von Köln — aus Stommeln. Und er wird von seiner Schwester (übrigens ungefragt) zur Facebook-Gruppe „Du bist aus Stommeln, wenn ..." hinzugefügt. Diese Gruppe hat innerhalb von nur wenigen Wochen über 1000 Mitglieder, die alte Erinnerungen an das Leben im Ort teilen. In Kindheitserinnerungen schwelgend, sitzt der Autor nun so manche Stunde vor Facebook, trifft dort Leute, die er Jahre nicht mehr gesehen oder gesprochen hat, streitet sich mit anderen Gruppenmitgliedern, wann denn die Eckkneipe damals aufgegeben wurde und ob da früher eine Metzgerei drin war oder nicht. Damit wird er selbst Teil der Geschichte (Abb. 66).

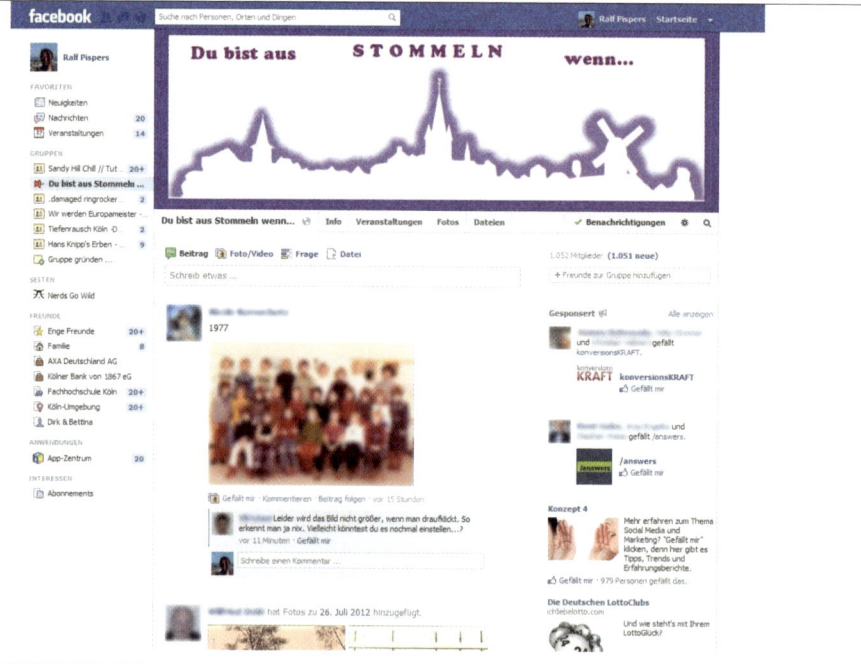

Abb. 66: Facebook schreibt Geschichte, nicht nur als Firma: Millionen von Storys werden jeden Tag auf Facebook erzählt – ein wesentlicher Grund für die hohe Attraktivität und die hohe Nutzungsfrequenz der Social Networks.

Die Kraft, die die Social Networks im Bereich des Storytellings entfaltet, ist ungemein stark. Und so lassen sich eben auch die Storys aus Marketingkampagnen, TV-Formaten, Zeitungsberichten und dergleichen mehr in die sozialen Netzwerke verlängern. Viele Menschen finden diese Art der Kommunikation und Unterhaltung inzwischen attraktiver als das „Dschungelcamp" …

6.5 To fast for ratio: Warum die Social Networks die schnellsten Impulse setzen

Wir haben in den vorangegangenen Kapiteln beschrieben, dass Handlungs- und Kaufimpulse unbewusst und innerhalb von kurzer Zeit ausgelöst werden können. Auch hier punkten die Social Networks im Vergleich zu allen anderen Medien. Denn die sozialen Netzwerke sind maximal auf Impulshandlung ausgelegt. „Posten", „Liken", „Kommentieren", „Teilen" — all diese Funktionen nutzen wir innerhalb von wenigen Sekunden (Abb. 67). Es wird wenig gedacht und umso mehr gehandelt.

Insofern bieten die Social Networks die derzeit kürzesten Response- und Aktionsketten. Ohne Medienbruch. Auf allen digitalen Devices. Zu jeder Tageszeit. Von überall auf der Welt.

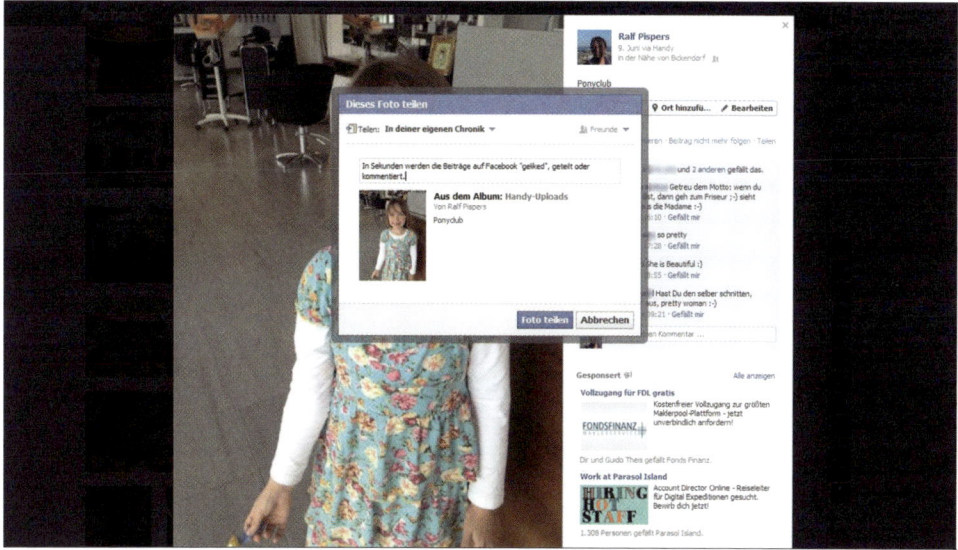

Abb. 67: Ein Bild sagt mehr als tausend Worte. Und sorgt auf Facebook & Co. für unmittelbare Interaktion beim Empfänger. Diese kurze Interaktionskette ist ideal für den Einsatz von Neuromarketing, kann doch der Mensch den unbewussten Impuls sofort in Handlung umsetzen.

Dass dies für manchen Diktator und so manches Unternehmen auch schon zum Problem geführt hat, konnten wir in der arabischen Welt oder beim Projekt „Stuttgart 21" beobachten. Wie hätte man vor der Social-Media-Ära innerhalb von 90 Minuten 20.000 Menschen zum Bahnhof bestellen können, um die Kettensäge und die Abrissbirne aufzuhalten? Der sogenannte „Shitstorm" ist auch Ausdruck der Impulsgetriebenheit der Social Networks.

6.6 Freunde fürs Leben. Warum die Social Networks mit der Vernetzung unbewusst unsere Einstellung zu Menschen und Marken beeinflussen

Natürlich entspricht die Bezeichnung „Als FreundIn hinzufügen" nicht immer der Wahrheit. Nur ein kleiner Teil der Facebook-Freunde sind echte Freunde. Aber trotzdem wohnt dem Akt doch eine gewisse Annäherung inne. Und natürlich ändert sich damit — zum großen Teil unbewusst — auch die Einstellung gegenüber den „Freunden". Auch das „Liken" einer Marke ist ein Statement, das mich teils bewusst, teils unbewusst stärker mit der Marke verbindet. Wir machen selbst in der Verlinkung auf XING die Erfahrung, dass sich die Einstellung zu einem „Kontakt" mit der Vernetzung verändert. Man ist vernetzt — es verbindet einen halt etwas. Und das verändert unbewusst die Einstellung zum Gegenüber.

7 (Neuro-)Marketing in den Social Networks

Wir kennen die Betreiber der Social Networks und wollen nachfolgend ein paar Beispiele für das Social-Media-Marketing aufzeigen und einen Ausblick auf die zukünftige Entwicklung geben.

Dabei vertreten wir eine von der allgemeinen Meinung vieler Berater und Experten abweichende Position, was die Zukunft von Social Commerce angeht. Denn wir sehen in den sozialen Netzwerken mehr als nur den Dialog mit den Kunden über die Pinnwand. Wir sind überzeugt davon, dass die Nutzer zunehmend über die Social Networks kaufen werden. Einer der wesentlichen Hebel dabei ist sicherlich die starke Impulskraft der Plattformen. Wir können heute bereits über eigene Projekte entsprechende Zahlen vorlegen, die unser Statement untermauern.

7.1 Die neuen Touchpoints

Aber bleiben wir einstweilen beim Marketing. Hier geht es erst einmal darum, neue Touchpoints zu belegen. Wenn wir heute wissen, dass die Nutzer einen Großteil ihres privaten Lebens auf die sozialen Netzwerke adaptieren, wenn wir wissen, dass viele User ihr Netzwerk nach Empfehlungen fragen, und wenn wir wissen, dass die Netzwerke stärker frequentiert sind als das Web selbst, dann ist auch klar, dass die Netzwerke eine stärker werdende Rolle als Kunden-Touchpoint einnehmen werden. Denn die Nutzer werden zunehmend davon ausgehen, dass eine Marke und ein Unternehmen auch auf Facebook & Co. „stattfindet". Hier geht es um Positionierung und Präsenz. Gleichzeitig legt auch Google bei der Indexierung von Inhalten immer mehr Wert auf ein Social-Media-Engagement. Insofern ist ebenfalls unter diesem Aspekt das proaktive Handeln angeraten. Dabei müssen Sie auch nicht direkt in der Coca-Cola-Liga mit über 45 Millionen Fans spielen (Abb. 68). Wichtig ist, früh genug Erfahrungen zu sammeln und für Ihr Geschäftsmodell die Weichen rechtzeitig zu stellen.

Abb. 68: Coca-Cola auf Facebook – das Social Network ist für werthaltige Marken inzwischen ein wichtiger Kommunikationskanal.

An dieser Stelle sei noch einmal darauf hingewiesen, dass zahlreiche Unternehmen sich viel zu viel Gedanken über die Pinnwand machen und nur hier den Sinn von Facebook sehen. Dabei wird die Facebook-Page als „Informations-Abonnement" des Kunden massiv überbewertet. Denn allzu schnell gehen die Informationen im Stream des Nutzers unter, wenn er nicht dauerhaft mit Ihrer Facebook-Page interagiert. Dann kommen die Infos, die Sie auf der Page posten, gar nicht mehr beim Kunden an. Darüber hinaus erhalten Sie über ein „Gefällt mir" auf Ihrer Facebook-Page auch keine Erlaubnis des Nutzers, auf dessen Facebook-Profil zuzugreifen. Wir sehen die Facebook-Page daher stärker als Informations- und Interaktionsangebot an die Facebook-Nutzer. Man ist vor Ort. Man zeigt Präsenz. Die Zukunft — im Sinne von Targeting, Neuromarketing, Kundenbindung und dergleichen — wird jedoch den Facebook-Apps gehören. Dazu mehr im weiteren Verlauf.

Schauen wir auch noch mal auf Google+, Twitter, XING, LinkedIn & Co. — hier muss im Rahmen der Social-Media-Strategie erörtert werden, inwieweit diese Netzwerke für das Unternehmen beziehungsweise für die Marke relevant sind. Für einen Personaldienstleister werden XING und LinkedIn mit Sicherheit eine wesentlich größere Rolle spielen als für eine Konsumgütermarke. Bei Twitter wird man vom Follower zwar unter Umständen besser wahrgenommen mit den gepushten Informationen als bei Facebook. Jedoch erreicht man hier auch nur eine sehr enge Zielgruppe. Twitter ist insofern in der Regel die Ergänzung, aber nicht der Kern der Aktivitäten.

7.2 Die neue Werbung

Totgesagte leben länger. Unter diesem Motto sehen wir seit Beginn der Social Networks die Unkenrufe, dass die Werbung in den sozialen Netzwerken nicht akzeptiert und nicht wahrgenommen wird. Und es ist ja auch richtig, dass viele soziale Netzwerke der ersten Stunde kein richtiges Ertragsmodell hatten. Inzwischen hat sich das — und hier brauchen wir wirklich nur über Facebook und YouTube zu reden — grundlegend geändert. Schon heute hat Facebook innerhalb des Networks ausgefeilte Targeting-Technologien, die ihresgleichen suchen. Ein Beispiel aus dem Facebook-Leben des Autors (Ralf Pispers): Er nutzt den Geschäftstermin in Luzern, um ein Foto des Vierwaldstätter Sees mit der Aussage zu posten, dass man dort arbeiten müsste. Kombiniert mit der Information aus dem Facebook-Profil, dass der Autor Geschäftsführer ist, wird eine Werbung eingespielt, über die „Führungskräfte in der Schweiz" gesucht werden.

Hier entsteht Relevanz, und hier wird über die entsprechende Ansprache von Motiven und Lebenswelten auch aus Neuromarketing-Sicht eine dem Kunden nicht bewusste Kommunikationsleistung erzeugt (Abb. 69).

Abb. 69: Neuromarketing im Echtzeit-Modus. Das positive Posting zur Deutschen Bahn sorgt für die sofortige Adaption der Werbewelt. Und entgegen vielen Unkenrufen in der Marketingbranche werden die Kunden dies als Service empfinden und mit höheren Klickraten belohnen.

Inzwischen nutzt Facebook die „gesponserten Meldungen" als neues Werbeformat, in dem noch intensiver auf die Bezugsgruppe der Nutzer abgestellt wird. Aus Sicht des Neuromarketings wird die Werbebotschaft damit stärker aufgeladen, denn der Absender ist nicht mehr das Unternehmen, sondern ein Freund oder mehrere (Abb. 70).

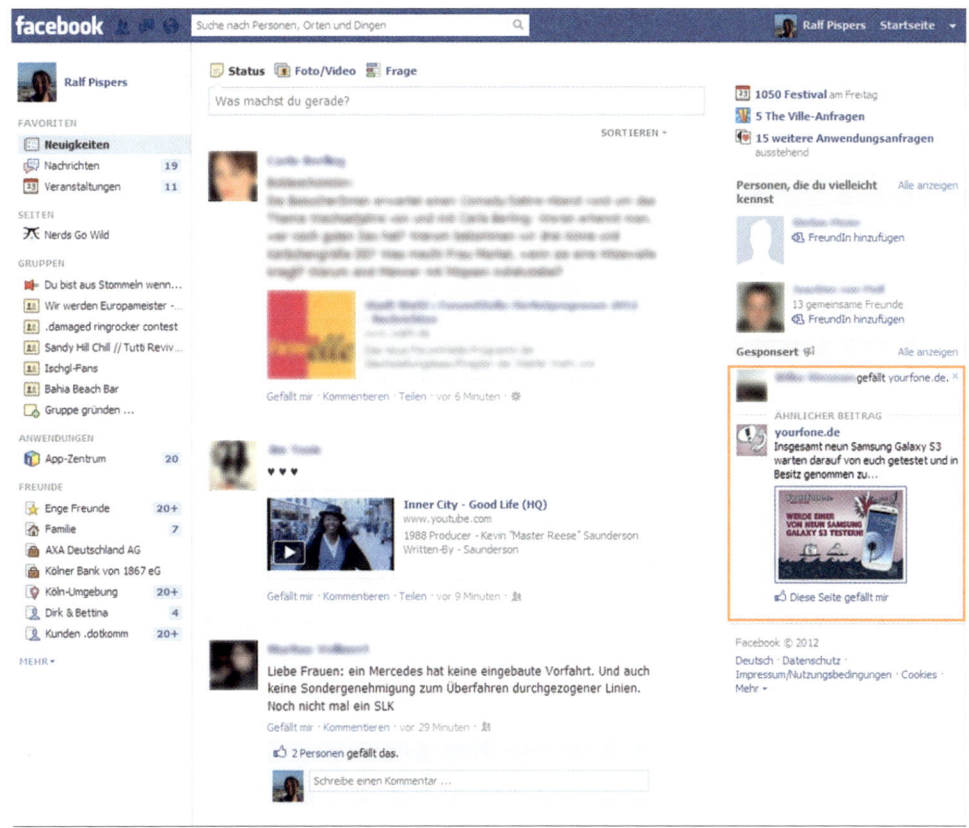

Abb. 70: Werbung wird von einer oder mehreren Bezugspersonen adressiert. Die Werbebotschaft wird damit qualitativ aufgewertet und mit dem hohen Vertrauensbonus von Empfehlungen aus dem sozialen Netzwerk aufgewertet.

In Zukunft wird Facebook aber auch außerhalb des Networks als Anbieter von Online-Display-Werbung in Erscheinung treten und die Profildaten des jeweiligen Nutzers mit der aufgerufenen Seite verknüpfen. Damit wird Facebook die Targeting-Aktivitäten auch außerhalb von Facebook als Ertragskomponente einsetzen. So würde Facebook zu einem ernst zu nehmenden Wettbewerber der bisherigen Player im Online-Display-Markt.

Google weitet derweil die Werbung auf YouTube aus. In Abhängigkeit der Videothemen werden dort Werbevideos in den Videostream integriert, die optimal zum jeweiligen Video-Content passen. Sofern der Nutzer über sein Google Konto angemeldet ist, werden diese Profildaten ebenfalls im Targeting berücksichtigt. Per Pre-Roll (vor dem Content-Video), Mid-Roll (in der Mitte des Content-Videos) oder als Post-Roll (nach dem Content-Video) werden die Werbevideos dann in den relevanten Content eingebunden.

7.3 Personal Networking: Kundengewinnung und -bindung im stationären Vertrieb

Die Nutzung der Social Media lebt von den Menschen — noch wesentlich mehr als von den Marken. Insofern bietet das persönliche Networking massives Ertragspotenzial und wird zum strategischen Wettbewerbsfaktor für den stationären Point of Sale. Das Reisebüro braucht künftig die persönliche Vernetzung mit dem Kunden. Der Versicherungsvermittler und -makler wird Freunde und Kontakte auf Facebook, XING & Co. benötigen. Das Fitnessstudio, der Bankberater, der BoFrost-Mann: All diese stationären Vertriebe sind aufgefordert, den Kunden die Vernetzung in den Social Networks anzubieten. Denn nie war Kundenbindung effizienter und schneller als über ebenjene Netzwerke:

- **Der Kunde bekommt Nachwuchs?** Der Versicherungsberater schickt Glückwünsche per Facebook-Nachricht und eröffnet dem Kunden, dass das Kind die nächsten drei Monate über seine private Krankenversicherung automatisch versorgt ist. Der Kunde solle sich doch nach den ersten schönen gemeinsamen Tagen einfach melden. Dann könne man das Thema langfristig auf die richtige Bahn bringen.
- **Der Kunde bedauert per Posting, dass der Urlaub schon vorbei ist.** Der BoFrost-Mann meldet sich wegen eines Termins für die nächste Lieferung.
- **Der Kunde beschwert sich über das miese Wetter in den Sommerferien.** Der Reisebüro-Mitarbeiter schickt Last-Minute-Angebote und bietet ein Telefonat zur kurzfristigen Urlaubsplanung an.
- **Der Bankkunde likt die Facebook-Seite des Wettbewerbers.** Der Berater erkundigt sich umgehend, ob alles okay ist, und offeriert Sonderkonditionen für das Festgeld.

Dies sind nur einige Beispiele dafür, welche Bedeutung die Social Networks schon heute im Bereich der Kundenbindung haben. Dabei hat der personengebundene Vertrieb den Vorteil, dass er sich aktiv mit den Kunden vernetzen und befreunden kann. Wir haben in den letzten drei Jahren mehr als 3000 Versicherungsagenturen und -makler im Umgang mit Social Media gecoacht. Die Ergebnisse sind bemerkenswert und haben so manchen Entscheider überrascht. Denn einerseits verbinden sich die Kunden ohne Weiteres mit den Beratern, andererseits freuen sie sich über die proaktive Beratung im Falle von Heirat, Nachwuchs, Eigenheimwunsch oder Ähnlichem: alles Informationen, die der Berater aus den Aktivitäten des Kunden in den Social Networks gratis und in Echtzeit erhält. Und so haben die guten Verkäufer teilweise schon einen relevanten Teil ihrer Kunden zu „Freunden" gemacht (Abb. 71).

Abb. 71: Professionelle Kundenbindung im Jahr 2012. Über die sozialen Netzwerke hält der gute Verkäufer heutzutage den Kontakt zum Kunden und berät proaktiv in der Kundenberatung. Das alles auf einem Niveau, das so manches Multi-Millionen-CRM bis heute nicht ermöglicht.

Aber nicht nur in der Kundenbindung sind die Social Networks ein tolles Werkzeug. Auch in der Verkaufsförderung und Kundenakquise funktioniert die Kommunikation darüber hervorragend. So konnten wir in den Coachingprozessen und auf Basis von Social-Media-Widgets (Facebook-Postings, aus denen heraus direkt gekauft werden kann) in der Spitze über 30 Leads, das heißt Kontakt- und Angebotsanfragen, je Posting und bis zu 4000 Aufrufe der einzelnen Postings über virale Effekte erzielen. Hochgerechnet auf eine ganze Außendienststruktur, ergeben sich auf dieser Basis Verkaufszahlen in beträchtlichem Umfang. Die Social Widgets fungieren dabei als direktes Responsemedium und erlauben den Nutzer der Social Networks, direkt und strukturiert zu respondieren (Abb. 72), ohne die eigene Pinnwand zu verlassen.

129

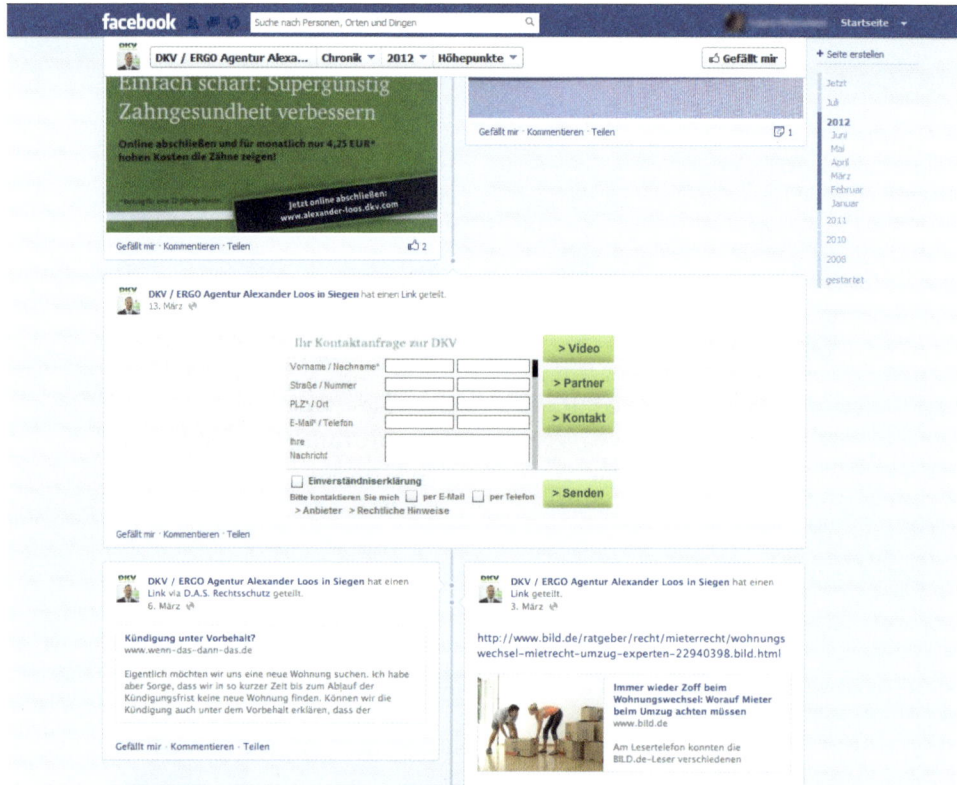

Abb. 72: Die digitale Welt stellt heute die kürzesten Responseketten zur Verfügung, die das Marketing jemals hatte. Mobile, Print, Web, Social Media – alle Kanäle wachsen zusammen und ermöglichen sofortige Impulshandlungen. Kein Wunder also, dass Neuromarketing dabei immer wichtiger wird.

7.4 Social Graph: Die Zukunft des Customer-Relationship-Managements (CRM)

Die Zukunft des Social-Media-Marketings wird der von Don Peppers skizzierten *One to One Future* einen großen Schritt entgegengehen. Denn die Zukunft wird die Verschmelzung der klassischen CRM-Daten mit den Social-Media-Profilen der Kunden sein: Klassik trifft Social CRM. Im Zentrum dabei steht der Kern von Facebook — der Social Graph oder besser gesagt die Graph API. Damit ermöglicht Facebook den vollständigen Zugriff auf alles, was der Nutzer in Facebook über sich preisgibt. Angefangen von den Basisprofilinformationen über Aktivitäten, Check-ins, Gruppen, Likes bis hin zu Inhalten aus Nachrichten und Postings. Der Clou dabei — über den Open Graph sind alle Informationen innerhalb der Facebook-Datenbank miteinander vernetzt.

Den Zugriff auf die Daten des Nutzers erhält man von Facebook über die sogenannten Tokens. Diese werden von Apps generiert. Das kennen Sie beispielsweise von Ihrer Lauf-App, die Sie nach dem Zugriff auf Ihre allgemeinen Informationen fragt, dem Geburtsdatum und der E-Mail-Adresse, die von Ihnen aber auch die Einwilligung erhält, auf Ihre Facebook-Chronik zu posten (Abb. 73).

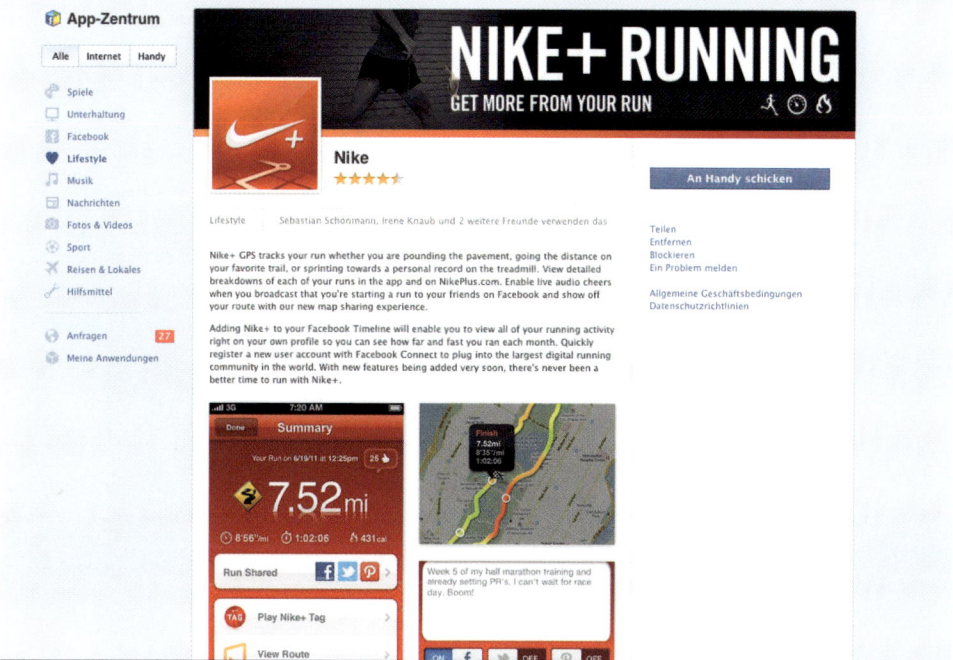

Abb. 73: Social CRM wird sich in den nächsten Jahren weiter etablieren. Bei Nike entstehen aus der Nutzung der Running-App schon heute Kunden- und Laufprofile, die für zielgenaues Marketing eingesetzt werden können. Gleichzeitig wird der Kunde zum Markenbotschafter für das Unternehmen, indem er seine Läufe über die Nike-App in seinem Facebook-Profil oder auf Twitter postet.

Die Apps werden daher zukünftig im Fokus der Social-Media-Aktivitäten stehen. Sie sind der Schlüssel zum Social CRM. Und das sieht so aus, dass der Kunde sich auf der Website des Reiseveranstalters per Facebook-Profil einloggt. Damit aktiviert er eine App und gibt dem Reiseveranstalter den Zugriff auf seine Profildaten. Die Website des Veranstalters reagiert entsprechend. Der Abflugort wird auf die beiden nächstgelegenen Flughäfen fixiert. Aus den Profilangaben, den Fotos (inklusive Entstehungsort), seinen Likes, Check-ins und weiteren Informationen generiert die Website den Limbic® Type des Nutzers und selektiert die Angebote weiter.

Über den Beziehungsstatus „Single" werden die Angebote zusätzlich verfeinert. Die Website schaut darüber hinaus, welche Urlaubsziele der Kunde mit Freunden teilt, was für eine noch stärkere Fokussierung spricht. Auch das Hobby „Kitesurfen" wird mit in die Selektion eingebunden. Das Ergebnis ist ein vollständig auf den Kunden zugeschnittenes Angebot. Über den definierten Limbic® Type werden Bilder in der Anwendung automatisch angepasst. Dem Single werden natürlich keine Bilder mit glücklicher Familie angezeigt.

Das alles passiert innerhalb von Sekunden und liefert dem Kunden damit einen starken Mehrwert. Er kann sich viel besser orientieren. Er wird von der Website empathisch angesprochen, sowohl von den Bildern als auch von der Headline her. Die Verfügbarkeiten der Reisen sind automatisch auf seine Abflugsorte ausgerichtet. Und die ausgewiesenen Kitesurf-Gebiete zum Beispiel wurden entsprechend priorisiert in der Angebotsdarstellung (Abb. 74).

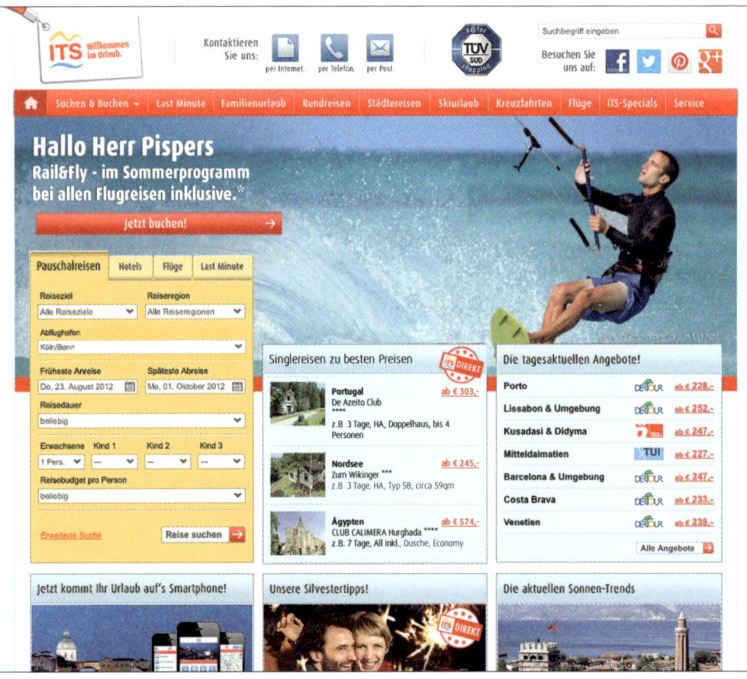

Abb. 74: Neuromarketing in Perfektion. Key-Visual, Reiseangebote, Suchkriterien – alles ist für den Kunden vorbereitet. Die emotionale Aktivierung wird massiv verbessert, die vom Kunden (unbewusst) entwickelte Sympathie zur Seite in höhere Buchungsquoten umgewandelt. Bisher Fiktion, aber die Unternehmen sollten beginnen, die Chancen zu nutzen. Möglich ist es schon jetzt.

So weit zu Schritt 1. Da der Kunde schon zweimal bei Ihnen gebucht hat, verbinden Sie jetzt zusätzlich die Daten aus Ihrem klassischen CRM-Profil. So bieten Sie den

Mietwagen direkt mit an, den der Kunde die letzten beiden Male hinzugebucht hat, und bündeln den Preis. Und da der Kunde nach seinem letzten Besuch eine Fünf-Sterne-Bewertung zum Fashion Hotel Garbi geschrieben hat, lassen Sie das Hotel auf der Homepage speziell featuren (Abb. 75).

Abb. 75: Social CRM in der praktischen Anwendung. Vielen Unternehmen ist heute noch nicht transparent, welche Möglichkeit die Vernetzung mit dem Kunden über die Social Networks schafft.

Jetzt kommt Schritt 3. Der Kunde bucht das Hotel und nutzt nun die Hotel-App auf Facebook, mittels deren er über alle Aktionen des Hotels informiert wird. Das tägliche Clubprogramm wird jeweils am Morgen gepostet. Die App erinnert den Kunden an den Tennisplatz, den er für 19.00 Uhr gebucht hat. Und sie bietet einen Ausflug am nächsten Tag an, den der Kunde per Klick in der App direkt buchen kann (Abb. 76).

Abb. 76: Mobile Kundenbetreuung am Urlaubsort – erste Unternehmen haben die Chancen erkannt. Denn Kommunikationsketten, Markenerlebnis und Responsewege müssen heute auf die digitale Welt abgestimmt sein. Nur so bleibt man strategisch am Drücker.

Die Daten seiner Aktivitäten während des Aufenthalts fließen jetzt zurück in Ihr CRM-System. Auf diese Weise wissen Sie, was er während seines Aufenthalts an Aktivitäten schätzt, und können bei der nächsten Buchung noch spezifischer in den Angeboten selektieren.

Schritt 4: Nach Beendigung des Urlaubs schicken Sie dem Kunden ein Dankeschön vom gesamten Hotelteam auf die Seite. In diesem Posting ist eine direkte Möglichkeit enthalten, das Hotel zu bewerten und diese Bewertung auf Facebook zu teilen. Das virale Empfehlungsmarketing beginnt (Abb. 77).

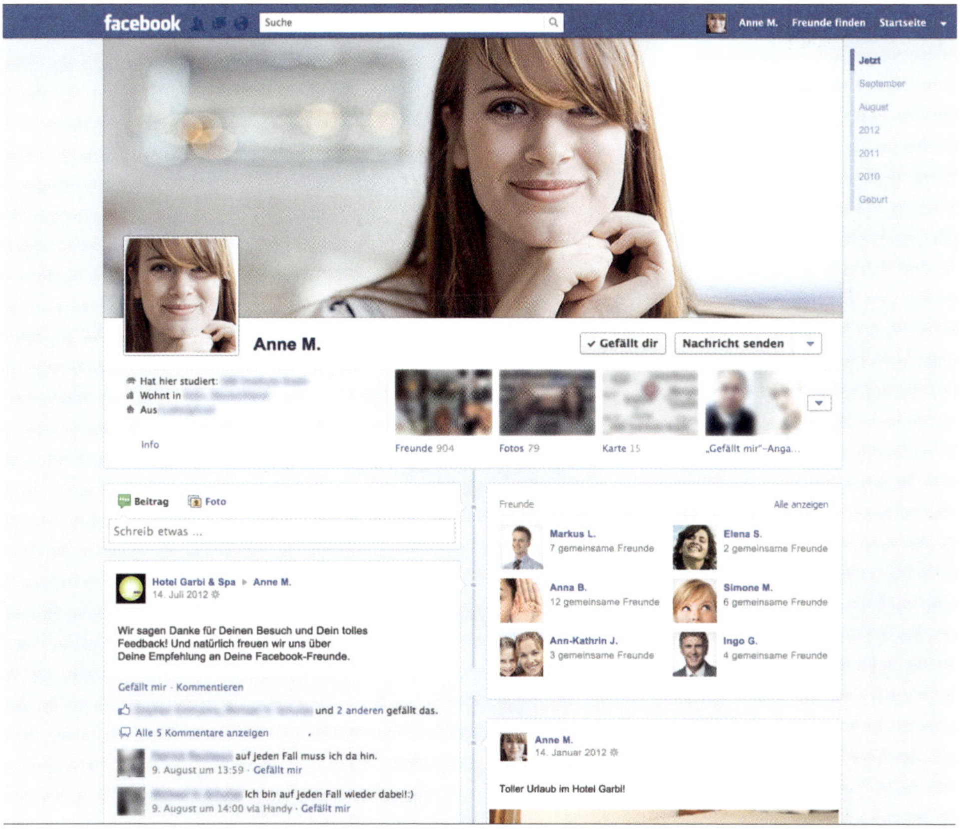

Abb. 77: Emotional Boosting in der digitalen Welt. Und gleichzeitig die perfekte Chance zum Aufbau viraler Kommunikationsketten. Denn das „Like" bzw. der Kommentar vom Kunden schafft den Zugang zu seinem sozialen Netzwerk.

Nach neun Monaten setzt Schritt 5 ein. Denn nach neun Monaten „likt" der Kunde die Facebook-Page des Wettbewerbers. Sie antworten automatisiert mit einer Aktion für treue Kunden und bieten einen Gutschein für die nächste Buchung an, den der Kunde direkt aus Facebook aktivieren kann (Abb. 78).

Abb. 78: Über die sozialen Netzwerke auf dem Weg zum Stammkunden. Günstiger und effizienter als über viele der herkömmlichen Kommunikationswege.

Während Sie gerade über die Relevanz für Ihr Unternehmen nachdenken, können Sie sicher davon ausgehen, dass der Kunde all diese Vorgänge schon jetzt in vielen Fällen auf der Couch per iPad oder Notebook macht, zukünftig diese Form der Kommunikation aber auch auf dem Fernseher stattfinden wird. Mit 130 Zentimetern Bildschirmdiagonale, HD-Hotelvideos und der Möglichkeit, per Videochat direkt einen Ihrer Onlineberater oder digitalen Reisebüros hinzuzuschalten.

Neuromarketing im Internet

4

1 Bisherige Aktivitäten und Erkenntnisse

Erstmals waren 2009 E-Commerce-Portale Gegenstand einer Neuromarketing-Studie, bei der per fMRT die emotionale Aktivierungsleistung der Portale getestet wurde. Lassen sich bei verschiedenen Onlineshops signifikante Unterschiede hinsichtlich der Aktivierungsmuster im Gehirn finden? Diese Frage wurde durch die Studie beantwortet. Die Durchführung erfolgte unter anderem durch Prof. Jörg W. Oestmann und die Berliner Charité sowie durch André Morys, Vorstand der Web Arts AG. Die Studie wurde im September 2009 in einem White Paper veröffentlicht.

Das Ziel der Untersuchung war es, statistisch signifikante Unterschiede der Aktivierung im Gehirn messen zu können. Hierzu wurden den Probanden die Startseiten von sechs Onlineshops (Otto, Baur, Mexx, Esprit, Frontline, Neckermann) als statische Screenshots für einige Sekunden gezeigt. Während der gesamten Zeit wurde die Durchblutungsintensität mithilfe des fMRT im ganzen Gehirn gemessen. Danach fand eine zehnsekündige Pause statt, gefolgt von einem weiteren Screenshot. Dieses Prozedere wurde bei wechselnden Reihenfolgen mehrfach wiederholt.

Dabei zeigten sich signifikante Unterschiede. Der stärkste Unterschied wurde im Bereich der Amygdala-Aktivität bei den Shops von Baur und Frontline sichtbar. Die Amygdala ist wie gesagt als Teil des limbischen Systems verantwortlich für die emotionale Bewertung von Situationen. Die Aktivität der Amygdala spielt eine zentrale Funktion bei Kaufentscheidungen. Während der ersten zwölf Sekunden der Betrachtung ist die emotionale Aktivierung des Frontline-Shops stärker als bei Baur. Baur kann erst nach 20 Sekunden Betrachtungsdauer eine erste emotionale Aktivität bei den Probanden hervorrufen, doch wirkt hier die emotionale Aktivierung nachhaltiger. Bei Frontline dagegen flacht diese bereits nach einigen Sekunden deutlich ab. Aufgrund der Versuchsreihe kann daraus abgeleitet werden, dass sich die Intensität der emotionalen Aktivierung und deren zeitlicher Verlauf sehr präzise per fMRT messen lässt. Ebenso zeigen verschiedene Shops signifikant unterschiedliche Aktivierungsmuster. Aus dieser Studie können noch keine weiterführenden Erkenntnisse abgeleitet werden, sie zeigt aber die Mechanismen und liefert valide Ergebnisse.

In einer weiteren Studie der Web Arts AG, die ebenfalls im Jahr 2009 durch Herrn Prof. Oestmann von der Charité durchgeführt wurde, hat man wie bei der bereits zuvor erläuterten Studie die Gehirnaktivität von Konsumenten beim Betrachten von Onlineshops mithilfe eines fMRT analysiert. Hierbei wurden zwei Schuh-Onlineshops ins Rennen geschickt. Optisch unterschieden sie sich darin, dass der Anbieter ShoeGuru jeden einzelnen Schuh präsentierte, als wäre er eine der begehrten Oscar-Trophäen. Auf ablenkende Navigationselemente oder Cross-Selling-Features wurde komplett verzichtet (Abb. 79).

Abb. 79: Keine ablenkenden Navigationselemente auf der Landingpage shoeguru.com.

Dabei konnte bei der Auswertung des fMRT Messung festgestellt werden, dass bei der Betrachtung des Onlineshops ShoeGuru (Abb. 80, linke Grafik) im Vergleich zu der Webseite zappos (Abb. 80, rechte Grafik) eine höhere Aktivität im Nucleus accumbens, dem Belohnungssystem des Gehirns, stattfand. Der Nucleus accumbens ist in der linken Abbildung grün umrandet.

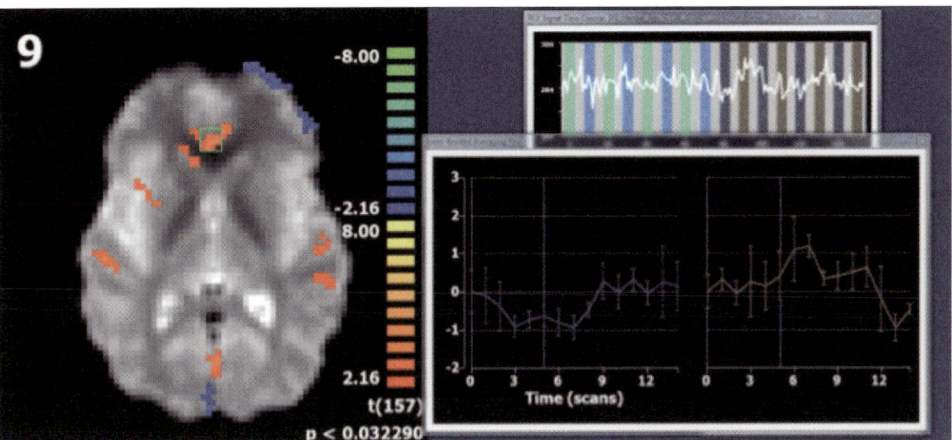

Abb. 80: Der Onlineshop ShoeGuru zeigt eine höhere Aktivität im Nucleus accumbens auf.

Obwohl beide Onlineshops beziehungsweise Marken in Deutschland unbekannt sind, konnte ShoeGuru mit dem stark reduzierten Layout deutlich stärkere Emotionen erzeugen.

Verkauft ShoeGuru durch die Aktivität im Belohnungssystem auch mehr? Hierzu entwarfen die Web Arts AG fünf unterschiedliche Versionen. Die Varianten waren im Einzelnen:

- **Variante 1:** Die Kontrollvariante/Ausgangsversion der Produktseite (Abb. 81) eines führenden Modeversenders. Die Landingpage ist in diesem Fall gleichzeitig die Produktseite im Shop.

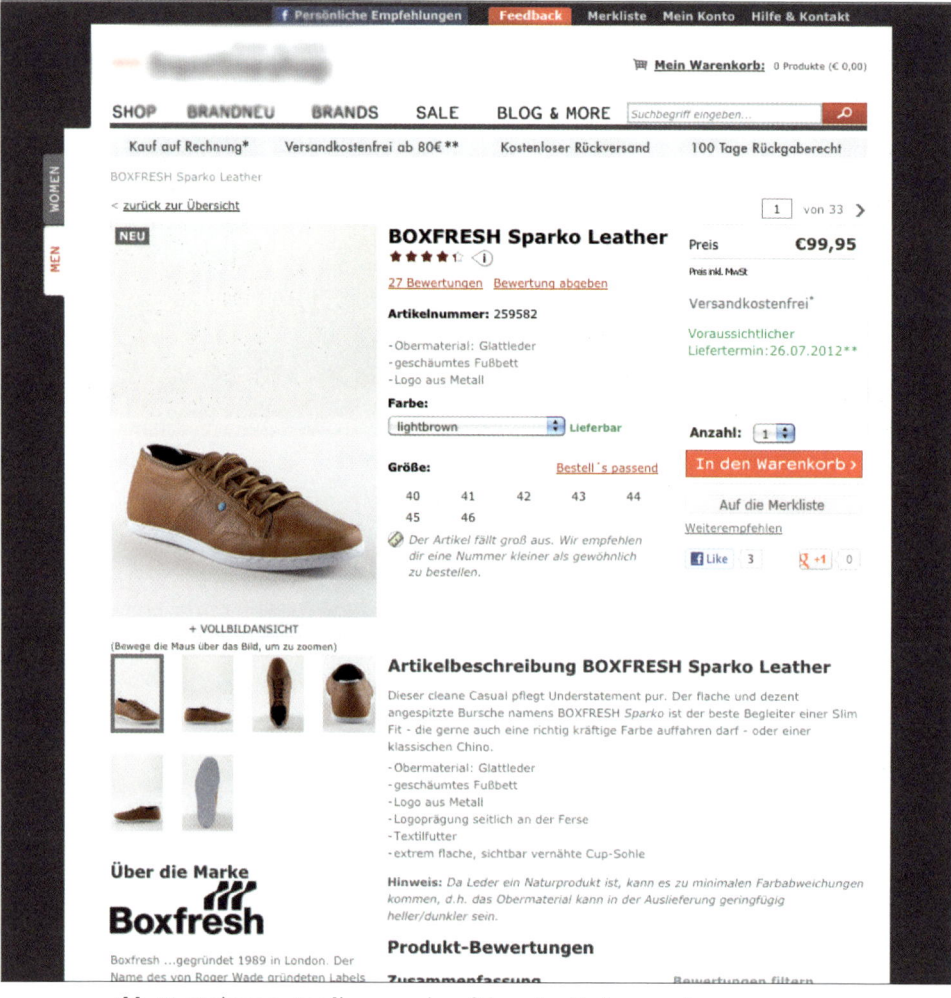

Abb. 81: Variante 1 – Landingpage eines führenden Modeversenders.

- **Variante 2:** Eine optimierte Version, bei der das Bild vergrößert wurde und alle störenden Elemente entfernt wurden (Abb. 82).

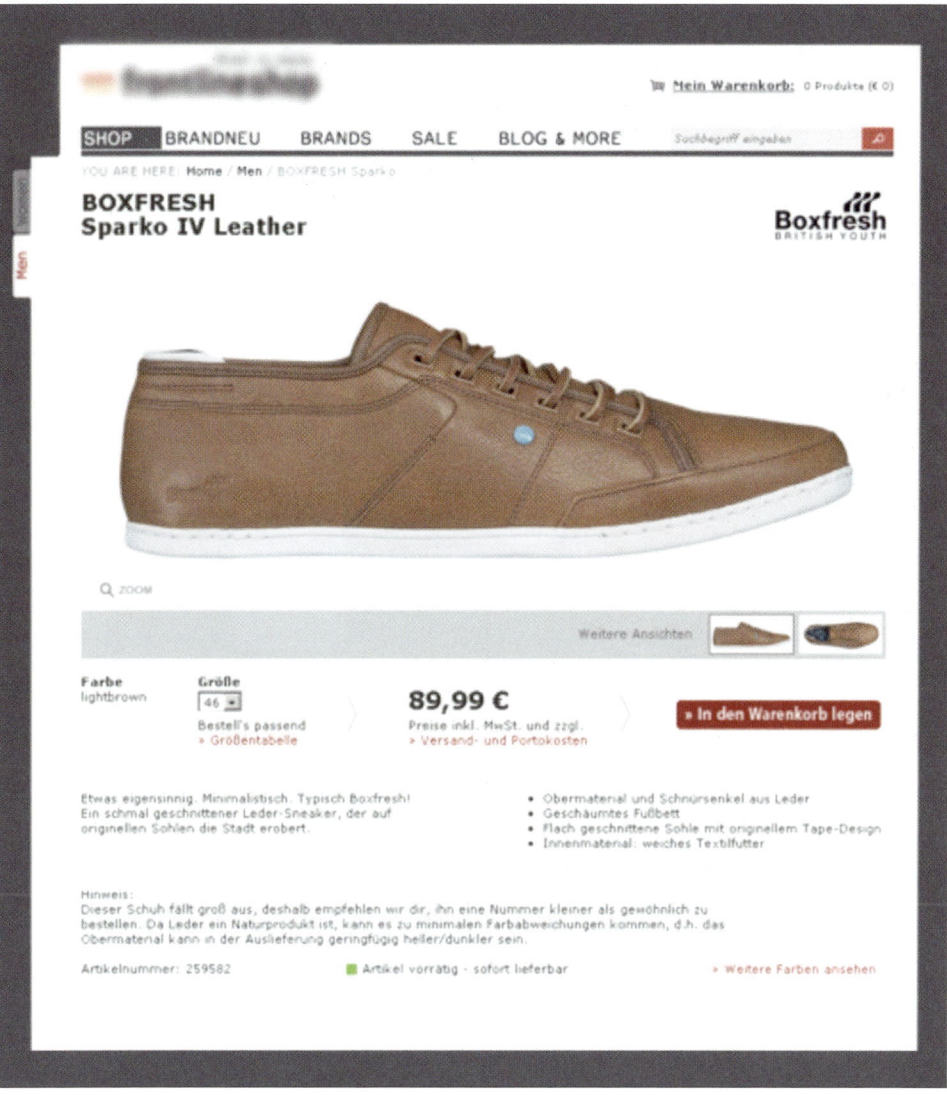

Abb. 82: Variante 2 – überarbeitete Variante (Neuromarketingvortrag)

- **Variante 3 a bis c:** Drei unterschiedliche Varianten mit einer emotionalen Fokussierung auf die unterschiedlichen Motivwelten in die Limbic® Map nach Prof. Häusel (Abb. 83).

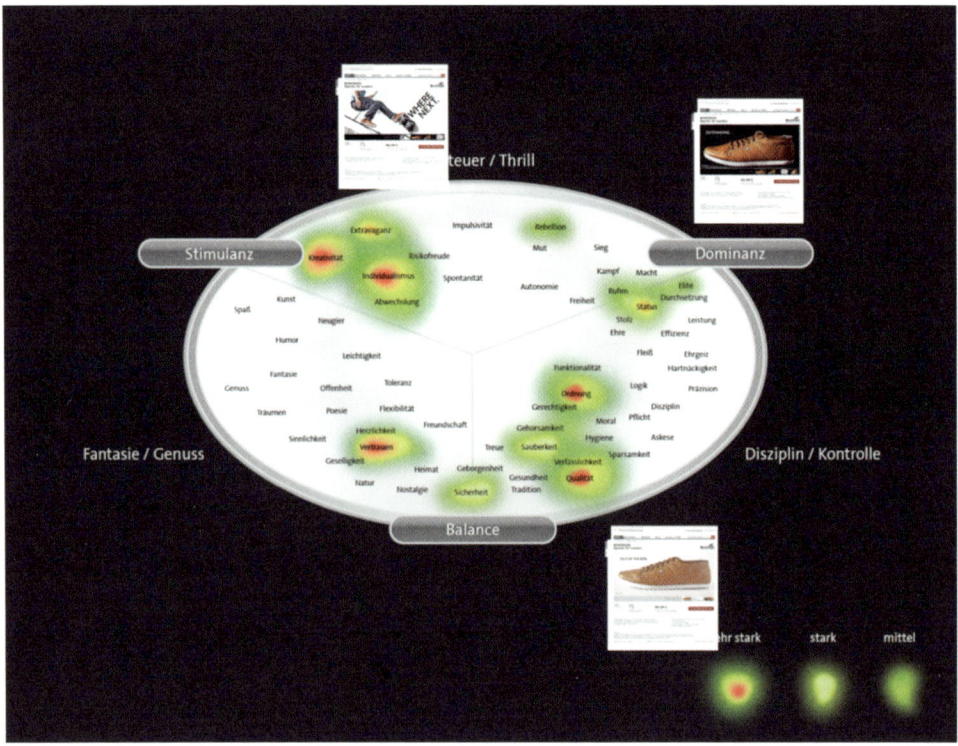

Abb. 83: Variante 3 a bis c, integriert in die Limbic® Map von Dr. Häusel.

Nach acht Wochen Testzeitraum, mehreren tausend Visits und Hunderten Aktionen war die Theorie bestätigt. Die Ergebnisse sahen wie folgt aus:

- Variante 2 erhielt mit 8 Prozent den kleinsten Uplift.
- Im Gegensatz dazu hatten alle drei Versionen der emotional fokussierten Landingpage einen deutlich höheren Uplift. Der Uplift der Siegervariante ist mit fast 80 Prozent zehnmal höher als der Uplift von Version 2 (Abb. 84; Web Arts AG).

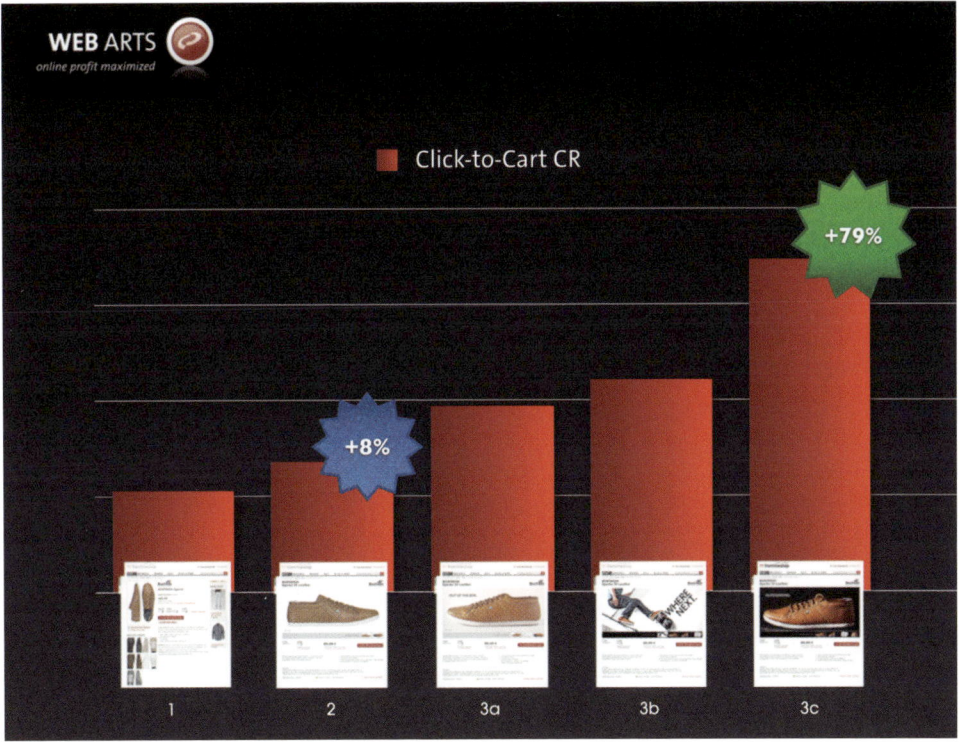

Abb. 84: Variante 3c, die der Motivwelt Dominanz zuzuordnen ist, geht als klarer Gewinner hervor.

In einer weiteren Studie sollte analysiert werden, ob die Optimierung der Internetseite zu einer Steigerung der Conversion-Rate führt und ob unterschiedliche Aktivierungsmuster im Gehirn zu erkennen sind. Die Ergebnisse zeigen einen deutlichen Zusammenhang zwischen der emotionalen Aktivierung und den Abbruchraten beziehungsweise den Conversion-Rates einer Seite.

Der Onlineshop der Versandapotheke mediherz.de wurde in mehreren Wellen von Ende 2007 bis Mitte 2008 optimiert. Dabei wurde die Conversion-Rate von zirka 9,5 Prozent auf zeitweise bis zu 17 Prozent angehoben. Starken Einfluss auf diese Optimierung hatte die Veränderung der Gestaltung der Seite. Die Marke mediherz wurde eindeutig positioniert und das Screendesign darauf abgestimmt. Der Seitenaufbau wurde vereinfacht und die Komplexität reduziert. Zentrale Elemente sind die Abbildung einer freundlich lächelnden Apothekerin und die Einblendung einer kostenfreien Service-Hotline (Abb. 85).

Die Abbruchquote der Startseite wurde durch diese Optimierungen halbiert und die Conversion-Rate insgesamt im Jahresmittel um 53 Prozent gesteigert. Mithilfe des fMRT konnten zwischen der ursprünglichen Version der Startseite und der heutigen Version signifikante Abweichungen bei den Aktivierungsmustern festgestellt werden. Die unterschiedliche Aktivität der Amygdala ist im zeitlichen Verlauf zu erkennen. Die ursprüngliche Version der Startseite sowie die heutige Version rufen also völlig unterschiedliche emotionale Reaktionsmuster hervor.

Eine Korrelation zwischen Aufbau und Gestaltung eines Onlineshops und seiner Conversion-Rate ist als These naheliegend. Ein erster Schritt konnte getan werden, um zu überprüfen, ob diese These wissenschaftlich gestützt werden kann. Das Instrument der emotionalen Aktivierung rückt für viele Shopbetreiber als wirksamer Optimierungsbaustein näher. In weiteren Untersuchungen ist jedoch zu klären, wie die Mechanismen emotionaler Aktivierung in der Wahrnehmung von E-Commerce-Portalen genau funktionieren.

Abb. 85: Mit dem „Faktor Mensch" zur Conversion-Steigerung.

1.1 Erkenntnisse aus den Studien

In die Entscheidung für oder gegen ein Produkt fließen Erinnerungen und Eindrücke ein. Es zeigt sich, dass einem Produkt dann besondere Eigenschaften und Qualitäten zugeschrieben werden, wenn die Marke ein starkes Image hat und viele Assoziationen im Kopf des Konsumenten hervorruft. Folglich verfügen starke Marken über ein breites Netzwerk klarer und eng miteinander verknüpfter Assoziationen. Je stärker dieses Netzwerk im Gehirn verankert ist, desto einfacher können Informationen zum Produkt aufgenommen und auch abgerufen werden.

In Entscheidungssituationen wird derjenige Onlineshop bevorzugt, auf dessen Netzwerk am einfachsten zugegriffen werden kann. Folglich ist es für die Stärkung einer Website unabdingbar, möglichst viele vernetzte Assoziationen zu schaffen. Der User sollte letztlich ein facettenreiches Vorstellungsbild der Marke und des Onlineshops im Kopf haben.

Des Weiteren wurde durch die Studien deutlich ersichtlich, welche entscheidende Rolle Emotionen spielen. Für das Gehirn sind Produkte beziehungsweise Internetseiten wertlos, die keine Emotionen auslösen und nicht an Motive anknüpfen. Ein Onlineshop sollte somit in der Lage sein, Emotionen in den Bewertungsprozess zu integrieren. Dies ist dann der Fall, wenn der Onlineshop zu einer erhöhten Aktivität in emotional geprägten Hirnbereichen führt, also im limbischen System. Aufgrund dessen sollten Onlineshops gehirngerecht aufgebaut sein.

Das Gehirn bedient sich wie gesagt oft unbewusster und automatischer Prozesse, wobei bewusste Verarbeitungsprozesse vermieden werden. Das Gehirn wird auf diese Weise entlastet und der auf Grundlage von Emotionen aufgeladene Entscheidungsprozess bevorzugt. Des Weiteren sollten E-Commerce-Portale insbesondere die Gehirnbereiche aktivieren, die im Zusammenhang mit Selbstwertgefühl stehen. Der Onlineshop muss die Bedürfnisse des Users befriedigen und darüber hinaus einen Zusatznutzen bieten. Dieser zusätzliche Nutzen macht sich bei uns durch Gefühle des Wohlbefindens sowie durch Stärkung des Selbstwertgefühls bemerkbar. Erfolgreiche E-Commerce-Portale sind folglich so zu gestalten, dass sie das Belohnungszentrum im Gehirn aktivieren (Zimmermann 2006). Aus neuronaler Sicht sind Websites entsprechend ihrer Zielgruppe zu positionieren.

1.2 Die Wirkung von anthropomorphen Interface-Agenten auf E-Commerce-Seiten

Die erlebnisorientierte Gestaltung von Einkäufen, der im realen Handel seit Jahren eine wichtige Bedeutung zukommt, wird im E-Commerce bislang nur wenig beachtet. Eine in diesem Zusammenhang interessante Studie stammt von Heike Blens, Nicole C. Krämer und Gary Bente von der Universität zu Köln. In der Studie wurde die Wirkung von anthropomorphen Interface-Agenten untersucht. Darunter versteht man menschenähnlich gestaltete und autonom interagierende virtuelle Figuren. Die Studie war von der Frage geleitet, ob die Präsenz virtueller Figuren auf Internetseiten den erhofften positiven Effekt auf die Befindlichkeit des Nutzers, die Bewertung und Erinnerungsleistung sowie schließlich auf die Kaufentscheidung mit sich bringt. In der Untersuchung wurden 45 Versuchspersonen (20 Männern und 25 Frauen) im Alter von 16 bis 54 Jahren drei Online-Bücherstores präsentiert. Entscheidend war, dass zwei Online-Bücherstores mit einer virtuellen Helferin ausgestattet wurden, während der dritte keine besaß. Inhaltlich waren die drei Onlineshops gleich, wobei die Helferin in der Lage war, Auskunft über Bücher und Buchkategorien zu geben. Während eine Helferin unnatürliche Proportionen besaß, sah die zweite Helferin realistisch und natürlich aus. Jeder Versuchsteilnehmer wurde mit allen drei Bücherstoreseiten konfrontiert. Die Reihenfolge der Präsentation wurde hierbei variiert, so dass sich jede Bücherseite einmal an erster Stelle befand. Die Probanden wurden darüber informiert, dass sie nacheinander drei Prototypen sehen würden, die jeweils im Anschluss zu bewerten seien.

Die Befindlichkeit der Probanden wurde mithilfe eines kurzen Fragebogens erhoben. Das Navigationsverhalten wurde vom Microsoft-Programm Camtasia aufgezeichnet. So konnten die Verbleibzeiten auf den einzelnen Bücherstoreseiten festgehalten werden. Zuletzt erhielten die Versuchsteilnehmer einen Büchergutschein in einer bestimmten Höhe, für den sie sich auf einer der Bücherseiten ein Buch beziehungsweise mehrere Bücher aussuchen durften. Mittels des Camtasia-Rekorders wurde festgestellt, auf welcher Seite ein Buch gekauft wurde.

Durch die Studie konnte aufgezeigt werden, dass virtuelle Charaktere im Rahmen von Onlineshops sowohl den Unterhaltungswert und die positiven Empfindungen steigern können als auch dazu geeignet sind, die Verbleibzeiten und Erinnerungsleistung zu fördern sowie das Kaufinteresse zu unterstützen. Die Online-Bücherstores mit virtuellen Helferinnen führten zu einer Verlängerung der Verweildauer bei den Probanden. Diese setzten sich mit der jeweiligen Seite länger und intensiver auseinander. Des Weiteren gaben die Probanden bei der Befragung an, bei den virtuell betreuten Seiten amüsierter, weniger lustlos und gleichgültig gewesen zu sein. Die „User" sagten, dass sie mit den virtuell betreuten Bücherseiten mehr Spaß als mit der statischen Variante hatten. Beim Bücherkauf bevorzugten mehr als drei Viertel von ihnen die virtuelle Betreuung.

Das ist ein interessantes Ergebnis, doch handelt es sich bei nur 45 Teilnehmern um eine sehr geringe Stichprobengröße. Des Weiteren bestand der Untersuchungsaufbau lediglich aus einer Befragung, und der Aspekt der in diesem Zusammenhang stehenden Emotionen wurde lediglich in einem Fragenkatalog rein kognitiv abgefragt, das heißt, wie „gelangweilt", „amüsiert", „nervös" oder „gereizt" der Proband war, während er die unterschiedlichen Versionen betrachtete.

Außerdem erfolgte keine Untersuchung der im Menschen ablaufenden Prozesse: Inwieweit war der Proband emotional aktiviert? Welche Areale wurden im Gehirn angesprochen? Auf diese Fragestellung gibt die Untersuchung leider keine Antwort.

Eine weitere Studie, die in Amerika zum Thema „Social Shopping" durchgeführt und im März 2010 veröffentlicht wurde, zeigt auf, dass sich ein klarer Trend in Richtung „richmultimediale Darstellungsweisen" abzeichnet. Insgesamt wurden 1000 Konsumenten (50 Prozent Frauen und 50 Prozent Männer) zu ihrem Kaufverhalten im Internet befragt. Bedingung war, dass der Konsument online mindestens viermal zu einem bestimmten Warenwert über den Vertriebsweg Internet bestellt hatte. Die Auswertung ergab, dass sich 58 Prozent der Internetnutzer entweder durch vom Verkäufer oder von Kunden erstellte Produktvideos vom Kauf überzeugen ließen. Das ist ein beeindruckendes Ergebnis, denn 30 Prozent der Internetnutzer gaben ebenfalls an, eine Seite zu verlassen, wenn Rich-Media-Inhalte zum Produkt fehlten (**www.powerreviews.com** 2010).

Die Ergebnisse der Studie unterstreichen die Wichtigkeit von Rich-Media-Elementen und zeigen darüber hinaus deutlich die Korrelation zwischen emotionaler Aktivierung und Abbruchraten beziehungsweise Conversion-Rates einer Seite. Dieser Erfolg kann mithilfe der Wahrnehmungspsychologie erklärt werden. Jedoch fehlte bisher der Beweis auf Grundlage empirischer neurowissenschaftlicher Daten. Diese Daten zu ergänzen ist die Aufgabe des .dotkomm-Forschungsprogramms, das mittlerweile einige wichtige Lücken in der Online-Neuromarketingforschung geschlossen hat. Die hochinteressanten Erkenntnisse führen in der Anwendung zu völlig neuen Konzepten.

2 Aus eigener Forschung und Entwicklung

2.1 WAKO

Inwieweit werden Informationen oder auch Inhalte einer statischen Website im Verhältnis zu einer dynamischen Website behalten? Diese Frage stand im Mittelpunkt unserer ersten Studie und wurde in Zusammenarbeit mit der Hochschule Fresenius in Köln von Sebastian Schmidt untersucht.

Das im Bereich Sportmanagement angesiedelte Projekt wurde für den deutschen Bundesverband für Kickboxen und Musikformen (WAKO Deutschland) durchgeführt. Die Abkürzung WAKO steht für die World Association of Kickboxing Organisations, die mit über zwei Millionen Mitgliedern und mehr als 15.000 Vereinen weltweit die führende Institution in dieser Sportart ist.

Im Rahmen der Vermarktung der nationalen Meisterschaften sollte analysiert werden, inwieweit die Teilnehmer und Zuschauer das Internet zur Information rund um die Deutschen Meisterschaften nutzen. Darüber hinaus wurde untersucht, in welcher Form sich die Kommunikation über statische oder dynamische (Rich-Media-)Websites in der Kommunikation auswirkt. .dotkomm produzierte als Basis für die Untersuchung zwei Versionen der offiziellen Website zur „Deutschen WAKO Kickboxing Meisterschaft 2010".

Bei Version 1 handelt es sich um die offizielle Seite der „Deutschen WAKO Kickboxing Meisterschaft 2010", die mit den Formaten Text und Bild arbeitet. Hierbei handelt es sich also um eine statische Version (Abb. 86), die wie folgt strukturiert ist: Oben in der Mitte befindet sich der Name der Veranstaltung, in diesem Fall „Deutsche Kickboxing Meisterschaft". Datum und Ort sind dem oberen Teil der Seite gut sichtbar zu entnehmen. In der Mitte der Seite befinden sich vier Navigationspunkte mit Buttons:

Abb. 86: WAKO als statische Variante.

- **Tickets & Preise:** Hier findet der Besucher alle wichtigen Informationen rund um Tickets und Preise.
- **Ausschreibung & Anmeldung:** Unter diesem Button werden den Besuchern Informationen zur Ausschreibung und zur Anmeldung geboten. Hier findet man auch die unterschiedlichen Kategorien, in denen die Kämpfer antreten werden.
- **Anreise & Übernachtung:** Klickt der Besucher diesen Button an, werden ihm eine Reihe von Links zur Unterkunftsfindung angeboten und eine Wegbeschreibung mit interaktiver Karte zur Verfügung gestellt.
- **Partner & Sponsoren:** Hier findet der Besucher alle Sponsoren der Veranstaltung und kann diese durch Anklicken separat aufrufen.

Bei der dynamischen (Rich-Media-)Variante werden die gleichen Inhalte multisensorisch in der Kombination aus Video, Text, Bild und Ton wiedergegeben. Der Header der dynamischen Variante ist identisch mit dem der statischen Variante (Abb. 87).

Abb. 87: WAKO als dynamische Variante.

Die gesamte Stichprobe umfasste 80 Probanden, von denen 40 auf die statische und die anderen 40 auf die dynamische Variante geleitet wurden.

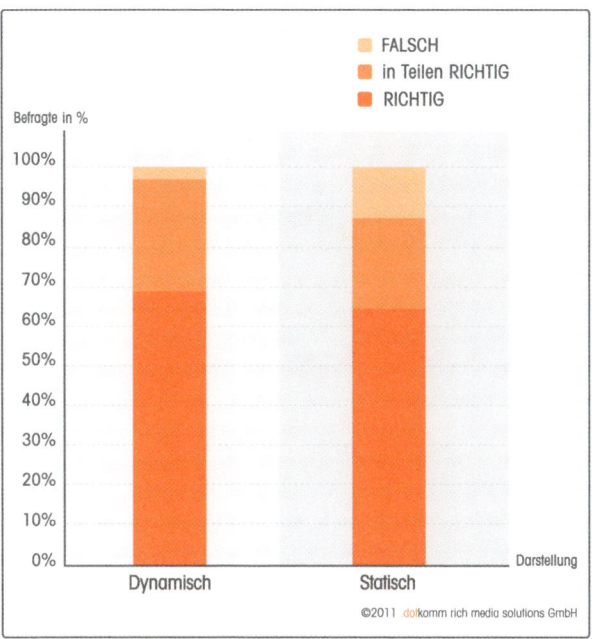

Abb. 88: „Wo findet die Veranstaltung statt?"

Ihnen wurde ein Zeitlimit von 92 Sekunden gegeben, um auf der Seite zu surfen. Unmittelbar nach Schließen der Seite wurden sie zu den Inhalten befragt, damit möglichst wenige Informationen verloren gingen und die gleichen Voraussetzungen für alle Befragten bestand. Die Befragung der einzelnen Probanden dauerte zwischen fünf und sieben Minuten.

Auf die Frage „Wo findet die Veranstaltung statt?" konnten bis zu 95 Prozent der Probanden, die die dynamische Version gesehen hatten, richtig beziehungsweise in Teilen richtig antworten. Die Befragten der statischen Version erreichten hier nur einen Wert von 87 Prozent (Abb. 88).

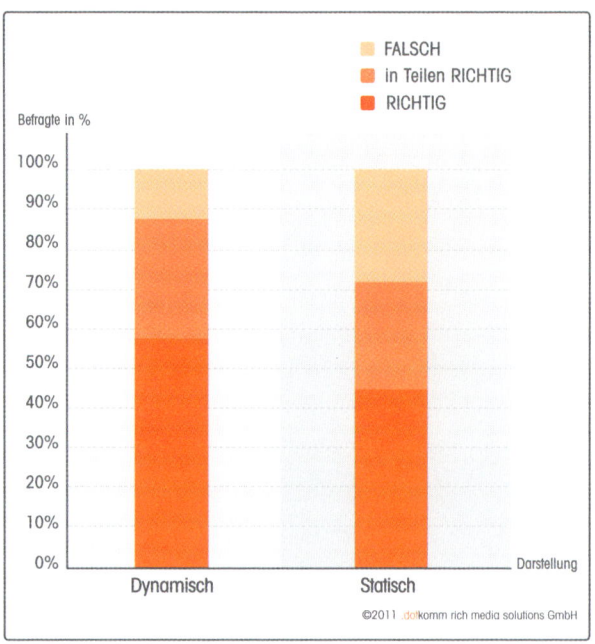

Abb. 89: „Wie heißt der Präsident der WAKO Deutschland GmbH?"

Auch bei der Frage nach dem Namen des Präsidenten erreicht die dynamische Version mit 85 Prozent richtiger beziehungsweise in Teilen richtiger Antworten deutlich bessere Ergebnisse als die statische Version mit lediglich 73 Prozent (Abb. 89).

Bei der Frage nach den Sponsoren und Kategorien erzielt die dynamische Version ebenfalls bessere Ergebnisse. Im Durchschnitt erinnerten sich die Befragten bei der dynamischen Version an 3,2 der abgefragten vier Kategorien und an 1,6 von vier abgefragten Sponsoren. Die statische Version erzielte bei der Frage nach den Kategorien lediglich einen Wert von 0,2 und bei den Sponsoren von 1,1 (Abb. 90).

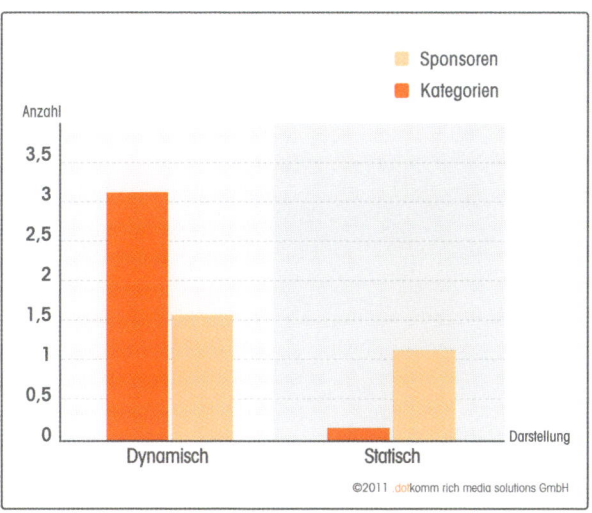

Abb. 90: „An welche Sponsoren beziehungsweise Kategorien können Sie sich erinnern?"

Im Ergebnis konnte durch die Studie nachgewiesen werden, dass die Behaltensleistung von dynamischen Websites besser ist als die von statisch aufbereiteten. Bei der Frage nach den Sponsoren oder den Kategorien lag ein erheblicher Unterschied vor. Hierbei war die Quote teilweise 30 Prozent höher als bei der Vermittlung durch eine statische Variante.

Bei der Frage nach dem Namen des Präsidenten schnitten ebenfalls die Befragten mit der Vermittlung durch die dynamische Variante besser ab. Ein Grund hierfür könnte sein, dass bei der dynamischen Variante der Name durch das Einblenden eines Fotos dual kodiert wurde. Das Ergebnis zeigt insofern auch, dass bei der multisensorischen Gestaltung von Websites nicht nur generell bessere Kommunikationsergebnisse erreicht werden. Es macht darüber hinaus deutlich, dass durch gezielte konzeptionelle Ausgestaltung der Websites und Onlineshops zusätzliche Steigerungen in der kommunikativen Wirkung erreicht werden.

2.2 Die ERGO-Studie

Studienbeschreibung

Aus den vorliegenden Studien sowie den von uns bisher durchgeführten Analysen konnten wir bereits einiges für die Neuausrichtung von Websites und Onlineshops verarbeiten. Im Sinne unserer unternehmerischen Ausrichtung auf die natürliche Kommunikation fehlte uns jedoch eine Überprüfung von Neuromarketing-Konzepten auf Basis verschiedener, auch interaktiver Medienformate, die in einem direkten Vergleich gegeneinander antreten. Initiiert durch Matthias Bruchhäuser vom Haufe Lexware Verlag, wurde dafür auf dem Neuromarketing-Kongress 2010 der Grundstein gelegt. Es folgten vertiefende Gespräche mit verschiedenen wissenschaftlichen Einrichtungen, bis wir mit Jürgen Breitinger von Icon Added Value einen innovativen Projektpartner fanden. Ein innovativer Partner war essenziell, da schnell klar wurde, dass die wesentliche Herausforderung unserer Studie in der Interaktivität bestand, die wir in die Analyse mit einbeziehen wollten.

Die Neuromarketing-Forschung war in der Vergangenheit maßgeblich auf statische oder serielle Medien ausgerichtet. Im Mittelpunkt der Analysen stand die klassische Push-Kommunikation mit Anzeigenmotiven, TV-Spots, Markenzeichen oder sonstigen kurzen Impulsen, die man mithilfe der hochsensiblen Gerätschaften untersuchen konnte, ohne dass der Proband agieren oder gar interagieren durfte. Husten, tiefes Atmen oder gar Bewegung führt bei diesen Verfahren zu falschen Ergebnissen.

Im digitalen Zeitalter entscheidet der Kunde jedoch selbst, welche Information er sehen und wie er die Medien konsumieren möchte. Hier geht es also um Pull-Kommunikation. Insofern mussten wir verschiedene Forschungsinstanzen erst davon abbringen, den interaktiven Videodialog im Video-Interface oder die Nullschleifen (Videosequenzen, die abgespielt werden, wenn der Nutzer den Response-Button nicht klickt) im seriellen Video durch Umwandlung in eine immer gleich ablaufende Videosequenz zu überführen. Eine solche Analyse hätte uns nicht geholfen, denn unsere Studie sollte ja gerade zeigen, wie die Menschen auf natürlichen, interaktiven Dialog auf einer Website reagieren. Und diese Art des Dialogs setzt eben maßgeblich die Möglichkeit zur Interaktion voraus. So führte unser Weg zu mobilen elektrodermalen Werkzeugen und Eye-Tracking-Lösungen, wie sie in Studien für den Point of Sale eingesetzt werden.

Im Unterschied zu früheren EDA-Messgeräten, die nur für das Labor geeignet waren, können die mobilen Geräte der neuen Generation direkt am Point of Sale, das heißt im Feld, eingesetzt werden. Im Prinzip können sich die Probanden frei bewegen. Normales „Gehen" wirkt sich nicht auf die Amplitudenhöhe oder die Frequenz aus. Allerdings dürfen die Probanden nicht „springen" oder Druck auf die Elektroden ausüben (zum Beispiel beim Schieben des Einkaufswagens). Dies würde zu Artefakten führen. Mithilfe der elektrodermalen Reaktion kann so die Aktivierungskraft der Warenpräsentationen, einer kompletten Ladengestaltung oder auch von Schaufenstern ermittelt werden. Das Institut für Konsum- und Verhaltensforschung an der Universität Saarbrücken unter Leitung von Frau Prof. Andrea Gröppel-Klein arbeitet sehr erfolgreich mit diesen mobilen EDR-Geräten sowie mit mobilen Eye-Tracking-Lösungen.

In der Zusammenarbeit von Icon Added Value sowie den Experten von eye square, einem innovativen Research-Unternehmen aus Berlin, fanden wir schließlich ein Team, das sich unserem Versuchsaufbau stellte. Der Versuchsaufbau erfolgte in Kombination eines Remote-Eye-Tracking-Systems sowie dem LEDALAB (Leipzig Electrodermal Activity Lab). Klingt kompliziert? Ist es auch …

Zielsetzung der Studie

Unsere Zielsetzung indes war frühzeitig definiert und mit folgenden Thesen unterlegt, die es in der Untersuchung zu verifizieren galt:

- **These 1:** „Multisensorische Websites lösen beim Probanden einen signifikant höheren Grad an emotionaler Aktivierung aus als statische Websites. Das beste Ergebnis erzielen hierbei interaktive Video-Interfaces, da sie der natürlichen Kommunikation des Menschen am nächsten kommen."
- **These 2:** „Je höher die emotionale Aktivierung des Probanden ist, desto größer ist die Kaufbereitschaft in Form der Response- und Conversion-Rate."
- **These 3:** „Multisensorische Websites führen zu einer höheren Behaltensleistung als statische. Auch hier realisieren die Video-Interfaces aufgrund der Interaktivität (selbst tun) die besten Werte."
- **These 5:** „Durch Gestik und Mimik von realen Moderatoren lassen sich in seriellen Videos und Video-Interfaces beim Probanden Spiegelneuronen auslösen und Empathie vermitteln. Die Aufmerksamkeit des Probanden lässt sich so auf entscheidende Hotspots, zum Beispiel Buttons, lenken. Dieser Effekt lässt sich durch statische Websites beziehungsweise Animationen nicht erzielen."
- **These 6:** „Eine persönliche, direkte Ansprache des Probanden führt zu einer höheren emotionalen Aktivierung."
- **These 7:** „Motive des limbischen Systems lassen sich durch multisensorische Websites besser ansprechen als durch statische Websites."

Technischer Aufbau: Eye-Tracking und elektrodermale Aktivität (EDA)

Für alle Interessierten ist der technische Versuchsaufbau dargestellt, der eine gleichzeitige Messung der emotionalen Aktivierung (EDA) sowie der Augenbewegungen (Eye-Tracking) des Probanden unter Bedingungen der Interaktivität ermöglicht (Abb. 91). Die Durchführung der Untersuchung erfolgte im Studio von eye square in Berlin.

Abb. 91: Innovativer Versuchsaufbau: EDA, Eye-Tracking und Interaktion.

Das gesamte Studien-Set-up wurde von einem Testrechner aus gesteuert. Für die Darbietung der Testaufgaben sorgte der „eye square"-Testplayer. Dieser dokumentiert die Eye-Tracking-, EDA- und Screendaten synchron in einer Datenbank. Die Erfassung der Blickaufzeichnung erfolgte durch ein Remote-Eye-Tracking-System, das die Blickbewegungen mit Infrarottechnologie registriert. Mit dieser Technologie können sehr exakte Ergebnisse erzielt werden. Hotspots der Aufmerksamkeit auf der Website werden in Form von Heatmaps identifiziert.

Das Eye-Tracking gibt Antwort auf die Frage, ob die zentralen Bereiche der Website durch den Probanden wahrgenommen werden. Es registriert dessen Betrachtungsdauer sowie den Blickverlauf. Unterschieden werden hierbei Sakkaden und Fixationen. Unter Sakkaden versteht man schnelle Augenbewegungen. Unter einer Fixation wird der Zustand definiert, bei dem sich das Auge bezüglich eines Sehobjekts in „relativem" Stillstand befindet.

Beim EDA wird der Hautwiderstand mittels zweier Sensoren erfasst, die an der nichtaktiven Hand des Probanden befestigt sind. Gemessen wird der elektrische Widerstand der Haut gegenüber einem durchfließenden, schwachen Gleichstrom.

Die Datenauswertung der Hautleitwertdaten erfolgte mithilfe des auf Matlab basierten Auswertungstools LEDALAB. LEDALAB teilt das Hautleitwert-Rohsignal in tonische (Tagesrhythmen, Müdigkeit usw.) und phasische Anteile auf. Im Rahmen dieser Studie werden nur kurzfristige phasische Anteile des Signals analysiert, weil diese die Reaktionen auf die Stimuli darstellen. Somit können auch Bewegungsartefakte besser eliminiert werden (Benedek, Kaernbach 2010; Abb. 92).

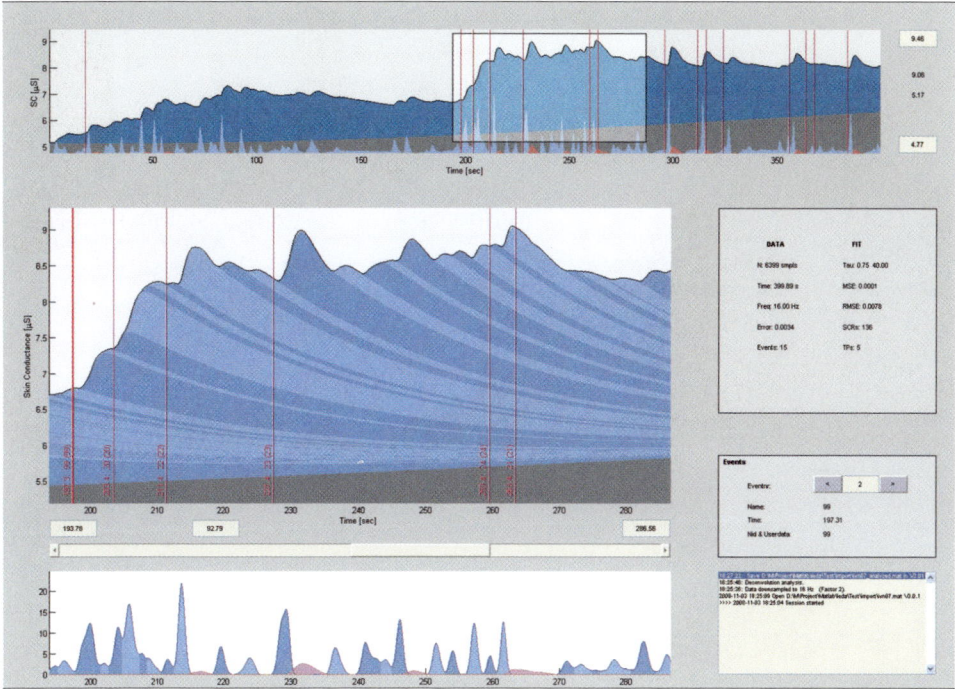

Abb. 92: Hautleitwertanalyse mit LEDALAB.

Bei Auftreten eines Artefakts, das heißt der Verfälschung der Messergebnisse, wird der entsprechende Wert auf den lokalen, interpolierten Mittelwert um die Artefaktstelle herum angesetzt. Dadurch wird eine Verzerrung des Gesamtsignals vermieden. Insgesamt machten Artefakte in der aktuellen Studie weniger als zwei Prozent des Gesamtsignals aus.

Bei der Auswertung kann man grundsätzlich davon ausgehen, dass bei einer niedrigen Aktivierung keine oder wenig Verarbeitung von gesehenen Inhalten stattfindet, während bei überstarker Aktivierung Reize ebenfalls nicht verarbeitet werden, da auf gelernte und reflexhafte Schemata zurückgegriffen wird (Kampf-oder-Flucht-Reaktion). Insofern ist der Bereich der „wachen Aufmerksamkeit" der erwünschte Aktivierungsbereich (Abb. 93).

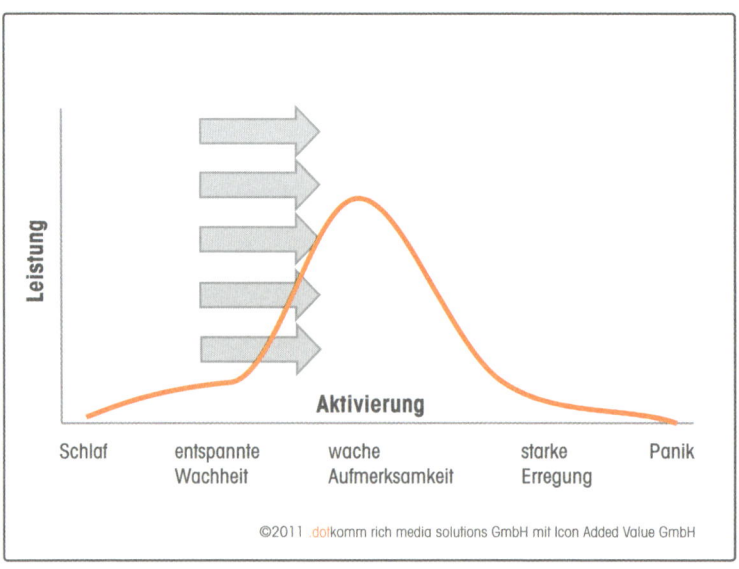

©2011 .dotkomm rich media solutions GmbH mit Icon Added Value GmbH

Abb. 93: Aktivierung und Verarbeitungstiefe.

Durchführung

ARBEITSHILFE
ONLINE

Untersucht wurden Websiteversionen der ERGO (**www.ergo.de**) als Serviceversicherer und ERGO Direkt (**www.ergodirekt.de**) als Direktversicherer (Abb. 94). (Über diesen Link bekommen Sie einen Einblick in den Studienablauf: **www.dotkomm-files.de/neuromarketing/studie.html.**) Getestet wurde mit insgesamt 155 Probanden im Alter zwischen 20 und 55 Jahren, die nach folgenden Merkmalen ausgewählt wurden:

Abb. 94: The Making-of – ein Einblick in den Versuchsablauf.

- 100 Prozent haben den höchsten Schulabschluss, mindestens einen Volks- beziehungsweise Hauptschulabschluss mit abgeschlossener Lehre.
- 100 Prozent sind im Haushalt bei der Entscheidung zu Versicherungsthemen beteiligt.
- 100 Prozent haben bereits eine oder mehrere Versicherungen abgeschlossen.
- 100 Prozent haben zu Hause einen Internetzugang.
- 100 Prozent surfen mindestens einmal pro Woche im Internet.
- 100 Prozent haben ein Haushalts-Nettoeinkommen zwischen 1000 und 3000 Euro (Single-HH) beziehungsweise zwischen 1500 und 4000 Euro (Mehr-Personen-HH).

Den Probanden für **www.ergo.de** wurden drei unterschiedliche Websiteversionen zum Thema „ERGO Unfallschutz" präsentiert: die existierende statische Website, eine audiovisuelle Animation sowie ein serielles Video (Abb. 95). Jeder Proband wurde mit allen drei Websiteformaten konfrontiert. Die Reihenfolge der Varianten erfolgte nach dem Rotationsprinzip; das heißt, dass die Reihenfolge der Stimuli proportional variiert wurde.

Abb. 95: Die drei Websiteversionen.

Die Probanden hatten bei jeder der drei Versionen dieselbe Aufgabenstellung: Sie wurden aufgefordert, sich die Website anzuschauen und sich über ein Produkt zu informieren. Auf **www.ergo.de** bezog sich die Aufgabe auf das Produkt ERGO Unfallschutz. Auf **www.ergodirekt.de** stand das Produkt Risikolebensversicherung im Fokus. Im Anschluss an die Information sollten die Probanden auf **www.ergo.de** ein Angebot anfordern. Auf **www.ergodirekt.de** bestand die Aufgabe darin, eine Tarifberechnung durchzuführen.

Im Anschluss an die Aufgabenstellung wurden die Probanden interviewt, um einerseits die Behaltensleistung der jeweiligen Medienformate zu testen und andererseits bewusste Eindrücke und Meinungen zu erfragen. Diese bewusste Ebene bildete gleichzeitig das Pendant zur unbewussten Verhaltensweise im Test (Blickaufzeichnung und Aktivierung). Im Interview wurden neben der Kommunikationsleistung (Behaltensleistung) und Kaufbereitschaft (Response respektive Abschluss) auch relevante Markeneffekte (unter anderem Gefühlsdimensionen in Anlehnung an die Limbic® Map) abgefragt.

Testdesign 1: www.ergo.de

Im Testdesign 1 trat die bestehende statische Produktseite gegen eine audiovisuelle Animation sowie gegen ein serielles Video an. Gestartet wurde auf der Produktübersichtsseite des Produkts ERGO Unfallschutz (Abb. 96). Nachdem der Proband auf „mehr" geklickt hatte, gelangte er jeweils zu der zu untersuchenden Version:

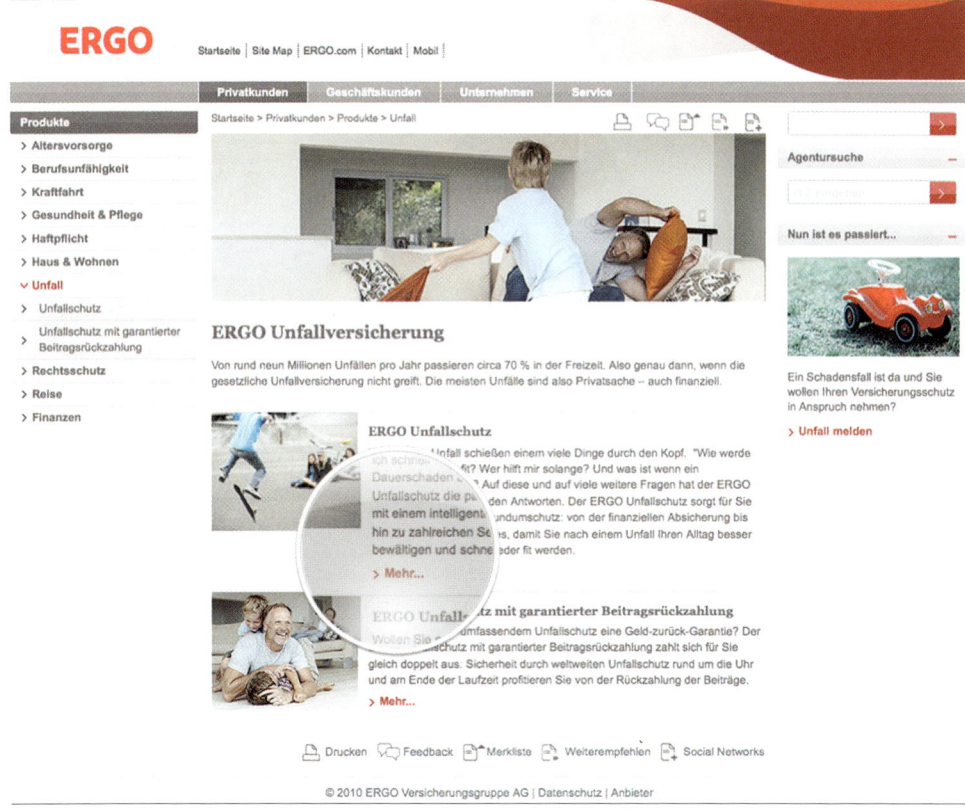

Abb. 96: www.ergo.de – Ausgangssituation.

- **Version 1:** statische Website (Abb. 97). Hier kam die bestehende statische Website mit rein visueller Kommunikation (Bild, Text) zum Einsatz.

Abb. 97: www.ergo.de – statische Version.

ARBEITSHILFE ONLINE

- **Version 2:** audiovisuelle Animation. Hier wurde zur Abgrenzung gegenüber dem seriellen Video bewusst mit einem illustrierten Format gearbeitet. Der Proband führt dabei lediglich am Schluss eine Interaktion durch den Klick auf „Angebot anfordern" aus (Abb. 98). (Über diesen Link gelangen Sie zu der audiovisuellen Animation der ERGO: **www.dotkomm-files.de/neuromarketing/ animation.html**).

ARBEITSHILFE ONLINE

- **Version 3:** serielles Video. Die Produktmerkmale und -vorteile werden durch einen Moderator in einem virtuellen Studio präsentiert. Passend zur Moderation werden Text- und Bildanimationen eingesetzt. Auch hier führt der Proband lediglich am Schluss eine Interaktion durch Klick auf den Button „Angebot anfordern" aus. Zögert er mit dem Klick, wird er jedoch von einer sogenannten „Nullschleife" überrascht, einer kurzen Videosequenz, mit der noch einmal versucht wird, die Interaktivität des Probanden auszulösen (Abb. 99). (Über diesen Link gelangen Sie zu dem seriellen Video der ergo.de: **www.dotkomm-files.de/neuromarketing/video_ergo.html.**)

Alle drei Versionen wurden mit dem Rotationsprinzip getestet. Folglich haben von den 91 Probanden jeweils 30 zunächst die statische Version, 31 die audiovisuelle Animation und 30 die dynamische Variante mit dem Moderator gesehen. Danach wurde rotiert, so dass jeder Proband mit allen drei Websiteformaten konfrontiert wurde. Nach der jeweils ersten gesehenen Version erfolgte eine umfangreiche Befragung, unter anderem zur Behaltensleistung. Das heißt, welche Inhalte sich der Proband zum Beispiel in Bezug auf die Versicherungsleistung gemerkt hat, was als Unfall beschrieben wird und wie hoch der Beitrag für den Unfallschutz ist. Ebenso wurde er zu seinen Gefühlen beziehungsweise Emotionen befragt.

Testdesign 2: www.ergodirekt.de

In einem weiteren Testdesign trat die statische Website **www.ergodirekt.de** gegen eine multisensorische Variante mit interaktivem Video-Interface an. In beiden Versionen sollte sich der Proband zum Produkt Risikolebensversicherung informieren und seinen persönlichen Tarif berechnen. Ein Homepage-Teaser führte den Probanden auf die zu untersuchende Seite. Nachdem er auf „Mehr Informationen" geklickt hatte, gelangte er jeweils zu der zu untersuchenden Version:

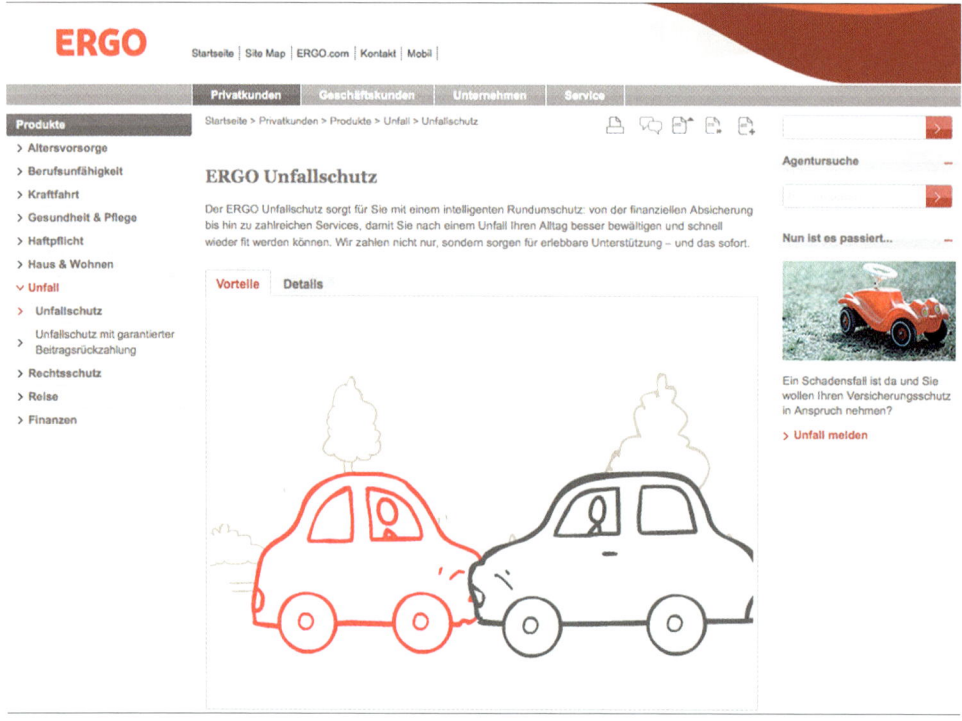

Abb. 98: www.ergo.de – audiovisuelle Animation.

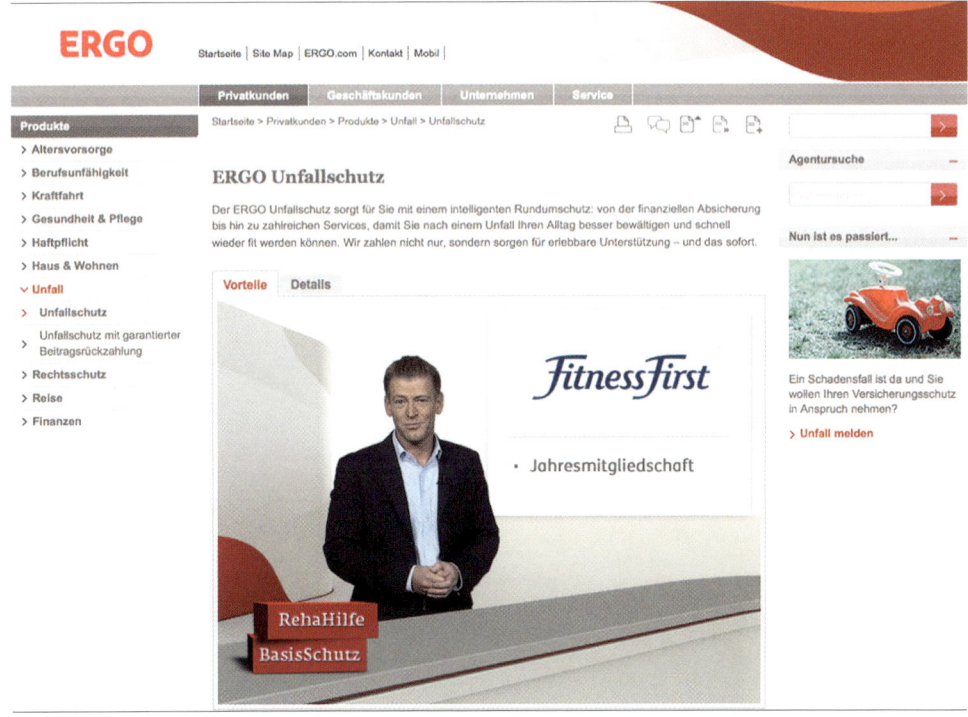

Abb. 99: www.ergo.de – serielles Video.

Abb. 100: www.ergodirekt.de – Ausgangssituation.

- **Version 1:** statische Website. Auch hier kam rein visuelle Kommunikation (Bild/Text) zum Einsatz (Abb. 101).

ARBEITSHILFE
ONLINE

- **Version 2:** interaktives Video-Interface. In dieser Version wurde der Proband interaktiv und multisensorisch durch den Moderator über das Produkt informiert und bei der Tarifberechnung begleitet. Das bestehende statische Formular wurde in dieser Version durch einen Videodialog zwischen Moderator und Proband ersetzt. Inhalte der Info-Buttons im statischen Tarifierungsprozess wurden in den Videodialog integriert (Abb. 102). (Über diesen Link gelangen Sie zu dem dynamischen Video der ERGO Direkt: **www.dotkomm-files.de/neuromarketing/video_ergodirekt.html.**)

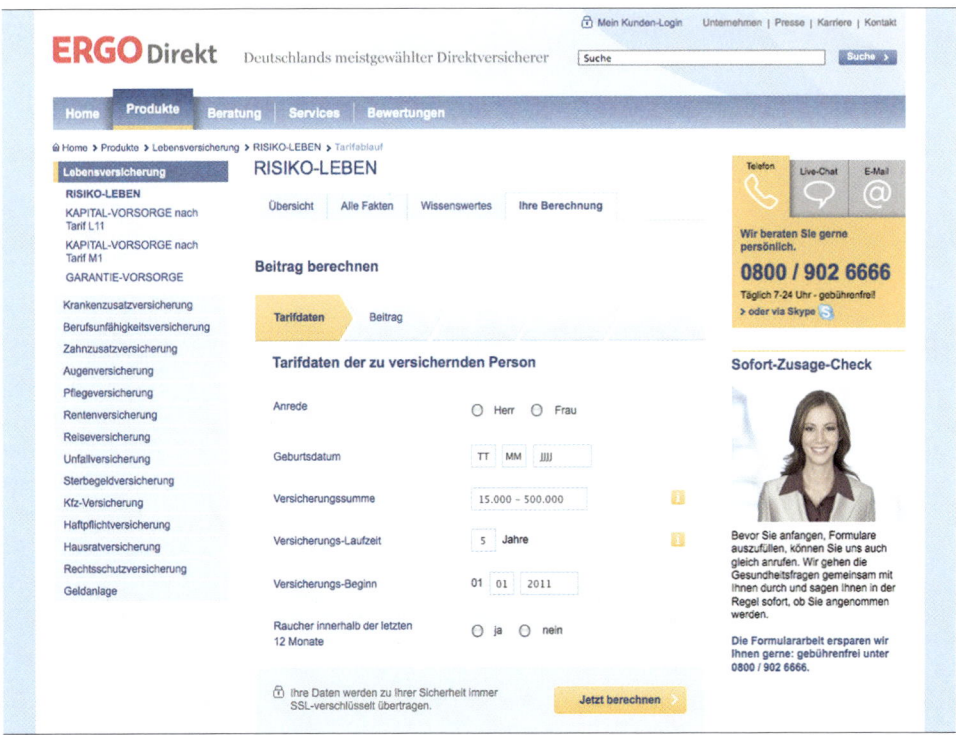

Abb. 101: www.ergodirekt.de – statische Version.

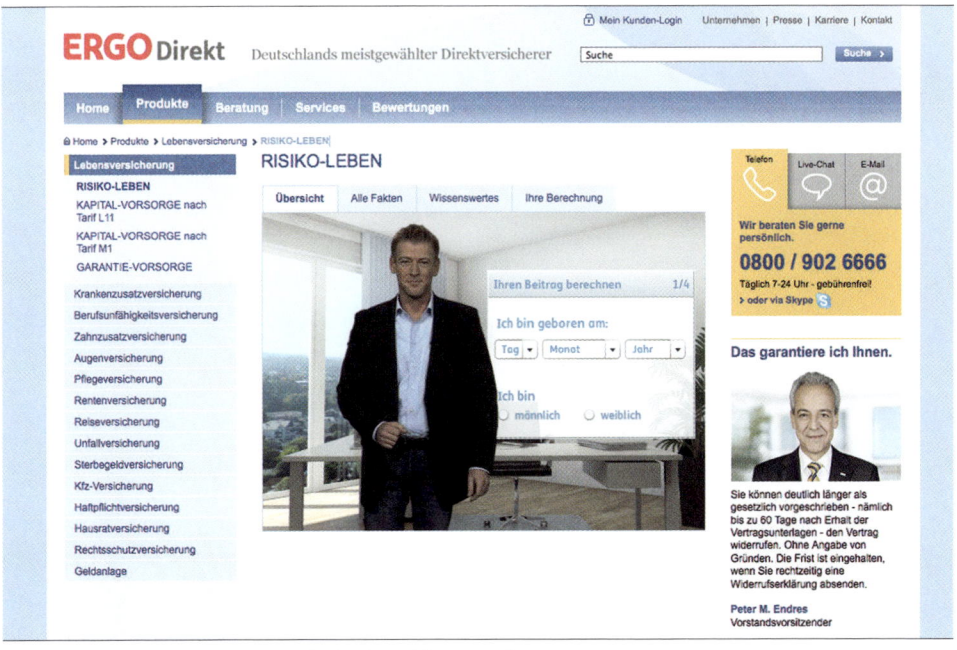

Abb. 102: www.ergodirekt.de – Video-Interface.

2.3 Neuromarketing in der Onlinepraxis: Forschungsergebnisse

Freitag, 7. Januar 2011 — der Tag der Wahrheit. Nach diversen Vorstudien, Web-Controlling-Analysen und nach über zwei Jahren intensiver Extraktion von Neuromarketing-Ansätzen für das Internet erhalten wir von unserem Kooperationspartner Icon Added Value an diesem Tag die Ergebnisse unserer groß angelegten Neuromarketing-Studie. Dem Team ist die Anspannung anzumerken. Denn es geht um nicht weniger als die endgültige wissenschaftliche Bestätigung unserer Thesen, Strategien und Konzepte. Wir lesen Auszüge aus dem Management-Summary:

- Die multisensorische Ansprache mit dynamischen Website-Elementen ist der klassischen, statischen Website in Quantität und Qualität der Kommunikationsleistung klar überlegen.
- Der Content-Recall ist bei der multisensorischen Ansprache deutlich besser als bei den statischen Websites. Die Probanden erinnern sich signifikant besser an Produktleistungen, Produktvorteile und Preisinformationen.
- Der „Faktor Mensch", das heißt der persönliche, interaktive Dialog per Video-Interface, erzielt bei Weitem die besten Ergebnisse in der Kommunikationsleistung und in der Response- und Kaufmotivation. Spiegelneuronen und Empathie wirken online.
- Das limbische System wird in den unterschiedlichen multisensorischen Formaten (Animation, serielles Video, Video-Interface) intensiv und differenziert angesprochen.
- Und auch die Markenwerte der ERGO im Sinne von „Versichern heißt verstehen" werden vom Kunden sehr gut wahrgenommen. Produkte werden als klar und verständlich empfunden, die ERGO als ein Versicherungsunternehmen bezeichnet, das „eine Sprache spricht, die ich verstehe" und „bei der ich genau weiß, was ich bekomme".

Der Ruf nach Champagner eilt durch den Raum. Jedoch möchte keiner im .dotkomm-Team die Besorgung übernehmen. Zu spannend sind die Details, die die Studie für die konzeptionelle Arbeit für uns bereithält. Viele Dinge, die wir bisher in Anlehnung an die Neuromarketing-Konzepte in den Projekten umgesetzt haben, erweisen sich als wesentlich:

- Eine gut gemachte multisensorische Animation ist besser als ein zu langes, serielles Video. Denn auf Dauer wird der Nutzer beim seriellen Video zu passiv in der Wahrnehmung.

- Die starke Wirkung bei den interaktiven Video-Interfaces wirkt sowohl positiv als auch negativ. Der falsche Moderator, das falsche Outfit, die falsche Sprache — und aus Empathie wird Antipathie. Aus maximaler Aktivierung wird Abbruch.
- Gelernte Gegenstände, Bilder und Storys wirken überproportional gut. Das Storytelling entfaltet auch im E-Commerce die vom Neuromarketing herausgestellte Leistung. Dabei werden für den Kunden unangenehme Geschichten (zum Beispiel ein Skiunfall) von der menschlichen Wahrnehmung ausgeschlossen, das heißt ausgeblendet.
- Insbesondere die Spiegelneuronen eröffnen uns konzeptionell hochinteressante Möglichkeiten. Denn die Probanden reagieren exakt auf die Gestik und Mimik des Moderators im Video-Interface. Freude beim Moderator führt zu Lächeln beim Probanden. Eine Geste zum Response-Button führt zur exakt identischen Augenbewegung des Nutzers. Und das Beste: Die persönliche Ansprache des Nutzers im Video-Interface ist das Salz in der Suppe, wenn es um dynamische Websites geht.

Aber schauen wir uns das Ganze einmal im Detail an. Beginnen möchten wir hier beim Ergebnis, denn am Ende aller Aktivitäten steht die Response beziehungsweise Conversion im Mittelpunkt aller unserer Aktivitäten.

2.4 Der „Faktor Mensch" setzt sich durch

Die imposanten Ergebnisse zeigen einerseits, dass die zweite Internetrevolution in multisensorischen Websites und Onlineshops münden wird. Darüber hinaus haben wir nachgewiesen, dass der „Faktor Mensch" das zentrale Werkzeug in der Anwendung von Neuromarketing-Konzepten im Internet sein wird. Denn liegen die Response- und Conversion-Ergebnisse der multisensorischen Formate schon deutlich über dem der statischen Website (Abb. 103), wird diese Differenz zwischen statischer Website und interaktiven Video-Interfaces noch einmal deutlich getoppt (Abb. 104 und 105). Die Aussage, dass der Mensch die stärkste Droge des Menschen ist, wird nachdrücklich bestätigt.

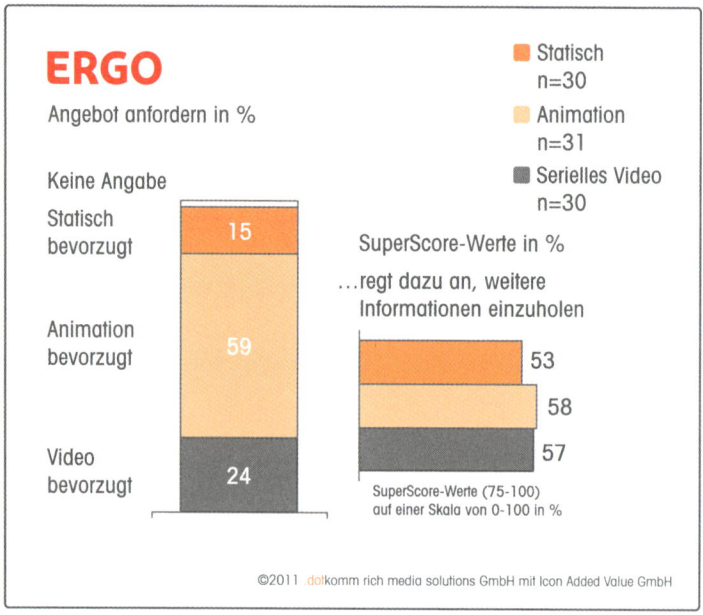

Abb. 103: Multisensorische Ansprache (Rich Media) wird bevorzugt und generiert mehr Response.

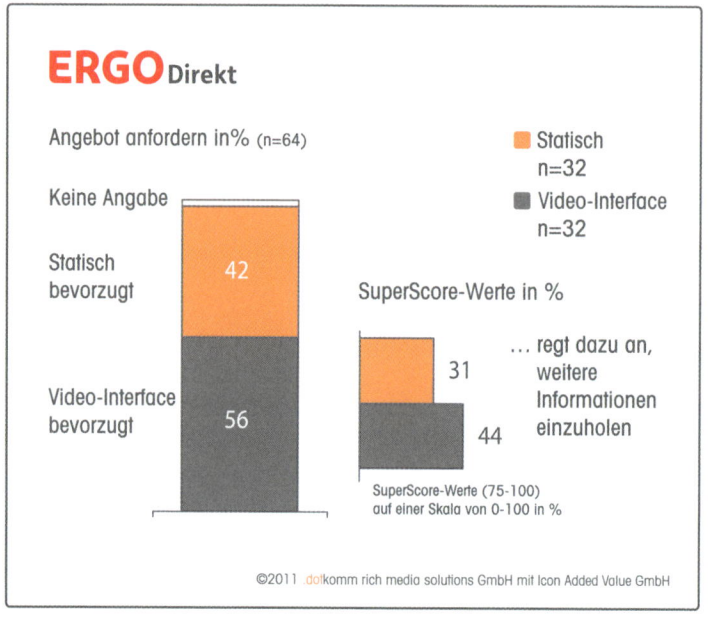

Abb. 104: Der „Faktor Mensch" wird bevorzugt und generiert die höhere Response-Rate.

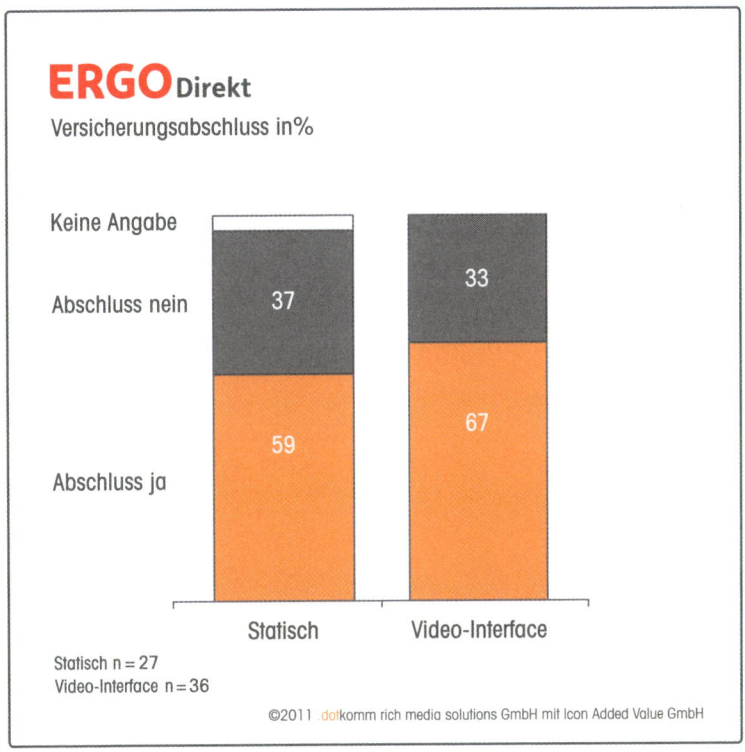

Abb. 105: Der „Faktor Mensch" sorgt für eine höhere Conversion-Rate.

Wie stark die unterbewussten Kräfte bei den Video-Interfaces wirken, zeigt sich, wenn man die Nutzer befragt, ob ihnen die Seite persönlich gefallen hat und ob sie sich direkt angesprochen fühlten. Die statischen Seiten und die seriellen Rich-Media-Formate schneiden hier besser ab als das Video-Interface. Sprich: Die Nutzer entscheiden sich rational für die statische Website oder die seriellen Rich-Media-Formate. Emotional und unterbewusst wirkt aber der „Faktor Mensch" stärker und sorgt am Ende für das bessere Response- und Conversion-Ergebnis. Eine Erfahrung, die wir häufiger machen: Befragt man die Kunden, ob sie einen interaktiven Videoberater auf der Website wünschen, ist das Ergebnis oft negativ. Setzt man ihn dann trotzdem ein, steigt die Conversion-Rate deutlich. Gegen die „Droge Mensch" kann der Mensch offensichtlich wenig ausrichten (Abb. 106).

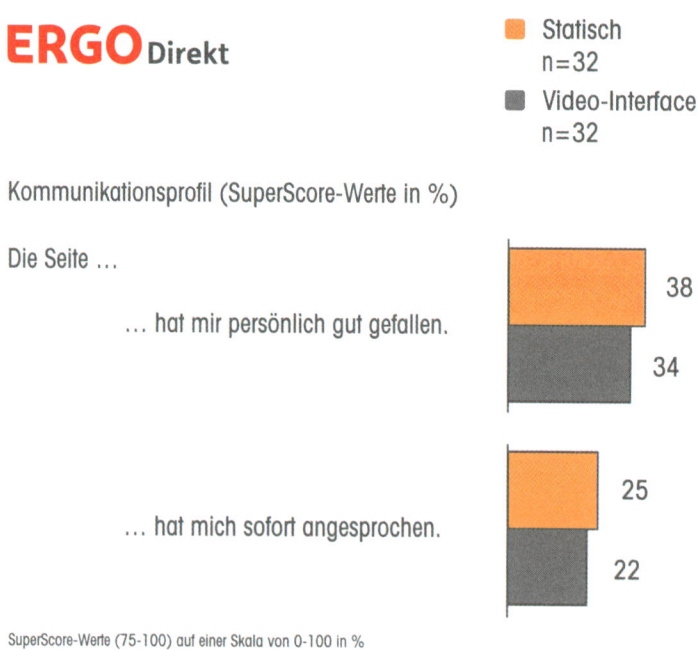

ERGO Direct

■ Statisch
n=32

■ Video-Interface
n=32

Kommunikationsprofil (SuperScore-Werte in %)

Die Seite …

… hat mir persönlich gut gefallen.

38

34

… hat mich sofort angesprochen.

25

22

SuperScore-Werte (75-100) auf einer Skala von 0-100 in %

©2011 .dotkomm rich media solutions GmbH mit Icon Added Value GmbH

Abb. 106: Obwohl den Nutzern die statische Website rational besser gefällt, sind Response- und Conversion-Rates bei den interaktiven Video-Interfaces mit dem „Faktor Mensch" deutlich höher.

Eine zentrale Rolle bei der Ausgestaltung der multisensorischen Ansprache spielt die Auswahl der Moderatoren, das heißt der Berater und Verkäufer. Hier zeigen die Ergebnisse der Studie eine deutliche Polarisierung. Für uns ein toller Beweis, wie gut das Empathiekonzept funktioniert und dass innerhalb der ersten Sekunden eine Entscheidung für oder gegen die betreuende Person auf der Website beziehungsweise im Onlineshop fällt. Damit erhalten auch die zukünftigen Onlinekonzepte zusätzliche Dimensionen. Denn neben dem Inhalt und der visuellen Aufbereitung spielen Casting, Outfit sowie die natürliche Ausgestaltung der Storyboards in der Rich-Media-Kommunikation eine maßgebliche Rolle. Hier wird man früher oder später auch darüber nachdenken müssen, unterschiedlichen Zielgruppen eine Auswahl von Beratern oder Verkäufern auf der Website anzubieten. Wobei wir diese Vorgehensweise nur als weiteren Schritt in Richtung „natürliche Kommunikation" sehen. Denn auch am Point of Sale sucht sich der Kunde den passenden Verkäufer aus oder entscheidet sich innerhalb von Sekunden für oder gegen die zur Verfügung stehende Person.

Zwei weitere Faktoren, die insbesondere bei den seriellen Rich-Media-Formaten eine Rolle spielen, sind die Spieldauer sowie die Steuerungsmöglichkeiten. Unsere Studie zeigt, dass die Fachabteilung nicht jedes Detail in die multisensorischen Module einbinden kann. Es muss berücksichtigt werden, dass die Aktivierung der Nutzer über die Zeit hinweg abnimmt.

Und hier müssen — gerade bei den seriellen Rich-Media-Formaten — zumindest einfache Steuerungsmechanismen (Ausschalten, Sprungmarken beziehungsweise Kapitel) angeboten werden.

2.5 Die Kommunikationsleistung

ARBEITSHILFE ONLINE

Aber gehen wir den Erfolgskriterien für die erhöhte Response und Conversion weiter auf den Grund, indem wir uns die Kommunikationsleistung der verschiedenen Formate ansehen. Hier ist, neben den unbewussten Response- und Kaufverstärkern, die wir später noch besprechen werden, die Behaltensleistung ein wesentlicher Indikator. Und auch hier sehen wir die Konzepte des Neuromarketings beziehungsweise der menschlichen Wahrnehmung vollständig bestätigt. Die Vorteile der multisensorischen Wahrnehmung lassen sich hervorragend nachweisen. Denn wenn Produktmerkmale, Vorteile und Alleinstellungsfaktoren sowie Kaufmotive optimal im Gehirn des Kunden verankert werden, steigt auch die Wahrscheinlichkeit einer positiven Kaufentscheidung. Dass dies bei der multisensorischen Onlinekommunikation eintritt, zeigen die Ergebnisse unserer Studie eindrucksvoll (Abb. 107). Im Vergleich zu den statischen Websitevarianten erzielen die Rich-Media-Formate einen massiven Anstieg bei der Behaltensleistung. Doch nicht nur die generell stärkere Kommunikationsleistung lässt sich aufgrund unserer Studie nachweisen. In der Ausprägung der Behaltensleistung der einzelnen Medienformate lassen sich auch konzeptionell sehr gute Rückschlüsse für die Aufbereitung von Storyboards und die multimediale Umsetzung ziehen. In Abb. 108 sehen Sie beispielsweise eine Impulsspitze (Peak) beim Thema „Reha-Hilfe" in der elektrodermalen Messung (hoher Aktivierungswert beim Nutzer), der sich später bei der Messung der Behaltensleistung der Probanden eins zu eins widerspiegelt. (Über diesen Link bekommen Sie einen Einblick in die Hautwiderstandsmessung und die Aktivierung eines Peaks beim Probanden: **www.dotkomm-files.de/neuromarketing/eda.html**.)

ERGO

Behaltensleistung in %

	Statisch	Animation	Video
Fahrdienst	33	45	60
Reha-Hilfe	27	74	67
Hilfe bei alltäglichen Situationen/ Wiedereingliederung	27	29	30
Finanzielle Absicherung bei Behandlung/ Finanzieller Ausgleich	17	19	17
Krankentagegeld	17	16	30
Einkaufsservice	13	23	33
Unfall/Autounfall	13	10	—
Schnelle Bearbeitung/ 24-Stunden-Service	13	3	3
Unfall-Rente	13	—	3
Fitness First/Jahresvertrag Fitness	10	26	23
Basis-Schutz	3	10	30
Wäscheservice	—	23	23
Transport ins Krankenhaus/ Erste Hilfe	—	13	10
Keine Angabe	13	3	3

zuerst gesehener Stimulus: ERGO: Statisch n=30, Animation n=31, Video n=30

©2011 .dotkomm rich media solutions GmbH mit Icon Added Value GmbH

Abb. 107: Durch die multisensorische Kommunikation werden die Vorteile und Leistungen des Produkts wesentlich besser im Gehirn des Nutzers verankert.

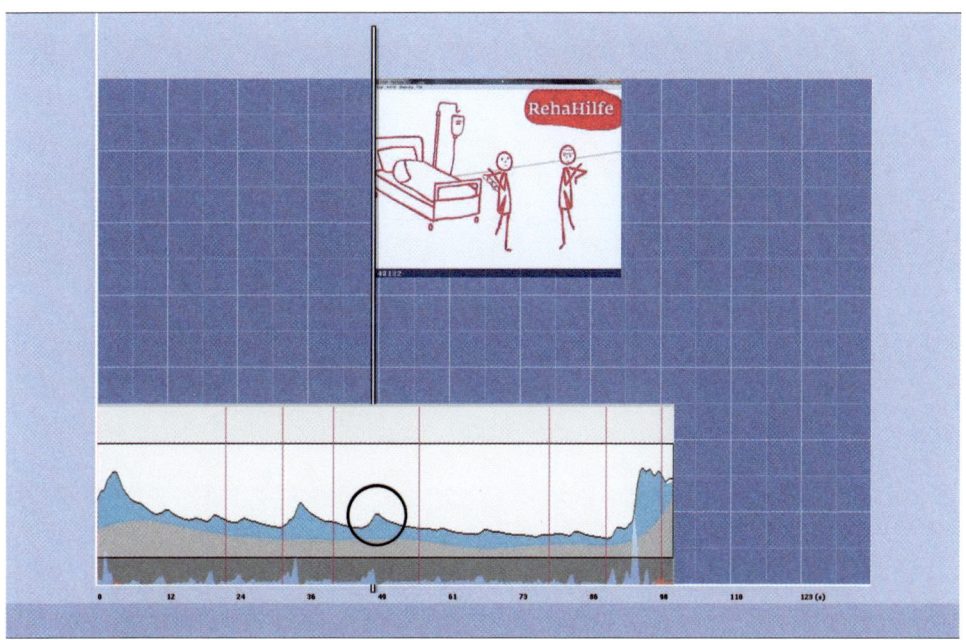

Abb. 108: Die elektrodermale Aufzeichnung zeigt einen Aktivierungspeak beim Thema „Reha-Hilfe", der sich später bei der Abfrage zur Behaltensleistung exakt in einem hohen Wert widerspiegelt.

Dass die Kommunikationsleistung unmittelbaren Einfluss auf die Response- und Conversion-Rate hat, liegt auf der Hand. Wenn 34 Prozent der Probanden nach der Nutzung der statischen Website keine Angabe zu den Gründen für den Abschluss einer Risikolebensversicherung machen können, dann ist die Kaufwahrscheinlichkeit natürlich entsprechend niedrig. Auf der anderen Seite wissen 75 Prozent der Nutzer nach dem interaktiven Dialog im Video-Interface, dass die Risikolebensversicherung zur Absicherung der Familie beziehungsweise von Verwandten unabdingbar ist.

Dass nicht nur die Behaltensleistung, sondern damit einhergehend auch die Kaufmotivation durch den Einsatz von multisensorischen Formaten steigt, zeigt die kombinierte Auswertung von Eye-Tracking und neurodermaler Messung. Auch hier triumphiert das interaktive Video-Interface gegenüber den seriellen Multimediaformaten. Der „Faktor Mensch" mit dem natürlichen, interaktiven Dialog siegt (Abb. 110).

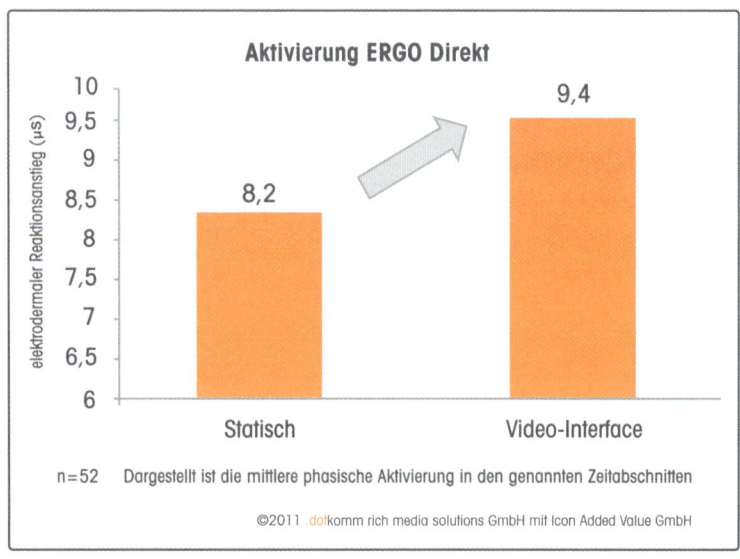

ERGODirekt   Statisch   Video-Interface
n=32   n=32

Behaltensleistung in %

	Statisch	Video-Interface
zur Absicherung der Familie / Verwandten	44	75
Todesfallleistung	13	22
günstig	9	–
Kredite absichern	6	28
Schadensfälle allgemein	6	3
Keine Angaben	34	3

©2011 .dotkomm rich media solutions GmbH mit Icon Added Value GmbH

Abb. 109: Der „Faktor Mensch" sorgt für maximale Wahrnehmung von Produktmerkmalen und Kaufmotiven.

Aktivierung ERGO Direkt

elektrodermaler Reaktionsanstieg (µS)

Statisch 8,2

Video-Interface 9,4

n=52   Dargestellt ist die mittlere phasische Aktivierung in den genannten Zeitabschnitten

©2011 .dotkomm rich media solutions GmbH mit Icon Added Value GmbH

Abb. 110: Persönlicher, interaktiver Dialog schlägt die statische Website in puncto Aktivierung.

Dabei zeigt sich auch ein wichtiger Unterschied zu den seriellen Multimediaformaten. Durch die direkte Ansprache des Kunden sowie die interaktive Einbindung in den Dialog entsteht ein wesentlich lebendigeres Aktivierungsprofil. Wir haben in Abb. 111 und 112 einmal einen Vergleich für Sie dargestellt, aus dem Sie sehr deutlich das aktivere Profil des interaktiven Video-Interfaces sehen können. Wichtig dabei sind die Peaks, die wir in beiden Profilen erkennen können. Diese sind beim seriellen Video schwach ausgeprägt und selten. Beim interaktiven Video-Interface entstehen diese Peaks in deutlich engerer Taktung und mit stärkeren Amplituden. Dadurch wird der Kunde viel nachdrücklicher im Thema gefesselt und zur Handlung motiviert.

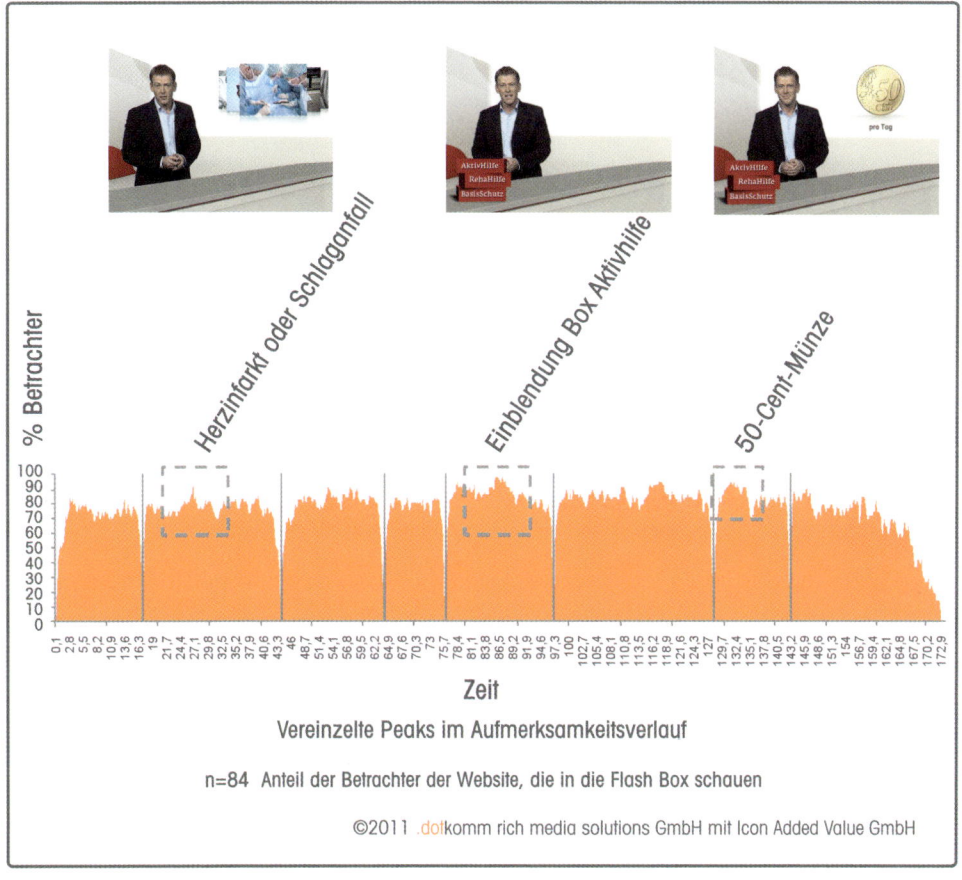

Abb. 111: Aktivierungsprofil des seriellen Videos mit drei wesentlichen Peaks.

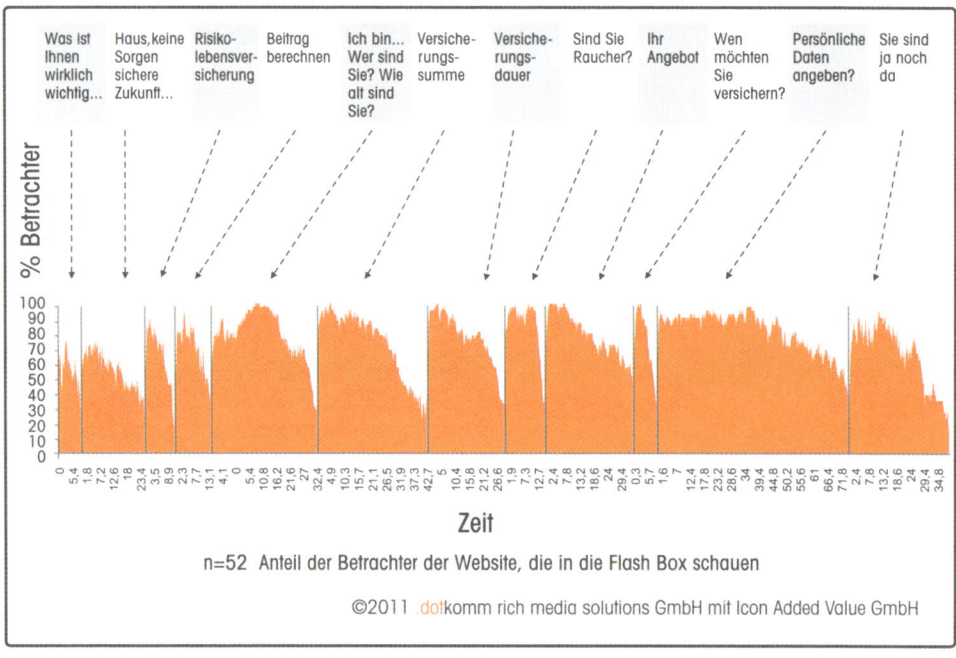

Abb. 112: Lebendigeres Aktivierungsprofil des Video-Interfaces mit starken Peaks bei der direkten Ansprache des Kunden, bei Zeigegesten sowie bei Handlungsaufforderungen.

Erstaunlich sind auch die Details in den Profilen. Konzeptionell lässt sich in beiden Medienformaten beispielsweise erkennen, wie gut der Recall, also der Wiederaufruf von bereits verarbeiteten Erlebnissen oder Informationen bei gelernten Symbolen oder Bildsequenzen funktioniert. Ob die 50-Cent-Münze im seriellen Video oder das Warentest-Logo im interaktiven Video-Interface — in beiden Fällen entsteht ein Aktivierungspeak beim Kunden.

Auch die Eye-Tracking-Analyse bestätigt die Wirksamkeit des Recalls. So sehen wir in Abb. 113, dass die Einblendung eines Finanztest-Siegels fast hundertprozentig von den Kunden aktiv wahrgenommen wird. Und noch etwas wirkt in der Aktivierung perfekt: die Spiegelneuronen. Denn aktive Gesten des Moderators werden vom Kunden eins zu eins und unmittelbar nachvollzogen. In Abb. 114 sehen Sie eine Heatmap, die sehr deutlich darstellt, dass die Aufmerksamkeit des Kunden vollständig im Gesicht des Moderators sowie bei seinen Gesten ist, hier beim Hinweis und beim Zeigen auf einen Response-Button. An diesem Punkt kommen wir in der Internetkommunikation schon sehr nah an das reale Beratungs- und Verkaufsgespräch heran. Dies führt nicht nur zu höherer Behaltensleistung, sondern auch zu konkreten Impulshandlungen und Kaufentscheidungen: ein Grund für die verbesserten Response- und Conversion-Rates der interaktiven Video-Interfaces.

Abb. 113: Aktivierungspeak und Augenfokus bei gelernten Bildern und Geschichten, hier am Beispiel des Finanztest-Siegels, das von fast 100 Prozent der Kunden erfasst wird.

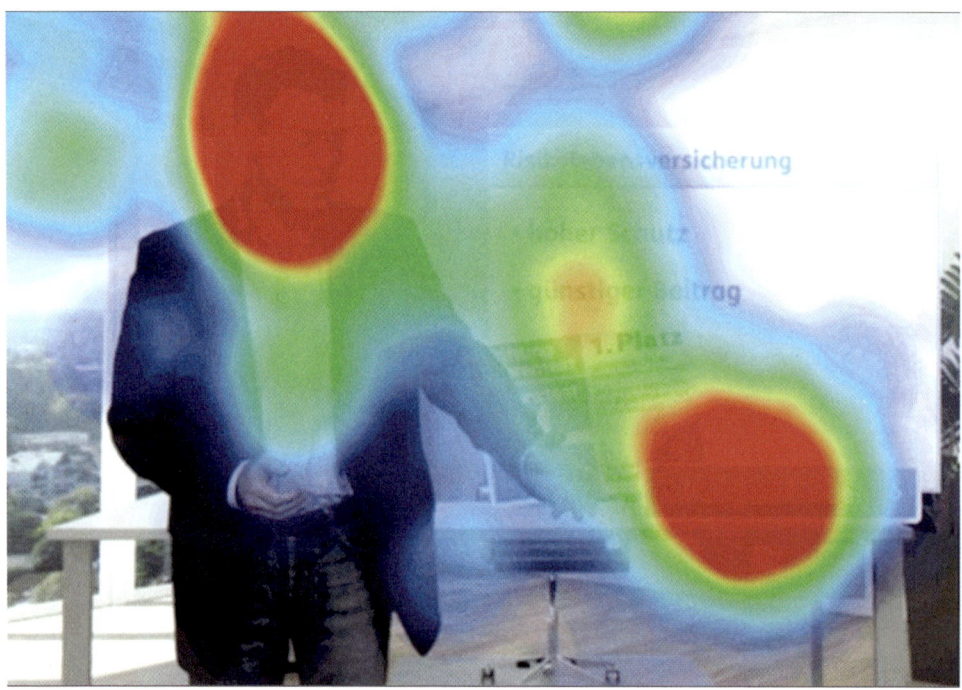

Abb. 114: Spiegelneuronen im Einsatz: Die Geste des Moderators mit dem Hinweis auf den Response-Button wird durch die Probanden unmittelbar nachvollzogen.

ARBEITSHILFE
ONLINE

Und auch was die vermittelten Gefühle angeht, folgen die Probanden dem Moderator im Video und im Video-Interface (Abb. 115): Wenn er sich freut, dann sehen wir auch das Lächeln im Gesicht der Probanden — ein Idealzustand für den Aufbau von Empathie und entsprechendem Schulterschluss zwischen der „Website" und dem Kunden. (Über diesen Link können Sie miterleben, wie sich der Proband über

ARBEITSHILFE
ONLINE

die Reaktion des Moderators im Video Interface freut: **www.dotkomm-files.de/neuromarketing/proband_dynamisch.html**.)

Abb. 115: Spiegelneuronen und Empathie: Wenn sich der Moderator freut, freuen sich auch die Kunden.

Wohingegen bei der statischen Website die Probanden einen suchenden Blick haben und gelangweilt sind (Abb. 116). (Hier wieder der Link: **www.dotkomm-files. de/neuromarketing/proband_statisch.html.**)

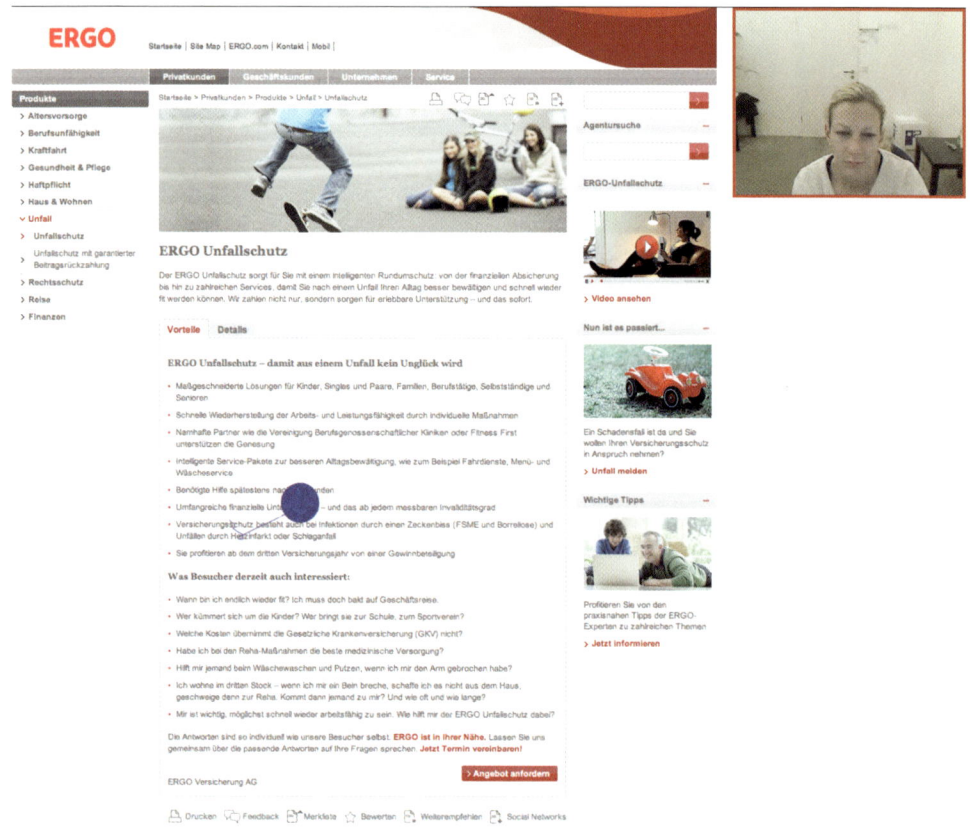

Abb. 116: Bei der statischen Version werden keine Spiegelneuronen aktiviert: Die Probandin langweilt sich.

Wir können mit den bisherigen Ergebnissen nachweisen, dass die Neuromarketing-Aspekte im Internet hervorragend funktionieren. Dabei entstehen nicht nur lebendigere Aktivierungsprofile, die zu besserer Wahrnehmung und Behaltensleistung führen. Und es wirken nicht nur die Spiegelneuronen im Sinne von Empathie und Handlungsimpulsen. Auch das limbische System wird mit den notwendigen Reizen ausgestattet. Die richtigen Motive werden angesprochen. Abbildung 117 und 118 zeigen die deutlich stärkere Aktivierung der wichtigen Gefühlsdimensionen beim Versicherungskauf. Motive wie Fürsorge und Sicherheit, Gemeinschaftsgefühl und Optimismus sowie Freiheit und Lebensfreude werden deutlich überproportional adressiert. Mithilfe der Studien, wie sie von .dotkomm und Icon Added Value durchgeführt werden, lassen sich die einzelnen Gefühlsdimensionen für den praktischen Einsatz sehr gut feinabstimmen. So ist es uns auch bei den prototypischen Umsetzungen für die Studie gelungen, Dimensionen wie Unsicherheit deutlich gegenüber dem statischen Content zu reduzieren. Durch die optimierte Steuerung und Länge der seriellen Rich-Media-Formate können wir darüber hinaus dazu beitragen, die noch bestehenden leichten Ausschläge in Richtung Langeweile und Stress zu beseitigen.

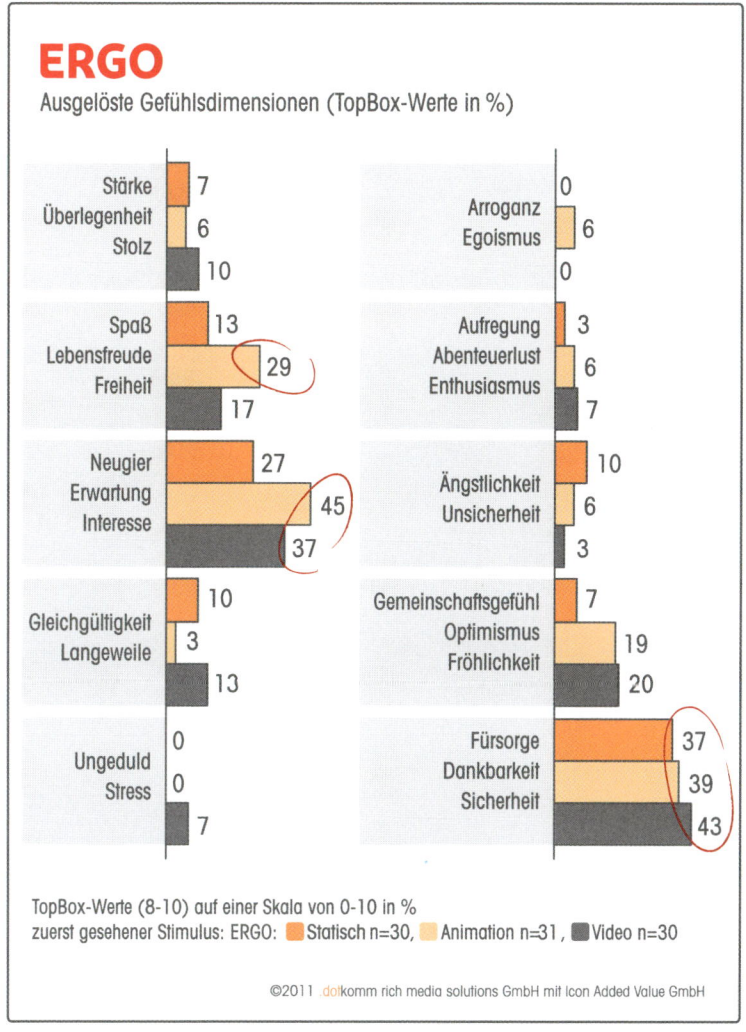

Abb. 117: Gefühlsdimensionen des limbischen Systems werden durch multisensorische Formate deutlich besser angesprochen und bedient. Dies gilt sowohl für die seriellen Formate ...

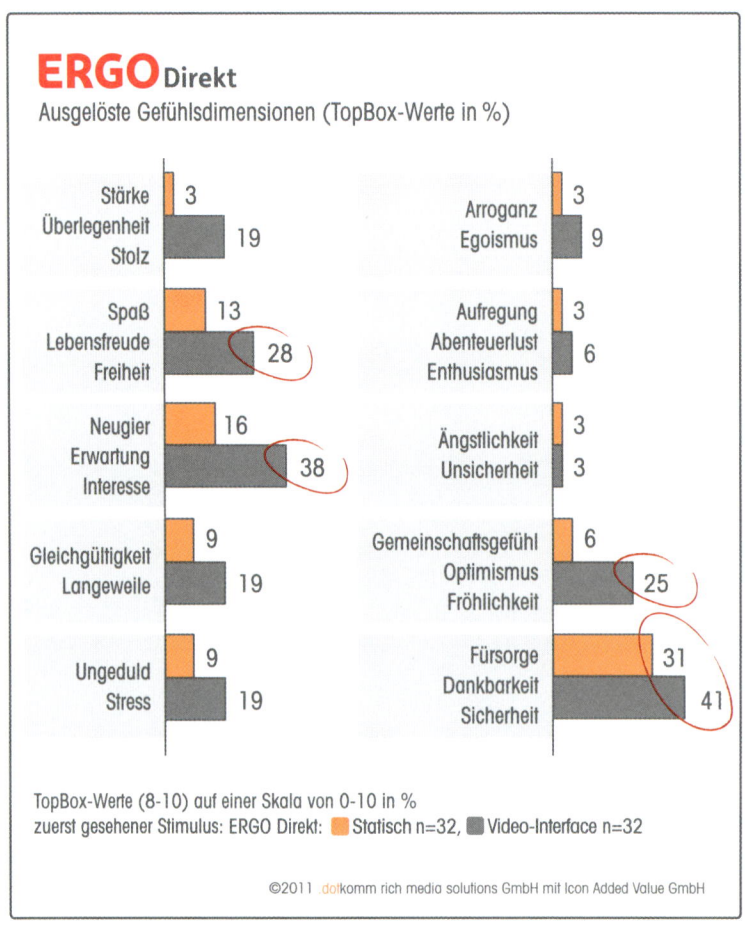

ERGO Direkt

Ausgelöste Gefühlsdimensionen (TopBox-Werte in %)

TopBox-Werte (8-10) auf einer Skala von 0-10 in %
zuerst gesehener Stimulus: ERGO Direkt: ■ Statisch n=32, ■ Video-Interface n=32

©2011 .dotkomm rich media solutions GmbH mit Icon Added Value GmbH

Abb. 118: ... als auch für die interaktiven Video-Interfaces.

Selbstverständlich trägt die Marke des Anbieters stark zu den Erfolgskennzahlen von Websites und Onlineshops bei. Wer seine Marke gut positioniert und im Gehirn des Kunden verankert hat, der wird auf der Website diese Attribute schneller reaktivieren und in Kaufmotivation umsetzen können. Die ERGO Versicherungsgruppe hat mit der breit angelegten Kampagne „Versichern heißt verstehen" neue Maßstäbe in der Versicherungswirtschaft gesetzt und den Claim — ganz im Sinne des neuen Markenbildes — in eine Strategie umgesetzt, die alle Unternehmensbereiche erfasst. Insofern gilt es für die Websites **www.ergo.de** und **www.ergo-direkt.de**, diese Markenwerte optimal zu aktivieren.

Unsere Studie hat gezeigt, dass die Markenwerte eines Unternehmens durch den multisensorischen und interaktiven Dialog mit den Kunden aktiv gelebt werden können. Besonders plastisch wird dieser Effekt in den Bereichen „vertrauenswürdig" (von 22 auf 44 Prozent SuperScore-Werte), „eine Versicherung, bei der ich genau weiß, was ich bekomme" (von 34 auf 47 Prozent) sowie „eine Versicherung, die versteht, was für mich wichtig ist" (von 6 auf 31 Prozent).

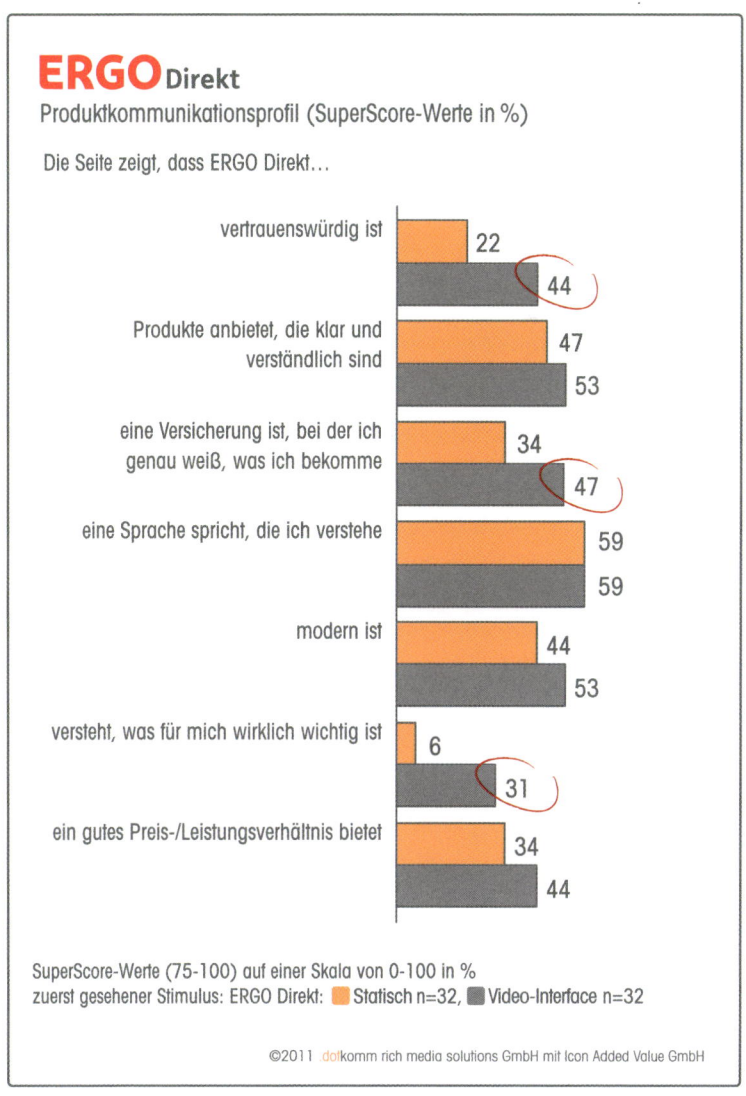

Abb. 119: Wichtige Aussagen im Sinne der Marke ERGO werden durch den multisensorischen und interaktiven Dialog mit dem Kunden verstärkt.

Aber schauen wir uns die Dinge einmal im Detail an und lassen wir die Nutzer die verschiedenen Ausgestaltungen der Websites — nach der vollständigen neuronalen Wirkung — qualitativ bewerten (Abb. 120).

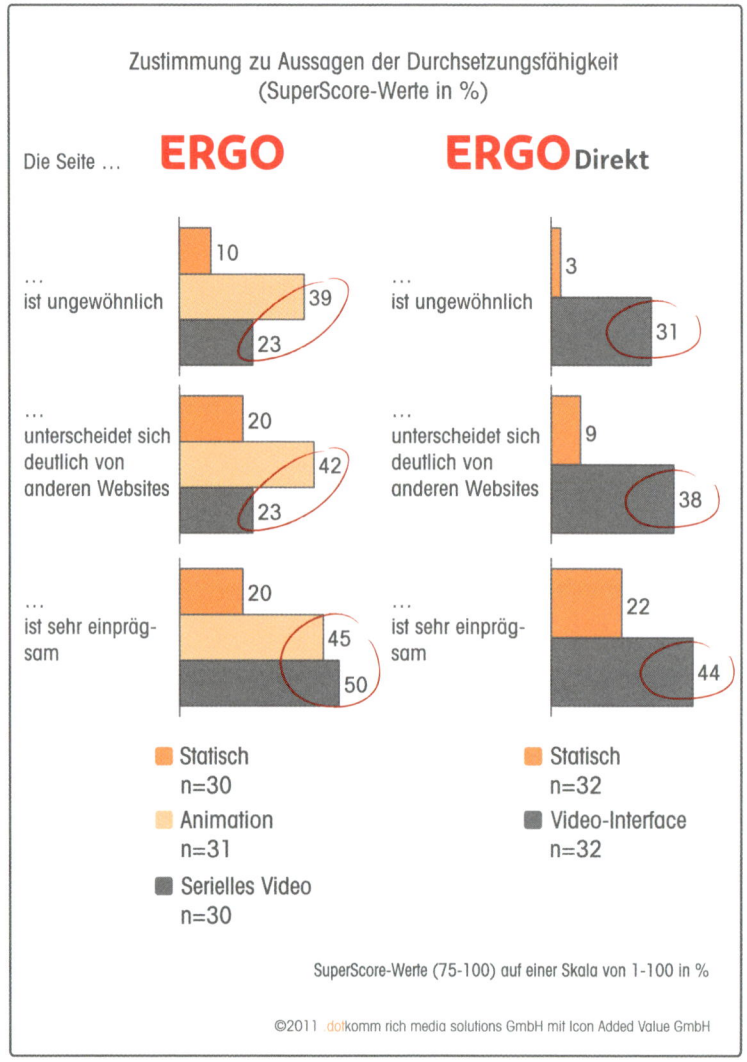

Abb. 120: Multisensorische Onlinekommunikation eröffnet aktuell noch deutliche Differenzierungsmerkmale.

Aktuell lassen sich durch den Einsatz von multisensorischen Rich-Media-Formaten noch sehr wirkungsvolle Alleinstellungsmerkmale realisieren. In Kombination mit den Konzepten aus dem Neuromarketing entstehen langfristig die Websites und Onlineshops der Zukunft, denen wir unser nächstes Kapitel gewidmet haben. Vorher möchten wir Ihnen aber noch kurz den Initiator und Wegbereiter für die von uns durchgeführte ERGO-Studie sowie im Anschluss daran einige weitere Erkenntnisse und Ergebnisse aus der Projektarbeit vorstellen.

3 Der Initiator und Wegbereiter der Studie – ein Interview mit Dirk Schallhorn

Dirk Schallhorn ist Leiter E-Marketing bei der ERGO Versicherungsgruppe und Pionier in Sachen multisensorischer Onlinekommunikation. Bereits im Jahr 2004 beauftragte er .dotkomm mit der Realisierung eines interaktiven Video-Interfaces für die Hamburg-Mannheimer Versicherungs-AG. Die Zielsetzung bestand damals darin, die Leitfigur „Günter Kaiser" auch online im Sinne der Marke sowie im Sinne von Response und Conversion einzusetzen. In den letzten Jahren hat Herr Schallhorn gemeinsam mit uns unterschiedlichste multisensorische Formate getestet und diese Strategie mit der Entwicklung der Neuromarketing-Studie konsequent fortgeführt.

Abb. 121: Dirk Schallhorn.

Joanna Dabrowski: Herr Schallhorn, Sie gelten als einer der Pioniere im Bereich der multisensorischen Gestaltung von Websites. Warum verfolgen Sie diese Strategie?

Dirk Schallhorn: Als Versicherung ist man mit statischen Inhalten kaum in der Lage, die notwendige Emotion in die Kommunikation zu bringen. Das ist im Bereich der immateriellen Produkte immer schwierig, im Bereich der Versicherungen aber noch einmal eine viel größere Herausforderung, da die eigentlichen Produktfeatures sehr faktisch und rational sind. Hinzu kommt, dass der statische Content bei den verschiedenen Anbietern kaum zu unterscheiden ist. Das bedeutet, dass wir im E-Marketing im Wettbewerb um die beste Produktdarstellung sind.

JD: Welche Rolle spielt dabei die Positionierung der ERGO mit dem Claim „Versichern heißt verstehen"?

DS: „Versichern heißt verstehen" ist für uns viel mehr als eine Kampagne. Sie ist die zentrale Unternehmensstrategie. Für uns alle bei ERGO ist das eine tolle Ausgangssituation, weil damit alle Unternehmensbereiche in die gleiche Richtung arbeiten. Für uns im E-Marketing stehen wir natürlich auch vor der Herausforderung, die Informationen für die Kunden optimal verständlich aufzubereiten. Wir müssen unseren Claim auch hier mit Leben füllen. Und das geht statisch eben nicht in der Form, wie wir uns das vorstellen. Wir wollen mehr.

JD: Warum haben Sie nach Ihrer Erfahrung mit den verschiedenen multisensorischen Formaten zusätzlich noch eine solch große Studie unterstützt?

DS: ERGO bietet eine Vielzahl von Produkten an. Das sind zusätzlich auch unsere Spezialmarken wie die DKV Deutsche Krankenversicherung, die D.A.S., die ERV Reiseversicherung sowie die ERGO Direkt. In allen E-Marketing-Bereichen stehen wir vor der gleichen Herausforderung: Wie und mit welchen Formaten wollen wir unsere Websites auf die zweite Internetrevolution ausrichten? Welche der multisensorischen Formate bringen uns nachhaltige Wettbewerbsvorteile? Und wie können wir die Formate durchgängig gestalten? Es geht ja hier auch um eine optimale Kosten-Nutzen-Relation. Unsere bisherigen Erfahrungen im Bereich Rich Media waren über verschiedene Produkt- und Themenbereiche gestreut. Insofern war es wichtig, einen durchgängigen Vergleich der Performance von verschiedenen Medienformaten zu generieren. Denn nur so sind die Ergebnisse auch vergleichbar und mit größter Sicherheit in der Praxis anwendbar.

JD: ERGO Direkt verkauft die Produkte als Direktversicherer über den Internetkanal. Warum investiert ERGO auch bei den klassischen Serviceversicherern in die multisensorische Onlinekommunikation?

DS: Der Internetkanal wird auch für uns als Serviceversicherer immer wichtiger, weil die Kunden im Internet die Vorauswahl unter den Anbietern treffen. Insofern sind wir gefordert, uns hier Wettbewerbsvorteile zu erschließen. Darüber hinaus stehen wir vor der Herausforderung, das Attribut „Serviceversicherer" auch online mit Leben zu füllen. Daher muss der Kunde unsere Beratungsqualität und unsere Strategie „Versichern heißt verstehen" auch schon im Onlinekanal erleben können. Im

E-Marketing schließen wir mit unseren Websites die Brücke zwischen der Werbung und den Außendienstmitarbeitern, indem wir die Produkte und unseren Claim mit Leben füllen und erlebbar machen. Damit wiederum leiten wir optimal über zur exzellenten Beratung durch unseren Außendienst vor Ort.

4 Die Wirkung von Social-Media-Marketing

Stehen wir im Bereich des Online-Marketings beziehungsweise des E-Commerce erst am Anfang der Neuromarketing-Forschung, betreten wir im Bereich Social Media absolutes Neuland. Aber immerhin gibt es erste Studien, die unsere Thesen zum Neuromarketing mit Social Media stützen.

Eine von der Firma NeuroFocus im Auftrag von Facebook durchgeführte Studie mit 84 Internetnutzern in den USA gibt erste Anhaltspunkte über die Wirkung von Social Media aus der Sicht des Neuromarketings. Untersucht wurde Onlinewerbung in drei Umfeldern:

- NewsFeed auf Facebook,
- Homepage von Yahoo!,
- Homepage der *New York Times*,

Gemessen wurden die Attribute Attention, Emotional Engagement und Memory Retention. Dabei erzielten alle drei — als Premium-Websites — definierten Portale überdurchschnittliche Ergebnisse im Vergleich zum Durchschnitt (also etwa zu Firmenwebsites). Facebook erzielte dabei ein signifikant besseres Gesamtergebnis als Yahoo! und die *New York Times* (Abb. 122).

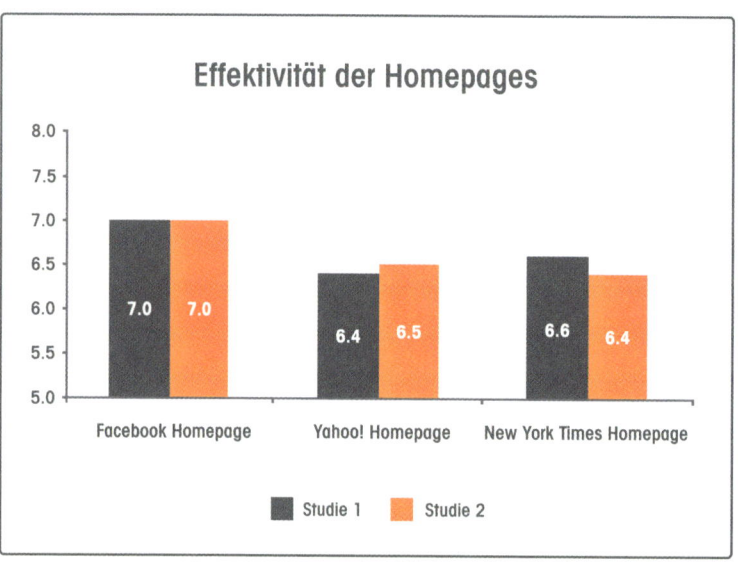

Abb. 122: Facebook schlägt die klassischen Portale. Das Rennen gewinnt Facebook über den emotionalen Impact.

Dieses Ergebnis konnte auch im Bereich der Werbung nachgewiesen werden. Untersucht wurde hier ein 30-sekündiger Spot von Visa Card zu den Olympischen Winterspielen 2010. Dieser wurde in drei verschiedenen Medien gezeigt:

- in einem normalen TV-Umfeld,
- eingebunden in die Visa-Card-Website und
- eingebunden in die Visa-Card-Facebook-Page.

Die Ergebnisse von NeuroFocus zeigen auch hier ein Gesamtergebnis, das klar in Richtung Facebook ausschlägt (Abb. 123).

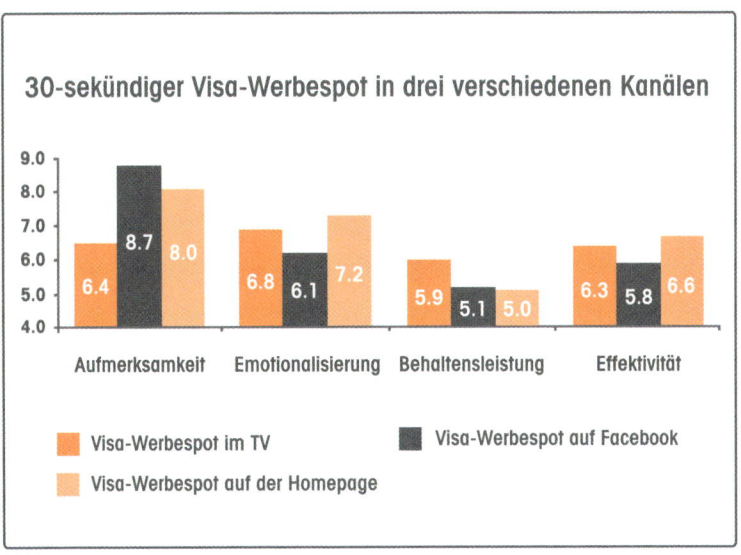

30-sekündiger Visa-Werbespot in drei verschiedenen Kanälen

Abb. 123: Auch im Bereich der Werbung erzielt Facebook den höchsten emotionalen Impact. Die Zukunft liegt jedoch im Media-Mash-up, zum Beispiel dem Social TV.

Die Studien wurden jeweils mit einem EEG und dem Mynd-Headset von NeuroFocus durchgeführt. NeuroFocus hat hier eine neue Technologie entwickelt, mit der sich, nach eigener Darstellung, EEG-Labor-Prozesse einfacher durchführen lassen als mit bisherigen Technologien. Das Headset kann schneller am Kopf des Kunden angebracht werden als bei herkömmlichen EEG-Geräten. Die Sensoren werden „trocken" über das Headset angebracht. Der Einsatz von Gel zur Befestigung der Sensoren wird damit überflüssig. Darüber hinaus werden die Daten drahtlos übertragen.

Insgesamt zeigen die NeuroFocus-Studien, dass die Social Networks absolut dazu in der Lage sind, die Werbung und das Online-Marketing nachhaltig zu verändern. Wir sehen aber auch, dass das klassische TV in Einzeldisziplinen die Nase vorn hat. Hier wird mit der sich bereits jetzt abzeichnenden Entwicklung von Social TV eine sehr schlagkräftige Medienkonvergenz stattfinden. Mit neuen Werbeformen, mit neuen Formen des Targetings, mit Personalisierung und der Möglichkeit zur (sozialen) Interaktion. Dem Werbemarkt stehen spannende Jahre ins Haus (NeuroFocus 2011).

Die Websites der nächsten Generation

Wenden wir die Methoden aus dem Neuromarketing sowie die Erkenntnisse unserer eigenen Studien bei der Entwicklung von Websites und Onlineshops an, entsteht eine neue Generation von Websites. Diese nächste Websitegeneration wird dazu in der Lage sein,

- maximale Response- und Conversion-Rates zu generieren,
- komplexe, emotionale und teure Produkte und Leistungen online zu verkaufen sowie dem stationären Point of Sale den Rang abzulaufen.

Bei der Entwicklung dieser Anwendungen wird man die Denkmodelle der ersten Internetwelle hinter sich lassen müssen. Hier spielen Wireframes eine untergeordnete Rolle. Hier wird man sich nicht von den Content-Management-Systemen in eine technologisch orientierte Kommunikation einsperren lassen. Die neue Generation von Websites bietet echtes Kauferlebnis und orientiert sich dazu viel stärker am stationären Point of Sale sowie an menschlichen Motiven und Emotionen.

Die E-Commerce-Abteilungen und Online-Agenturen stehen dabei auch vor Veränderungen. Denn viele Fehler, die heute bei der Konzeption von Websites gemacht werden, liegen in der reinen Marketing- und Technologieausrichtung der beteiligten Abteilungen und Agenturen begründet. Wer den Onlinekanal als Vertriebsweg sieht — und das ist er und wird es noch viel stärker sein —, der muss auch sein Team vertrieblich ausrichten. Der braucht eine Online-Agentur, die vertrieblich denkt. Auf diese Weise kommt die notwendige Empathie auf natürliche Weise ins Spiel.

Aber auch das Marketing muss gestärkt werden und die originäre Aufgabe wieder übernehmen: Produkte und Leistungen zu inszenieren. Emotionen zu wecken und Kaufmotive der Menschen anzusprechen. Die E-Commerce-Abteilung kann sich nicht mehr darauf beschränken, gemeinsam mit der Online-Agentur Templates zu gestalten und diese dann über das Content-Management-System den Fachbereichen zur Befüllung zu überlassen. Aus diesem „Pseudo-Marketing" muss wieder echte Transformation von Produkten und Leistungen zum Kunden hin werden.

In dieser neuen Aufstellung können die Erkenntnisse aus dem Neuromarketing in leistungsstarke Websites überführt werden. Einige der Highlights der neuen Websites möchten wir nun beschreiben. Und damit Sie sich ein Bild davon machen können, wie die Auswirkungen einer solchen „neuen Denke" aussehen, finden Sie zu jedem der nachfolgend beschriebenen Highlights auch eine passende Konzeptskizze.

1 Natürliche Kommunikation – eine Welt jenseits von Templates

Die Neuausrichtung von Websites fängt bereits beim Grundaufbau an. Im Zentrum steht dabei die natürliche Kommunikation. Ein Konzeptionsteam sollte sich bei der Arbeit immer die Frage stellen, wie der gute Verkäufer wohl im realen Shop oder Beratungsgespräch reagieren oder wie eine Aussage des Kunden mit der Maus im persönlichen Gespräch interpretiert werden würde. Diese Herangehensweise führt zu erstaunlichen Ergebnissen. Denn wenn ein Onlineshop beziehungsweise eine Website zuhört, was der Kunde mit der Maus sagt, dann wird man sehr schnell ganz neue konzeptionelle Ansätze sehen.

Man wird feststellen, dass der Kunde bei der Entscheidung für einen Produktbereich nicht noch 15 weitere Produktbereiche sehen möchte. Wer sich für einen Privatkredit interessiert, wird die Themen „Altersvorsorge" und „Girokonto" in der vertikalen Navigation bestenfalls nicht beachten. Im schlimmsten Fall wird er sich sogar von diesen Punkten ablenken lassen (Abb. 124). Wer sich für einen Skischuh interessiert, braucht in dem Moment in der Navigation keinen Hinweis auf Yogamatten und Inlineskates. Vergleichen Sie die Situation einfach mit einem Kaufhaus. Wenn Sie dort in die Skiabteilung gehen, werden Sie auch keine Yogamatten und Inlineskates finden.

Der eine oder andere wird jetzt den Einwand bringen, dass die Kunden im Usability-Lab sehr gut auf die mitgeführte Navigation reagiert haben. Das stimmt wahrscheinlich auch, weil man ihnen die Frage gestellt hat, ob sie mit der Navigation gut zurechtkommen oder ob sie intuitiv zu bedienen ist. Dies haben die Probanden bestätigt, weil man schnell vom einen in den anderen Produktbereich gelangen konnte. In dem Moment, in dem die Kunden aber tatsächlich etwas kaufen möchten, wird die Reaktion jedoch ganz anders ausfallen. Das aber wird in einem traditionellen Usability-Lab gar nicht analysiert. Denn wir wissen nicht nur aus dem Neuromarketing, dass der Mensch nicht „in Worten" denkt, sondern einen Großteil der Entscheidungen unbewusst trifft.

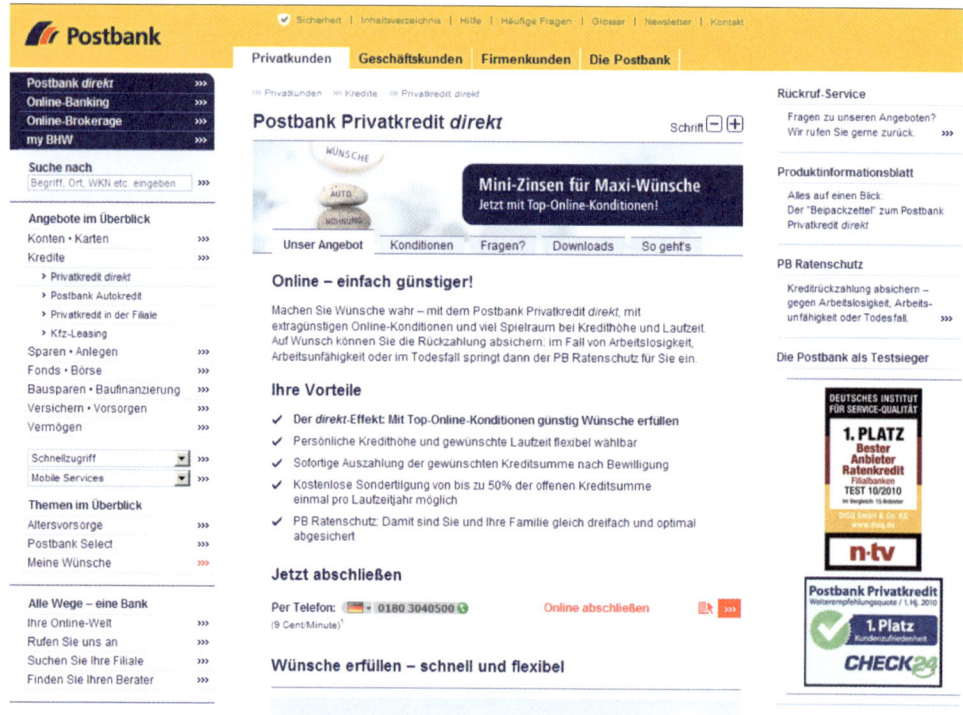

Abb. 124: Eine Banking-Website mit klassischem Navigations-Overload.

Genau wie bei der Navigation sollte das Team mit Aktionsboxen verfahren. Auch hier sollte der Frage nachgegangen werden, was ein Kunde erwartet, wenn er sich für ein bestimmtes Thema oder ein bestimmtes Produkt entscheidet. Freut er sich, wenn er nach einem entsprechenden Klick Hinweise zu Gewinnspielen, Newsletter-Abos oder Aktionsprodukten aus anderen Bereichen erhält? Oder würde er eher kaufen, wenn sich die Website hundertprozentig auf seinen Wunsch respektive sein Handlungsmotiv einstellt? Sie werden feststellen, dass ein Gewinnspiel oder ein Newsletter-Abo gut auf der Homepage aufgehoben ist, auf speziellen Landing-pages innerhalb einer Onlinekampagne oder auf den Ausgabeseiten nach einer Response beziehungsweise einer Bestellung. Ansonsten wird ein guter Verkäufer am Point of Sale niemals mit Ihnen in ein Gewinnspiel einsteigen, wenn er Ihnen gleichzeitig etwas verkaufen kann.

Wie aufgeräumt, übersichtlich und klar eine Produktseite aussehen kann, wenn man die Regeln der natürlichen Kommunikation anwendet, haben wir an einem Beispiel skizziert (Abb. 125). Das Ergebnis wird eine verbesserte Kommunikationsleistung sein, die man zum Beispiel im Rahmen einer Messung der Behaltensleistung feststellen kann.

Abb. 125: Die gleiche Website, diesmal hat sie dem Kunden jedoch zugehört.

2 Inszenierte Produktpräsentation – Futter für das Bauchgefühl

Eine Website, die zuhört, haben wir jetzt. Für den nächsten Schritt müssen wir uns freimachen von den folgenden Gedanken:

- Die Fachabteilung schreibt den besten Content, weil sie sich mit dem Produkt so gut auskennt.
- Die Menschen mögen es, die Texte unserer Website zu lesen.
- Die Menschen sind rationale Wesen und lassen sich faktisch durch Bulletpoints überzeugen.
- Es gibt keinen Wettbewerb, der die Produkte gleich oder ähnlich darstellt.

Haben wir uns von diesen Gedanken befreit, können wir die Erkenntnisse aus dem Neuromarketing einsetzen und Futter für das Bauchgefühl des irrational entscheidenden Menschen bereitstellen. Bezeichnen wir es doch einfach nach Dr. Hans-Georg Häusel als „Emotional Boosting" der Website. In diesem Bereich liegt einer der ganz wesentlichen Erfolgsfaktoren im Onlinegeschäft. Denn durch die Möglichkeit zur multisensorischen Aufbereitung von Produkt- und Themenbühnen entstehen erstklassige Differenzierungsmöglichkeiten gegenüber dem Wettbewerb. Oder wie es Dirk Kommol, zuständig für den Onlineshop auf **www.demmelhuber.net**, ausdrückt: „Produkte höchster Qualität und mit erstklassigem Service lassen sich durch statische Produktpräsentation nicht verkaufen." Er hat erkannt,

- dass die Kunden einen Weber-Grill zum Preis von über 1000 Euro nicht auf Basis von Bulletpoints kaufen, sondern weil der Kopf des Kunden das Statussymbol Weber-Grill möchte,
- dass er sich mit Bulletpoints in keiner Weise von Hunderten Wettbewerbern differenziert, die ebenfalls Weber-Produkte anbieten,
- dass höhere Conversion-Rates den finanziellen Spielraum für Online-Marketing-Aktivitäten massiv erweitern und
- dass multisensorische Produktpräsentation positiv auf die Marke Demmelhuber einzahlt.

Und deshalb hat er aufgeräumt, Platz geschaffen und für die Entwicklung einer multisensorischen Produktdarstellung gesorgt, mit der er sich massiv vom Wettbewerb unterscheidet und Conversion-Rate-Steigerungen von knapp 500 Prozent realisiert (Abb. 126 bis 128).

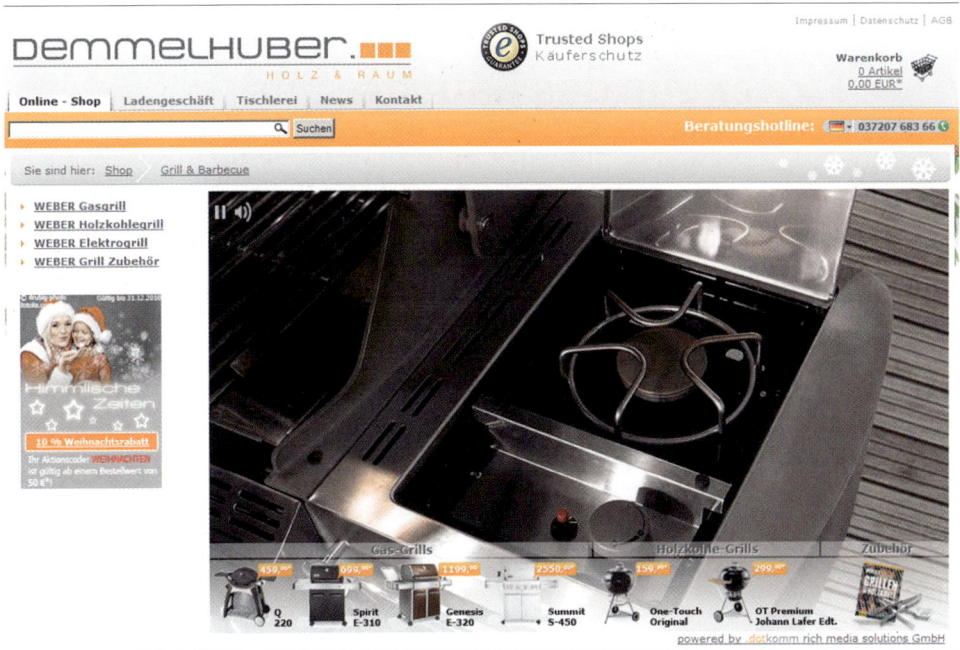

Abb. 126: Multisensorische Präsentation der Weber-Grill-Modelle.

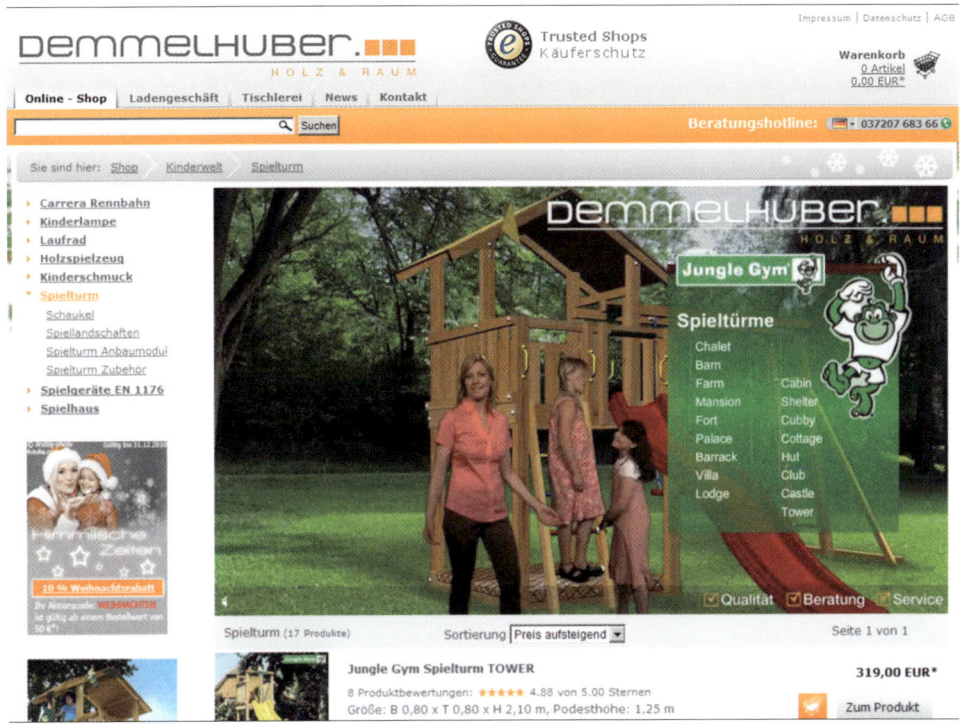

Abb. 127: Multisensorische Darstellung von Kinderspieltürmen.

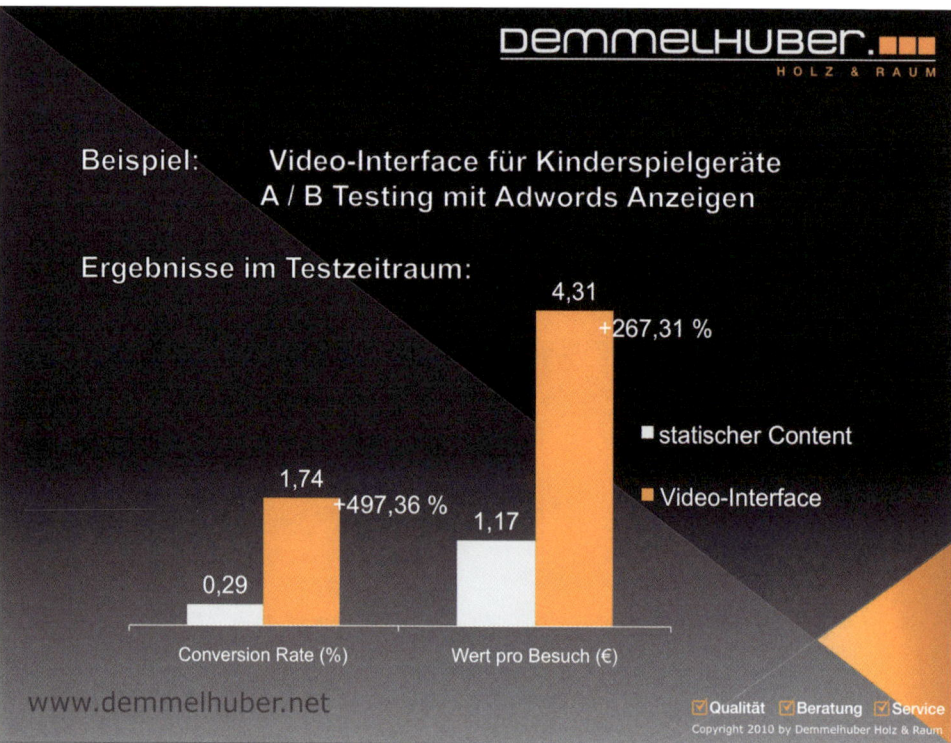

Abb. 128: Erfolgskennzahlen nach dem Einsatz neuer Produkt- und Themenbühnen.

Auch die Produkt- und Themenbühne für den Privatkredit lässt sich emotional boosten. Dazu müssen wir uns fragen, wie sich die Produktmerkmale „Direkt-Effekt", „Sofortige Auszahlung", „Kostenlose Sondertilgung" etc. in das Emotionssystem der Menschen übersetzen lassen. Per Text- und Bildanimation, Off-Stimme oder durch persönliche Präsentation wird das Produkt dann entsprechend inszeniert.

Wie wir aus dem Neuromarketing wissen, ist an dieser Stelle das Storytelling ein sehr gutes Instrument, mit dem wir diese Übersetzung für das Emotionssystem des Kunden hervorragend hinbekommen. Gerade ein immaterielles Produkt profitiert hier besonders von einer Aufbereitung nach Neuromarketing-Gesichtspunkten (Abb. 129).

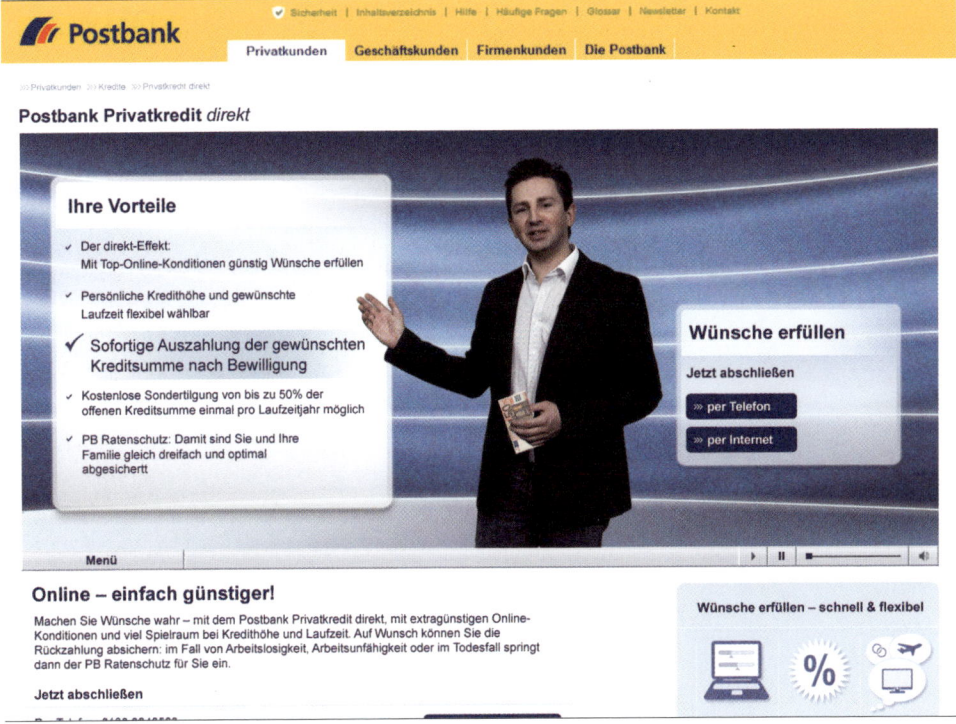

Abb. 129: Produkt- und Themenbühne mit Storytelling und Emotional Boosting.

3 Video-Interfaces – Spiegelneuronen und Empathie wie noch nie

Sie haben es schon gemerkt — in unsere Produkt- und Themenbühne hat sich ein Moderator eingeschlichen. Aber was heißt „eingeschlichen"? Natürlich ist er ganz bewusst dort. Denn mit der menschlichen Komponente erhält das Internet eines der strategisch wichtigsten Elemente für die nächste Generation von Websites an die Hand. Sie haben in den Ergebnisanalysen der Studie für die ERGO Versicherungs-gruppe bereits gesehen, wie viel stärker die persönliche Kommunikation per Video-Interface im Vergleich zur statischen oder animierten Darstellung „performt". Sie haben aus der WAKO-Studie erfahren, dass die Behaltensleistung der Kunden beim Einsatz von Video-Interfaces deutlich größer ist als bei der statischen Website. In den Projekten, in denen mit Video-Interfaces gearbeitet wird, werden inzwischen massive Response- und Conversion-Steigerungen generiert. Damit wird immer wie-der bewiesen, dass die Methoden und Erkenntnisse von Neurowissenschaftlern wie Bauer oder Rizzolatti im Internet hervorragend angewendet werden können. Hier wird deutlich, wie wirkungsvoll Spiegelneuronen und Empathie auch im Inter-netkanal sind.

Der Schlüssel zum Erfolg ist die Interaktivität der Video-Interfaces. Während se-rielle Videos ausschließlich für die emotionale Anreicherung der Kommunikation und zur Steigerung der Behaltensleistung taugen, kommen mit den interaktiven Video-Interfaces die Spiegelneuronen und damit die Empathie ins Spiel. Die Video-Interface-Technologie ermöglicht es uns, realen Kundendialog im Internet abzubil-den. Aus Dutzenden, Hunderten oder Tausenden von einzelnen Videosequenzen entstehen Präsentations-, Beratungs- und Verkaufsstrecken, die der Kunde nicht mehr vom realen Gespräch vor Ort unterscheidet. Die Maschine, sprich die Appli-kation, wird von ihm nicht mehr als solche wahrgenommen. Das Ergebnis: echtes Point-of-Sale-Feeling, echtes Kauferlebnis.

Was inzwischen so gut funktioniert, war ein Lernprozess. Seit dem Jahr 2004 haben sich die wichtigsten Erfolgsfaktoren herauskristallisiert. Wie wichtig dabei die Ele-mente des Neuromarketings sind, kann man an der Entwicklung der Erfolgskenn-zahlen sehen, auch in der konzeptionellen Evolution. Erste Versuche schlugen fehl, so zum Beispiel ein frühes Video-Interface für die DKV, in dem das Storyboard noch zu faktisch und zu komplex aufgebaut war und in dem die Besetzung mit zwei Mo-deratoren zum fehlenden Dialog mit dem Kunden führte (sie sprachen mehr mitei-nander als mit dem Kunden. Mittlerweile werden mit den Video-Interfaces jedoch deutliche Steigerungen bei Response und Conversion realisiert. Die gesammelten

Erfahrungen sowie der Einsatz des Neuromarketing-Know-hows zahlen sich inzwischen hervorragend aus.

Die Video-Interface-Technologie wird die Internetentwicklung langfristig massiv prägen und die Grenzen zwischen dem stationären und elektronischen Vertriebsweg auf lange Sicht aufheben. Denn der Grad an „Natürlichkeit", die der Video-Interface-Dialog schafft, ist im Endeffekt nur durch Budgetrestriktionen gedeckelt. Unsere Erfahrung ist, dass es gar nicht so viele Videosequenzen braucht, um große Teile des Dialogs völlig natürlich im Internet abzubilden. So wurde beispielsweise ermittelt, dass man mit rund 400 Videosequenzen das vollständige Verkaufsgespräch eines Reisebüros mit nahezu allen Facetten und Ausprägungen im Internet abbilden kann. Und dabei reagieren die Video-Interfaces auch, wenn sich der Kunde nicht wie gewünscht verhält. Sogenannte „Nullschleifen" holen ihn dann auf den Dialogpfad zurück.

Einige werden darauf abstellen, dass es trotzdem nicht gelingen wird, einen völlig individuellen Dialog abzubilden. Das ist natürlich richtig. Aber in den meisten Fällen sind Dialogstrukturen gar nicht so komplex. Gehen Sie am stationären Point of Sale doch mal auf die Suche nach einer guten Beratung zum Thema „Aktenvernichter". Und dann vergleichen Sie Ihr Erlebnis mit dem Onlineshop von **www.experteaz.de**. Vielleicht fühlen Sie sich ja da besser aufgehoben, wie viele der Onlinekunden. Die lassen sich dort ausführlich beraten, was die Qualitätsmerkmale eines Aktenvernichters sind (Abb. 130).

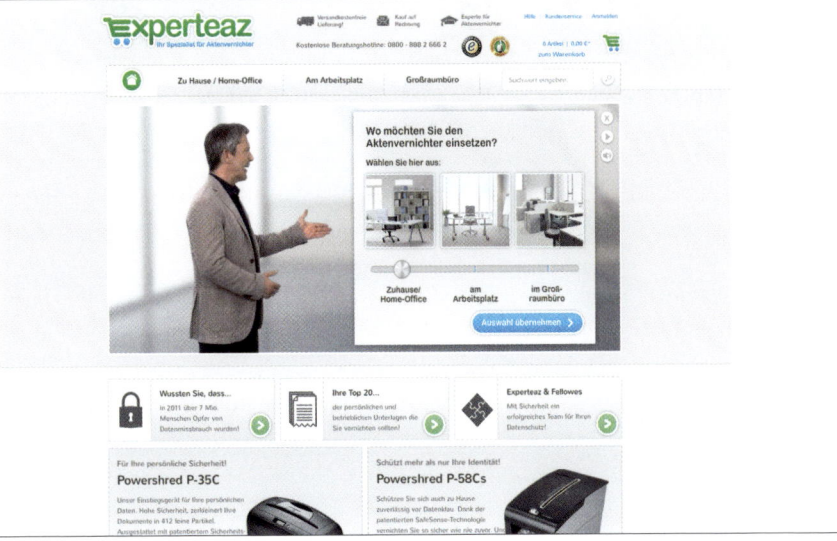

Abb. 130: Persönliche Beratung im B2B-Segment – Aktenvernichter-Beratung bei www.experteaz.de.

Sie konfigurieren den optimalen Aktenvernichter punktgenau auf Ihr jeweiliges Einsatzgebiet (also zum Beispiel Home-Office, Büro oder Großraumbüro) und lassen sich das ideale Gerät per Produktvideo multisensorisch mit allen Features präsentieren. Sie lassen sich ggf. noch ein günstigeres Gerät vom interaktiven Berater zeigen. Und dann bestellen Sie bequem und mit online exklusiver Garantie.

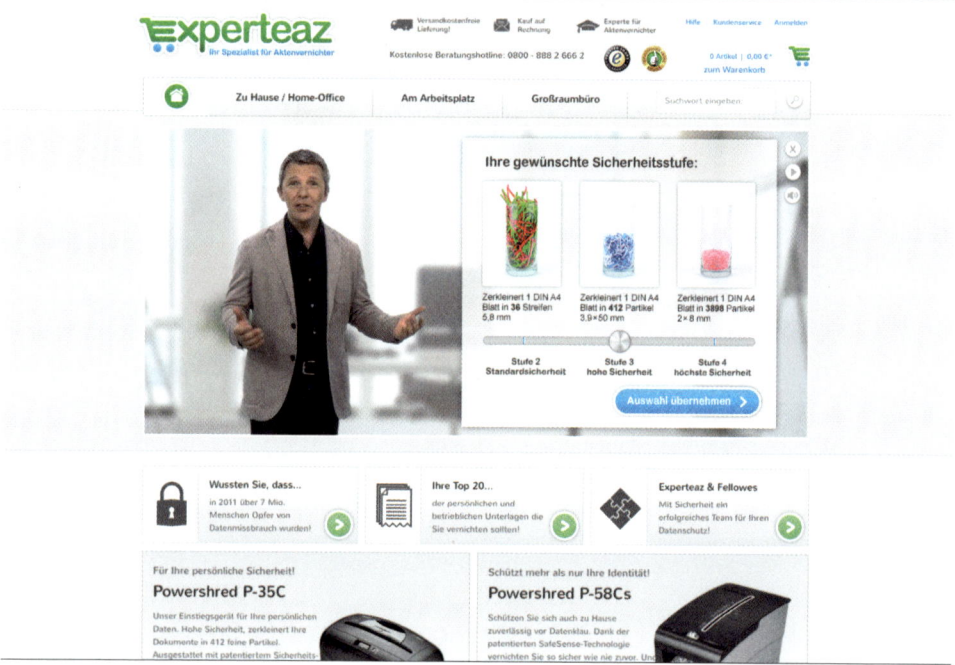

Abb. 131: Persönliche Beratung zur Sicherheitsstufe auf www.experteaz.de.

Abb. 132: Proaktiver Verkauf mit Einwandbehandlung und Neuromarketing-Framing auf www.experteaz.de.

Mit dem neuen Experteaz-Shop hat die Pro Target Media GmbH den Beweis angetreten, dass sich auch komplexe B2B-Produkte online verkaufen lassen. Aber mehr noch hat das Unternehmen gezeigt, dass der Mensch immer Mensch bleibt — egal, ob er privat oder für sein Unternehmen auf der Suche nach einem Produkt ist.

Die Ergebnisse sind überragend. Nach Aussage von Martin Schulte, Projektmanager des Experteaz-Shops, hat sich die Conversion durch den Einsatz des interaktiven Videodialogs verfünffacht. Und noch etwas kann Martin Schulte nachweisen: Wird der Kunde direkt angesprochen, reagiert er per Spiegelneuronen und auf Basis von mehr Emotion impulsiv und unbewusst wesentlich stärker auf das Angebot. Muss er dagegen das Video-Interface aktiv einschalten, kaufen wesentlich weniger Kunden, denn hier muss der Kunde bewusst den Schritt machen.

Die Video-Interfaces jedenfalls führen eine ganze Reihe von Vorteilen gegenüber dem stationären Point of Sale ins Rennen:

- Sie haben immer Zeit und sind immer verfügbar (natürlich in Abhängigkeit von der Server-Verfügbarkeit).

- Sie sind immer top „geschult" und beraten absolut kompetent (weil die Storyboards bis ins Detail perfektioniert werden können).

Abb. 133: Erste Versuche mit Lerneffekt – frühes Video-Interface für die DKV.

- Sie argumentieren und präsentieren auf der Basis von Storyboards, die sämtliche Neuromarketing-Gesichtspunkte berücksichtigen; das heißt, sie sind sehr smart. (Wenn eins der Video-Interfaces möchte, dass Sie irgendwo gezielt hinschauen, dann werden Sie dorthin schauen. Wenn ein Video-Interface Sie zum Klick auf einen Button auffordert, werden Sie unwillkürlich den Drang verspüren, dies auch zu tun.)

- Sie beherrschen auch die Einwandbehandlung und Abschlusstechniken sehr gut. (Eines der stärksten Themen überhaupt: Reagiert der Kunde nicht, geht das Video-Interface darauf ein. Fachlich, überraschend, witzig oder auch „frech". Je nachdem, was aus der aktuellen Situation in der Anwendung geboten erscheint.)
- Sie verfügen über Darstellungs- und Inszenierungstechnologie, die der Berater am stationären Point of Sale gar nicht hat. (Es sei denn, Sie zeigen uns einen Verkäufer im Baumarkt, der den Weber-Grill im Verkaufsgespräch spontan zum Einsatz bringt — auch mitten in der Nacht von Samstag auf Sonntag.)

Mit der Verbreitung von Video-Interfaces werden wir auch einen weiteren Trend sehen — den Einsatz von realen und gezielt virtuellen Kulissen zum emotionalen Boosting der Onlineshops. Insofern inszeniert man den Online-Skiverleih beispielsweise optimalerweise aus einem „echten" Skikeller heraus — so in Ansätzen zu sehen auf der Website von Intersport Bründl unter **www.bruendl.at** (Abb. 134). Gleichermaßen sind wir heute in der Lage, ein Verkaufsgespräch, das aus vorgefertigten Videosequenzen in einem Video-Interface zusammengeführt wird, an einen realen Ort zu verlegen, dessen Videobilder zur Laufzeit ins Video-Interface einfließen. Insofern können wir das Video-Interface für unser Privatkreditprodukt auch in eine Filiale verlegen (Abb. 135). Oder Sie stellen sich die Situation im Online-Reisebüro vor, in dem die freundliche Moderatorin mit Ihnen am Strand der gerade ausgewählten Urlaubsdestination steht — mitten in der Nacht bei Meeresrauschen und Mondlicht, das sich auf dem Wasser spiegelt. Auch hier wird ein live gestreamtes Videosignal als Kulisse für die Moderationssequenzen im Video-Interface genutzt. Schon jetzt ist absehbar, dass sich diese Form des Onlinedialogs rasant weiterentwickeln wird. Beweise finden wir in einem benachbarten Bereich: bei den Spielekonsolen.

Abb. 134: Online-Skiverleih mit Skikellerfeeling.

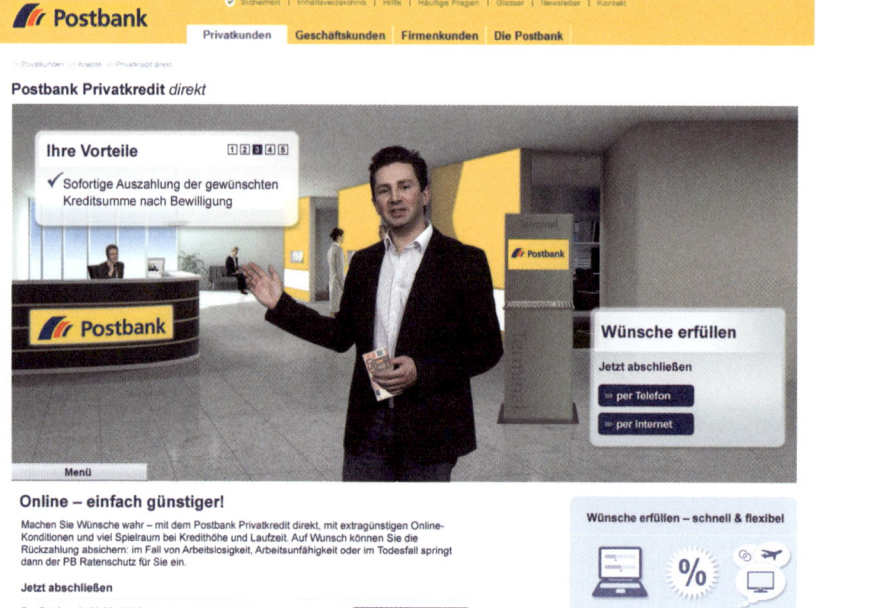

Abb. 135: Innovatives Video-Interface – reale Kulisse trifft auf vorproduzierte Videosequenzen.

4 Natürliche Steuerung – das beißt der Maus den Faden ab

Onlinebanking per Wii und Tanzmatte? Reisebuchung per PlayStation und Singstar-Mikrofon? Klar, das klingt erst einmal schräg und zu weit hergeholt. Aber wenn man sich anschaut, was die Spieleindustrie antreibt, dann sehen wir sehr viele Parallelen zu den Aktivitäten im Neuromarketing. Denn die Spieleindustrie arbeitet seit Jahren an der natürlichen Steuerung der Spiele. Weg vom Joystick hin zur vollständigen Erkennung von Körperbewegungen und Sprache. Wer sagt also, dass man die Produkte im Onlineshop zukünftig nicht per Handbewegung aus dem Regal nehmen wird? Wer sagt also, dass man seine Angaben für den gewünschten Kreditbetrag nicht einfach per Spracheingabe tätigt? Bei Computerspielen funktioniert das heute schon hervorragend. In Sprachapplikationen kann man sich bereits jetzt per Sprachanalyse einloggen. Und auch im Online-Marketing ist man in diesem Bereich bereits seit einigen Jahren aktiv. Denn wir müssen jede Chance ergreifen, die Kommunikation über das Internet so natürlich wie möglich zu gestalten. Dazu passen die Entwicklungen in der Spieleindustrie hervorragend.

Zur Sprachsteuerung von Online-Anwendungen wurde zum Beispiel ein Verfahren namens „VoiceFlash" entwickelt. Und auch wenn die Technologie noch relativ jung und unerfahren ist, gibt es bereits heute Unternehmen, die an die Wirkung der natürlichen Steuerung glauben. Die weltweit erfolgreiche Beauty-Marke Shiseido setzt auf **www.shiseido.de** den sprachgesteuerten Beratungsdialog ein und selektiert für die Kunden die optimal passenden Produkte (Abb. 136).

Abb. 136: Wie in der „stationären" Parfümerie – Produktberatung auf www.shiseido.de.

Und wie viel Spaß VoiceFlash im Bereich von Onlinekampagnen machen kann, zeigt das Beispiel des Herrenmagazins *Ché*. Es nutzt das Mikrofon für den „Blow Job". Sprich: Je stärker der Nutzer ins Mikrofon pustet, desto stärker bläst man den Rock des Models nach oben. Ein wunderbares Beispiel für die zielgruppengerechte Ansprache von Handlungsmotiven sowie von Emotion und Interaktion. Durch die direkte Interaktion mit dem Model (Nutzer bläst, der Rock und die Mimik des Models verändern sich in Abhängigkeit vom Geräuschniveau) entsteht auch hier ein direkter Dialog zwischen Menschen (Abb. 137 und 138).

Abb. 137: Abseits der Maus – Onlinekampagne mit VoiceFlash-Steuerung per Mikrofon.

Abb. 138: Echter Dialog per Mikrofon: Der Rock sowie Mimik/Gestik des Models verändern sich in Abhängigkeit vom Geräuschniveau.

5 Neue Endgeräte und Dimensionen – Der Weg führt ins Wohnzimmer

Das Internet muss ins Wohnzimmer. Diese Entwicklung ist für ein weiteres Wachstum des E-Commerce unabdingbar. Die Zeit dafür ist reif. Und auch hier lernt das Internet von den Spielekonsolen, nutzen diese doch das TV-Gerät schon lange als Plattform und bieten gleichzeitig einen Online-Connect zu Spieleshops, Multiplayer-Rooms und Mediatheken. Inzwischen haben alle anderen Player im TV-Markt auch die Chance des Internets erkannt und liefern sich einen extremen Wettbewerb um die Vorherrschaft des Onlinekanals. Die TV-Hersteller statten alle Geräte mit IP-(Internet-Protokoll-)Technologie aus und versuchen, über eigene App-Stores das Konzept von Apple zu kopieren. Die Hersteller von Digitalreceivern für Satelliten- und Kabelfernsehen verfolgen die gleiche Strategie. Gleichzeitig beginnen die Onlineprovider, TV-Formate über IP-Technologie zu streamen. Damit möchten sie die normale TV-Technologie überflüssig machen. Dass das gelingt, dafür sehen wir sehr große Chancen, lässt doch das funktionale Spektrum von IPTV sämtliche anderen Ansätze weit hinter sich.

Wie auch immer das Rennen ausgeht: Klar ist, dass das Internet im Wohnzimmer stattfinden wird. Und dabei werden statische Websites mit Textfokus und Navigations-Overload noch weniger Erfolg haben, als sie das jetzt schon auf dem PC beziehungsweise Notebook haben. Schließlich eignet sich der Fernseher noch weniger zum Lesen langer Texte als ein normaler PC- oder Notebook-Bildschirm. Und für opulente Navigationsbäume ist dort erst recht kein Platz. Die Onlinebranche tut gut daran, sich lieber mal wieder ein paar Star-Trek-Episoden oder Schwarzeneggers „Total Recall" anzuschauen. Dort wird gezeigt, wie die Anwendungen schon bald aussehen werden.

Ebenfalls kurzfristig werden wir den Einsatz von 3-D-Technologie in den Websites erleben. Wir bei der .dotkomm haben schon erste Tests durchgeführt und sehen sehr gute Möglichkeiten für die Anwendung von 3-D bei Websites und Onlineshops. Schließlich kommen die Berater und Verkäufer damit tatsächlich im Wohnzimmer des Kunden an. Und auch der Einsatz von Erkenntnissen aus dem Neuromarketing lässt sich durch 3-D hervorragend erweitern. Denn klar ist, dass mit dem zusätzlichen Aktionsspektrum der Website-Akteure noch mehr Emotionen, noch mehr Empathie und noch mehr Spiegelneuronen aktiviert werden können. Man stelle sich nur den Moderator im Weber-Grill-Shop von Demmelhuber vor, der den Grill ins Wohnzimmer des Kunden schiebt, begleitet vom Storyboard: „So, schauen Sie mal. Bei Ihnen zu Hause steht er schon mal. Wenn sich das gut anfühlt, dann lassen Sie uns doch gerade gemeinsam die Bestellung ausfüllen." Und was den Online-Bankberater angeht, der ist per 3-D genauso im Wohnzimmer wie der reale Kollege jetzt (Abb. 139).

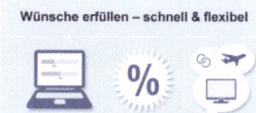

Abb. 139: Privatkredit online – mit dem Bankberater, der per 3-D im Wohnzimmer des Kunden agiert.

Wir möchten hier noch einmal den Hinweis platzieren, dass alles, was wir Ihnen bisher gezeigt haben, aktuell möglich ist. Nur damit Sie das auf der Zeitachse auch richtig positionieren. Diese Zukunftsszenarien liegen nicht in der Ferne. Sie werden bereits heute realisiert. Zurzeit jedoch nur punktuell. Es wird aber nicht lange dauern, bis die ersten Unternehmen uns erlauben, die Entwicklungen zu koppeln. Vielleicht gibt dieses Buch ja dafür die entsprechenden Anregungen. Und damit möchten wir auch direkt den nächsten Onlinebaustein im Sinne des Neuromarketings zur Anwendung bringen — die gemischte Realität.

6 Mixed Reality – der Kunde als Teil des eigenen Produkts

Derzeit bildet das Thema „Augmented Reality" einen nachhaltigen Trend in der Onlinebranche. Unter „Augmented Reality" versteht man dabei fast ausschließlich die Erweiterung von realen Bildern und Videos um zusätzliche Informationen aus dem Internet beziehungsweise dem Computer. Jeder von uns kennt Augmented Reality aus den aktuellen Sportübertragungen. Dort wird das reale Fernsehbild um Zusatzinformationen aus dem Computer ergänzt, wie beispielsweise die Entfernung zum Tor (Fußball) oder die aktuelle Geschwindigkeit und Schaltvorgänge (Formel 1). Und auch in den aktuellen Automodellen hat Augmented Reality durch die sogenannten Head-up-Displays bereits Einzug gehalten. Geschwindigkeit, Drehzahl, aktueller Radiosender sowie Warnhinweise werden dem Fahrer auf die Windschutzscheibe projiziert, wodurch sein reales Sichtfeld um computergenerierte Informationen erweitert wird.

Online kommt das Thema insbesondere im Bereich der mobilen Internetanwendungen zum Tragen, so zum Beispiel bei Wikitude, einer App für Smartphones, bei der der aktuelle Ort sowie die aktuelle Blickrichtung dazu genutzt werden, Informationen aus dem Internet in das aktuelle Bild der Smartphone-Kamera einzubinden. So richtet der Nutzer beispielsweise das Objektiv auf ein Haus und sieht im Kamerabild eingeblendet die Informationen zu freien Wohnungen in diesem Gebäude (Abb. 140).

Abb. 140: Augmented Reality mit Wikitude.

Für den Bereich der Websites und Onlineshops der Zukunft kann man den Weg jedoch auch genau in die entgegengesetzte Richtung gehen, indem man digitale Anwendungen durch reale Bilder der Nutzer beziehungsweise Kunden ergänzt. Dieser Bereich wird dann zur „Augmented Virtuality", also der erweiterten Virtualität. Man kann es sich auch einfach machen und schlicht von der „Mixed Reality" sprechen, weil es ja generell egal ist, aus welcher Richtung man die Fusion von virtuellen und realen Komponenten betreibt.

Wichtig ist, dass die Mixed Reality uns einen weiteren Hebel zum Einsatz von Neuromarketing-Konzepten an die Hand gibt. Denn mit Mixed-Reality-Anwendungen gelingt es uns, viele Emotionssysteme der Menschen innerhalb der Limbic® Map anzusprechen. Insbesondere in den Bereichen Abenteuer und Fantasie, aber bei gezielter konzeptioneller Aufbereitung auch im Bereich der Disziplin. Wie gut Mixed Reality in der Onlinekommunikation funktioniert, konnte man bereits im Jahr 2009 in Schweden beobachten. Dort startete das schwedische Pendant zur deutschen GEZ (Gebühreneinzugszentrale) die Onlinekampagne „The Hero" (Abb. 141). Im Mittelpunkt stand dabei der Kunde selbst, der sein Foto in einen aufwendig produzierten Spielfilm integrieren konnte. Damit wurde er zum Hauptdarsteller eines exzellenten Formats und konnte den selbstproduzierten Film über die sozialen Netzwerke beziehungsweise per E-Mail an Freunde und Bekannte verschicken. Insgesamt sahen über 45 Millionen Menschen das „Hero"-Video. Eine unglaubliche Nutzerzahl, auch wenn die Kampagne in den Offlinemedien (Kino, TV, Plakate etc.) beworben wurde. Inzwischen findet man viele vergleichbare Anwendungen, ob von Marken wie *Playboy*, Blistex oder Magnum (Abb. 142).

Abb. 141: Mixed Reality – die schwedische GEZ macht die Kunden in „The Hero" zum aktiven Teil eines Spielfilms und aktiviert so das Emotionssystem der Menschen.

Abb. 142: Mixed Reality – Magnum stellt den Kunden im partizipativen Spielfilm neben bekannte Schauspieler.

220

Mit allen bisher dargestellten Bausteinen lassen sich Websites und Onlineshops der Zukunft bauen, die unter Aspekten des Neuromarketings mehr Response und Conversion generieren. Damit sich der Kreislauf jedoch optimal schließt, muss der Kunde insbesondere nach der Kaufentscheidung unterstützt werden. Wir haben in der Bestandsaufnahme zu Beginn des Buchs den Aufbau aktueller Response- und Conversionprozesse kritisiert und möchten natürlich auch die passenden Lösungen und Ansätze für die Zukunft darstellen. Für uns ist das der Übergang von der maschinell erzeugten Website zur realen Kommunikation.

Auch im E-Commerce spielt Mixed Reality eine immer größere Rolle. Ein aktueller Bereich ist zum Beispiel Kleidung. Hier bietet eine neue Technologie zur Körpermessung großes Potenzial. Nahezu jedes zweite Kleidungsstück, das im Internet gekauft wird, schicken Kunden wieder zurück. Knapp 80 Prozent begründen die Rücksendung damit, dass das gelieferte Teil nicht passt (Abb. 143).

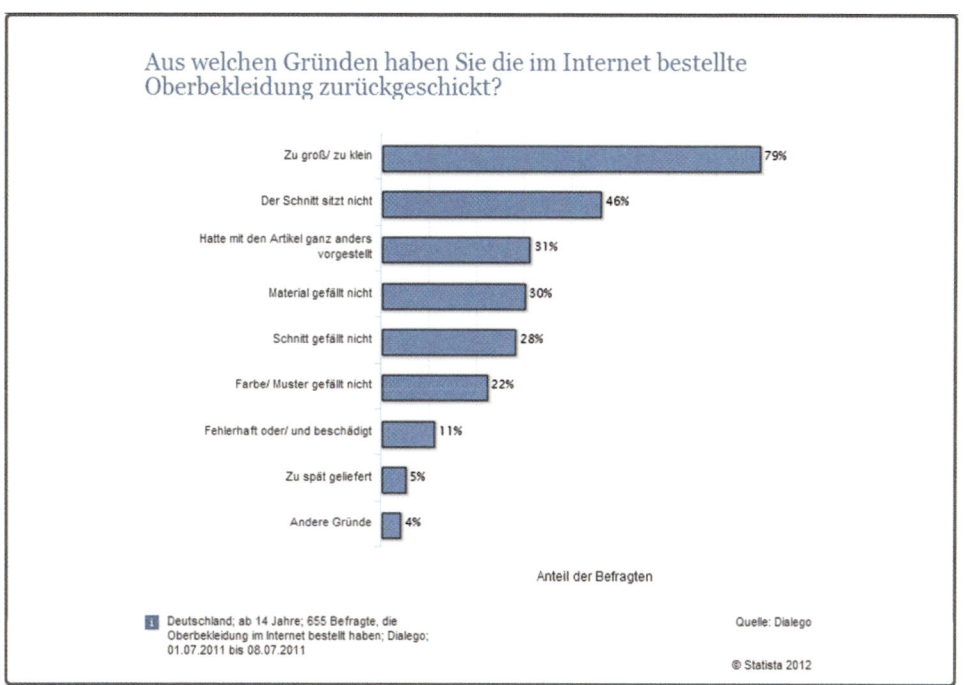

Abb. 143: Bei knapp 80 Prozent ist die im Internet bestellte Oberbekleidung zu klein oder zu groß.

Um hier Abhilfe zu schaffen und den Frust bei der Anprobe der unpassenden Kleidung in die Aktivierung des Belohnungssystems umzuwandeln, besteht die Möglichkeit, sich per Webcam vermessen zu lassen. Das Berliner Start-up-Unternehmen UPcload hat eine neue Technologie entwickelt. Der Ansatz von UPcload erscheint simpel und clever. Das Einzige, was benötigt wird, ist eine Webcam und eine CD. In enger Kleidung stellt man sich vor die Webcam. Auf den korrekten Abstand zur Kamera muss man nicht achten, da die CD der Kalibrierung dient. Das System ermittelt dann automatisch die Größenverhältnisse (Abb. 144).

Abb. 144: Die richtige Größe finden (www.upcload.de).

Ist das geschafft, kann es auch schon mit dem Shoppen bei den Kooperationspartnern von UPCload losgehen. Zwar ist deren Kreis noch überschaubar, doch er dürfte schnell wachsen. So jung das Unternehmen auch sein mag, das Interesse der Bekleidungsfirmen ist riesig. Und schon stehen neue Pläne auf dem Papier. Bald soll das System auch auf Smartphones laufen und damit in Geschäften vor Ort verfügbar sein. Zudem werden UPCload-Nutzer Kleidungsstücke in virtuellen Umkleidekabinen „anprobieren" können (www.welt.de, 2012).

Ob das System den Durchbruch schafft, hängt wesentlich von den Herstellern ab. Denn auch die müssen sich dem E-Commerce stellen. Für die virtuelle Anprobe sind nämlich Artikelstammdaten notwendig, wie sie bisher selten vorliegen. Denn was nutzt die beste Vermessung des Kunden, wenn vom Kleidungsstück nur die gängigen Größen verfügbar sind?

7 Onlinekauf, -bestellung & Co. – Wie man zukünftig „den Deckel draufmacht"

Für die meisten E-Commerce-Abteilungen und Online-Agenturen ist mit dem Klick auf „Kaufen", „Bestellen", „Buchen" oder „Abschließen" alles erreicht. Der nachfolgende Prozess ist für alle klar und kann daher anonym und strukturiert aufbereitet werden. Unser Unverständnis dafür haben wir zu Beginn des Buchs schon erläutert. Denn diese Denke führt zur Unsitte der „Infobuttons" (an und für sich ja schon ein Beweis dafür, dass der Kunde doch nicht alles versteht, was er ausfüllen, ankreuzen und auswählen soll), löst sämtliche Empathie und Emotion mit einem Schlag in Luft auf und sorgt für hohe Abbruchquoten, wo doch schon alles in trockenen Tüchern sein sollte.

Wir plädieren daher dafür, die Prozesse neu zu erfinden, wobei diese Aussage in zwei Bereiche differenziert werden muss: in Neu- und Bestandskunden.

Beginnen wir mal mit den Bestandskunden. In diesem Bereich geht es an vielen Stellen beziehungsweise in vielen Branchen um maximalen Komfort. Sprich: Im Idealfall kennen wir den Kunden und klären nur noch ab, ob alles so läuft wie gehabt. Hier ist Amazon nach wie vor die Benchmark. Einmal registriert, wird eine Bestellung über die Ein-Klick-Funktion automatisch ausgelöst und verschickt, ohne dass der Kunde überhaupt noch in den Warenkorbprozess einsteigen muss. Mit dem neuen Premiumversand nimmt man dem Kunden noch sämtliche Einstellungen ab, die er normalerweise bei den Versandoptionen machen muss. Und auch bei der Bezahlung greift der Kunde auf Voreinstellungen zurück.

So einfach — so gut. Und obwohl Amazon technologisch alles kann, was die gute alte „Tante Emma" früher am Point of Sale konnte, erreicht es den Kunden emotional noch nicht so, wie es zukünftig möglich sein wird. Denn in Zeiten von Video-Interfaces wird der persönliche Berater oder Verkäufer den Kunden natürlich entsprechend begrüßen und begleiten. Es ist halt etwas anderes, ob ich im Formular per Text sage: „An diese Adresse versenden" oder ob ich im persönlichen Videodialog frage, ob wir wieder an die gewohnte Adresse versenden dürfen. Es ist halt etwas anderes, ob ich den Cookie auf dem Rechner des Kunden auslese und entsprechende Reiseangebote auf dem Bildschirm zeige oder ob ich es im persönlichen Videodialog schön finde, dass der Kunde mich wieder besucht, und frage, ob es diesmal wieder in die Schweiz geht. Und es ist auch etwas anderes, ob ich den Kunden per Aktionsbox auf einen neuen Service aufmerksam mache oder ihm persönlich sage, ich sähe gerade, dass er unseren neuen Service ja noch gar nicht nutzt, und vorschlage, dass wir das für ihn gemeinsam aktivieren. Auch hier ist aus Neuromarketing-Gesichtspunkten festzustellen, dass multisensorische Kommunikation generell stärker anspricht und aktiviert als statische Informationen. Diese Erfahrung wird jeder auch ganz praktisch machen, der solche Anwendungen aufruft und vom Video-Interface wiedererkannt wird.

Wenn wir in den Neukundenbereich schauen oder in Branchen, in denen der Kunde nicht mehrmals im Jahr wie bei Amazon einkauft, dann stehen wir vor ganz anderen Herausforderungen. Und hier empfehlen wir mit Nachdruck, die anonymen Formulare im Prozess vollständig auszutauschen. Lassen Sie uns das in mehreren Stufen gemeinsam erschließen:

- **Schritt 1:** Fangen wir mit der Anonymität an, die in den meisten Prozessen herrscht, und vergleichen wir — nur auf den ersten Blick — die Wirkung des „Faktors Mensch" (Abb. 145).

Abb. 145: Wirkung des „Faktors Mensch" auf den ersten Blick: Was meinen Sie?

- **Schritt 2:** Gehen wir weiter in den Formularen und tauschen Infobuttons und Erklärungstexte gegen die persönliche Kommunikation. Akzeptieren wir einfach, dass die Kunden nicht wissen, was eine „Dynamik" in der Rentenversicherung ist. Dann werden wir in der Bewertung der beiden Versionen in Abb. 146 sehr schnell verstehen, warum die Conversion in der Variante mit persönlicher Kommunikation deutlich höher ist. Dabei spielt das bessere Verständnis durch den Kunden eine zentrale Rolle. Denn wir wissen aus dem Neuromarketing, dass Vertrauen und Sicherheit im Bereich der Onlinebestellung beziehungsweise des Onlinekaufs eine wesentliche Rolle spielen, gerade im Bereich Versicherungen.

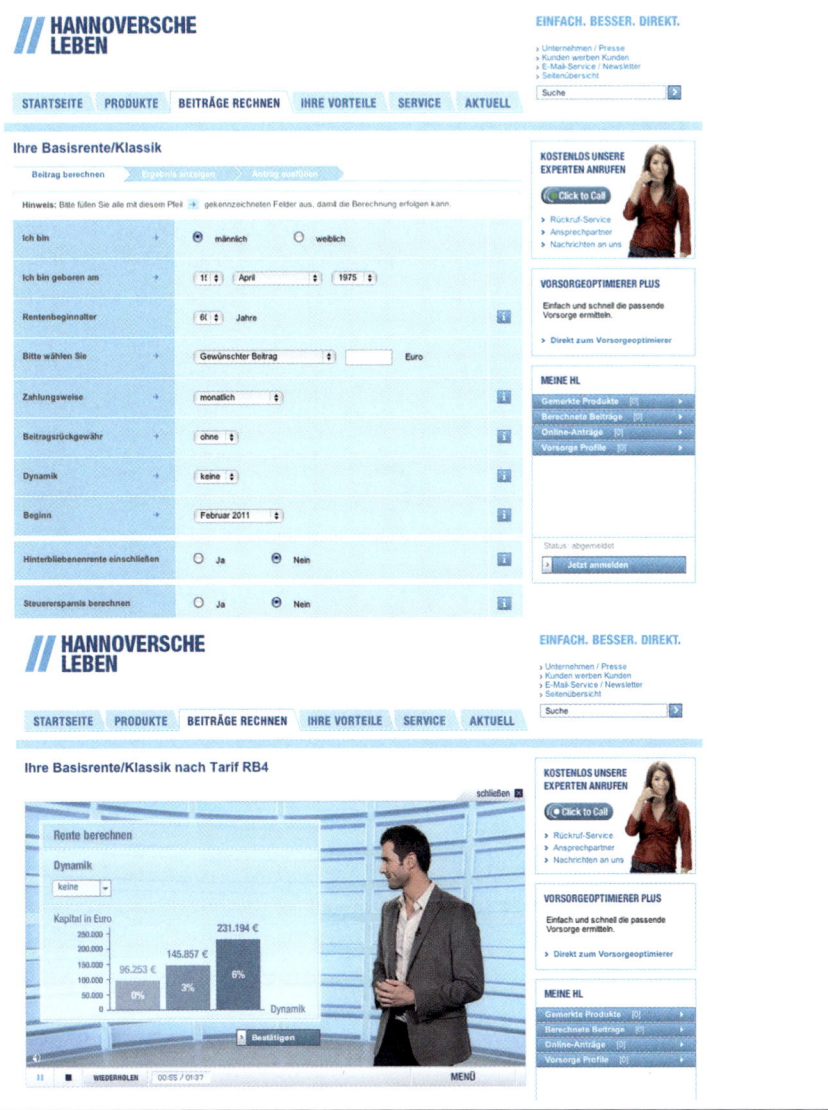

Abb. 146: Persönlicher Dialog statt anonymer Formulare.

- **Schritt 3 (Kaufimpulse und Einwandbehandlung):** Was machen heutige Websites, wenn der Kunde in der Bestellübersicht ist und nicht klickt? Eben — sie machen nichts. Haben Sie sich mal gefragt, warum? Weil sie statisch sind. Setzen wir hier die natürliche Kommunikation an, dann werden wir zum Ergebnis kommen, dass jeder gute Verkäufer versuchen wird, den Kunden mit zusätzlichen Argumenten oder Fragetechniken zur Kaufentscheidung zu führen. Und genau das kann man auch online machen (Abb. 147). Es gibt keinen Grund, das

227

nicht zu tun. Es gibt keinen Grund, die eingegebenen Daten mit Ablauf der Session einfach zu löschen, ohne vorher aktiv zu werden. Es gibt keinen vernünftigen Grund, den Kunden erst nach dem Schließen des Conversion-Prozesses zu fragen, warum er nicht gekauft hat. Denn dann ist es zu spät. Die Website der Zukunft verkauft aktiv und geht auf den Kunden ein, auch wenn dieser mit dem Kauf beziehungsweise der Response zögert. Und wenn es noch mehr braucht, dann offeriert die Website der Zukunft den digitalen Assistenten.

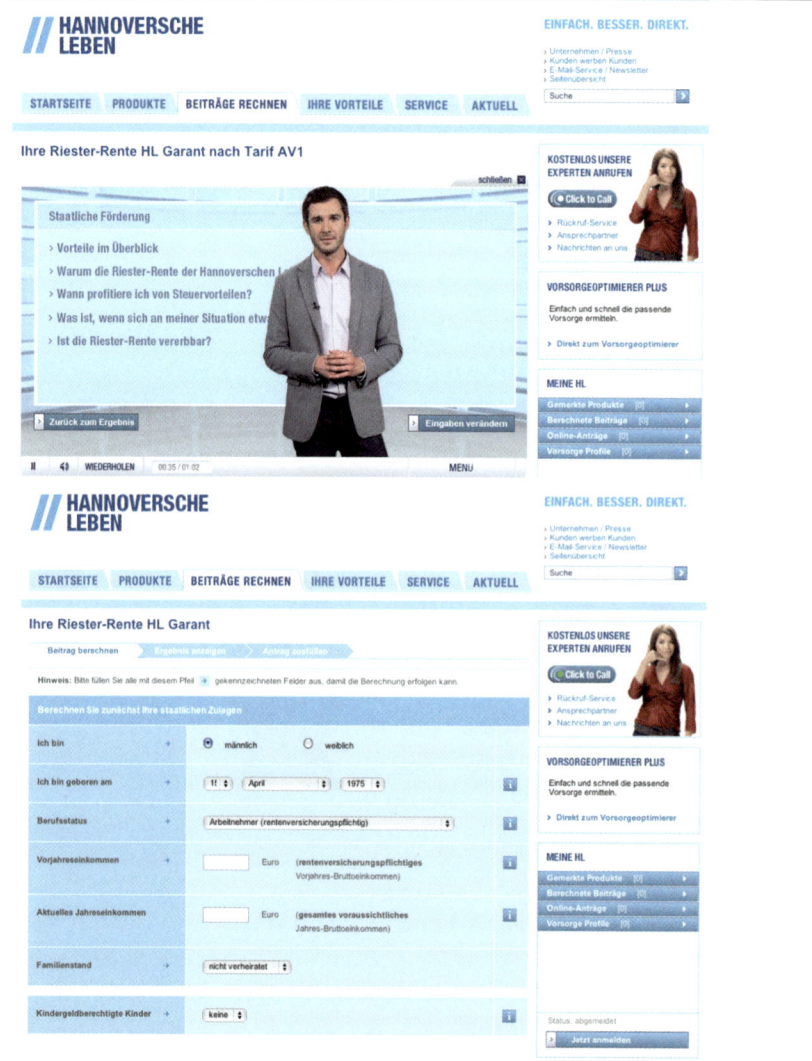

Abb. 147: Die klügere Website beherrscht Einwandbehandlung und Abschlusstechnik.

8 Digitale Assistenten – der Übergang von der digitalen in die reale Welt

Aktuell werden in vielen Branchen die Vertriebswege getrennt, spielen Profit-Center-Aspekte eine größere Rolle als die Response- und Conversion-Rates. Um im Onlinekanal zu bleiben, behilft man sich mit Chatservices und Callback-Optionen. Beide Maßnahmen sind aber nicht des Rätsels Lösung. Denn im Chat geht aus Neuromarketing-Gesichtspunkten zu viel Emotion und Empathie verloren. Und der Callback hilft den Kunden im konkreten Bedarfsfall nicht weiter.

Die Zukunft wird daher anders aussehen und den realen Online-Point-of-Sale schaffen. Die Technologie dafür ist ja bereits vorhanden. Sie muss nur noch zusammengeführt werden. Denn was es braucht, sind zwei Komponenten:

- **Web-Conferencing,** damit der Kunde und der Berater beziehungsweise Verkäufer sich in Echtzeit sehen können,
- **Screensharing,** damit der Kunde und der Berater beziehungsweise Verkäufer gemeinsam Formulare ausfüllen, Details erklären und Lösungen aufzeigen können.

Bisher entwickelten sich diese Welten separat. Doch mittlerweile werden sie bereits zusammengeführt. Das Ergebnis wird ein weiterer Quantensprung im E-Commerce sein. Denn mit der neuen Technologie werden die Grenzen zwischen stationärem Point of Sale und E-Commerce endgültig verschwinden. Wir nennen das den „digitalen Assistenten". Und der wird im Beispiel unseres Privatkredits einfach zugeschaltet, wenn der Kunde ihn braucht oder wenn das Video-Interface feststellt, dass der Kunde auch nach der zweiten oder dritten Nullschleife auf Basis des digitalen Prozesses nicht kaufen wird (Abb. 148).

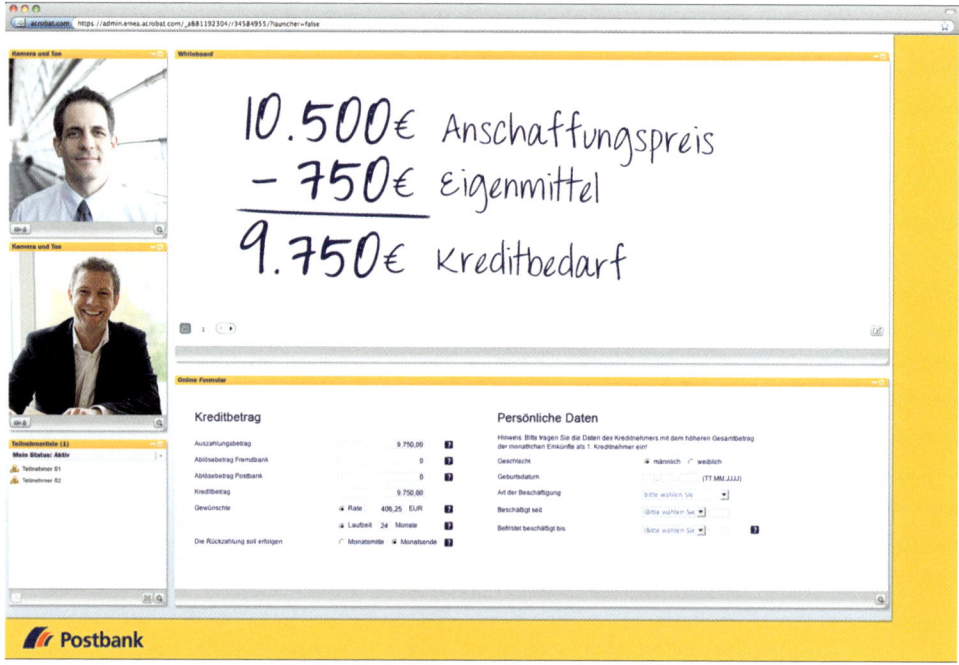

Abb. 148: Privatkredit online – mit dem Bankberater zur individuellen Berechnung.

Aber nicht nur für die Beratung werden diese digitalen Assistenten verwendet werden. Auch zur Produktpräsentation lassen sich die heutigen Bandbreiten einsetzen. Mit dem Erscheinen dieses Buches werden wir bereits die ersten digitalen Assistenten im Einsatz haben, bei denen der Berater beziehungsweise Verkäufer den Kunden mittels mobiler Kameras Einzelheiten zu den Produkten und deren Anwendung präsentieren kann. Alles eingebunden in einen Konfigurationsprozess, der direkt aus dem digitalen Berater heraus mitbedient wird.

Das ist der Moment, in dem sich viele Anbieter die Frage stellen, ob es überhaupt noch weitere stationäre Standorte braucht beziehungsweise wie sich die Rolle des stationären Point of Sale verändern wird. Womit wir beim strategischen Impact der zukünftigen Möglichkeiten sind, die wir im nächsten Kapitel zusammenfassen und Ihnen als Ausblick an die Hand geben möchten.

Der strategische Impact der zweiten Internetrevolution – Beispiele für den neuen Online-Point-of-Sale

Wir haben Ihnen in unserem Buch bisher einen Eindruck davon vermittelt, wie sich Websitekonzepte und Onlineshops zukünftig entwickeln werden beziehungsweise entwickeln müssen. Wir haben Ihnen gezeigt, dass Neuromarketing ein wichtiges Instrument auf dem Weg durch die zweite Internetrevolution ist. Natürlich hoffen wir, dass Sie bisher viele neue Ansätze, Erkenntnisse und Ideen aufgreifen konnten. Und vielleicht konnten wir Sie ja sogar von unserer Philosophie der natürlichen Kommunikation überzeugen. Dann haben Sie verstanden, dass am Ende der zweiten Internetrevolution nicht nur ganz neue Websites und Onlineshops stehen werden. Nach der Revolution wird, branchenübergreifend, der Anteil der Online-Umsätze weiter massiv zugenommen haben. Am Ende der Revolution wird das Internet der zentrale Touchpoint für die Akquisition und Bestandskundenbetreuung sein. Am Ende der Revolution wird das stationäre Geschäft nicht mehr so sein, wie es heute ist. Dies ist der strategische Impact der neuen Websites und Onlineshops. Sie werden den stationären Point of Sale strategisch herausfordern.

Und um es noch einmal deutlich zu machen: Die Revolution hat schon längst begonnen. Erste Opfer sind zu beklagen: Unternehmen, die die Transformation des Geschäftsmodells auf die digitalen Kanäle nicht geschafft haben. Bestes Beispiel ist MTV, das sich aus dem offenen TV zurückgezogen hat und — aus unserer Sicht auch nicht lange — versucht, im Pay-TV zu überleben. Dabei ist längst klar, dass die Heavy Rotation heute bei YouTube entsteht, dass Facebook spannender ist als Klingeltöne fürs Handy. Facebook ist die Daily Soap. Facebook ist Storytelling in Bestform und damit exzellentes Neuromarketing.

In vielen anderen Branchen liegt das traditionelle Geschäftsmodell gerade auf der Guillotine, so zum Beispiel in der Reisebranche, in der die Anbieter von Pauschalreisen krampfhaft und aus der Historie geprägt am Reisebüro festhalten, während sie gleichzeitig wissen, dass das Reisebüro gegen das Internet der neuen Generation keinerlei Chance mehr hat. Was richtet eine einzelne Person mit Reisekatalog und mit altem Buchungsterminal schon aus gegen moderne Onlineportale mit Google Maps/Streetview, mit Hotelvideos und Holiday-Check, mit Real Time Pricing für verfügbare Zimmerkontingente? Ergänzen Sie dazu ein interaktives Video-Interface mit 400, vielleicht 500 Videosequenzen, und Sie haben ein Reisebüro mit echtem Reisebürofeeling. Nur mit dem Vorteil, dass die Verkäufer im digitalen Reisebüro niemals krank, immer bestens gelaunt, verkäuferisch top geschult und 24 Stunden am Tag bei der Arbeit sind. Die einzige Frage lautet also, wer den Hebel zuerst umlegt.

Und glauben viele Händler immer noch, dass sich nicht alles über das Internet verkaufen lässt, nutzt Zalando die Zwischenzeit, um mit nur einer Stellschraube in das Geschäftsmodell eines bereits bestehenden Onlinemarkts einzudringen und zum Tophändler für Schuhe im Internet zu werden. Und das alles, indem das Unternehmen es versteht, dass ein Einkaufserlebnis auch in der Möglichkeit besteht, die Ware mithilfe eines vorfrankierten Etiketts nach kurzer Modenschau und Auswahl zu Hause einfach wieder zurückzusenden. Und wer jemals mit seinem Kind im Grundschulalter über das iPad im Kinderzimmer die neuen „Klamotten" fürs Frühjahr online bestellt hat, der wird wissen, dass die Fußgängerzone in der Innenstadt am Samstag ein überholtes Modell ist.

Kombinieren Sie dazu die neuen, nach Neuromarketing-Gesichtspunkten optimierten Onlineshops und Websites, die digitalen Assistenten, die multisensorische Produktpräsentation mit Video-Interface — dann wünschen wir Ihnen, dass Sie bereits eine Strategie für das digitale Zeitalter haben.

Gleichzeitig erhält aber auch der stationäre Handel über Facebook, Video-Hangout & Co. neue Möglichkeiten, im digitalen Raum stärker zu agieren. Denn genauso wie die Pauschalreise immer stärker in die Reiseportale abwandert, kann sich das Reisebüro mit Asienfokus in München bundesweit, ja sogar international aufstellen und die Spezialisierung über die digitalen Medien zum Kunden bringen. Jedes Geschäftsmodell hat also eine Chance. Wichtig ist, sie zu ergreifen und konsequent umzusetzen. Wie die Transformation aussehen kann? Wir haben Ihnen nachfolgend einige Szenarien dargestellt.

1 Showroom – powered by Saturn

Gerade während wir diese Zeilen schreiben, kommt es aktuell über die Newsticker: MediaMarkt trennt sich von der bisherigen Werbeagentur, weil die auf Preisaggressivität ausgerichtete Positionierung mit dem Problem kämpft, dass die Kunden immer stärker ins Internet abwandern. „Billiger geht halt nicht so", sondern insbesondere auch online. „Geiz ist geil?" Klar, aber geliefert bekommen mit 14-tägigem Recht zur Rücksendung ohne Grund ist noch geiler. Und billiger. Denn machen wir uns nichts vor — Media Markt, Saturn & Co. haben an den Onlinepreisen massiv zu knabbern, die sich innerhalb von Minuten an die Aktionspreise der Zeitungsbeilagen anpassen.

Könnte Saturn nicht eines Tages ein von den Herstellern bezahlter Showroom sein, in dem man Produkte testen, fühlen und live erleben kann? In dem das Unternehmen rein für die Produktpräsentation bezahlt wird und die Kunden über iPad live aus der Ausstellung oder vom heimischen PC/Notebook/TV aus online beim Hersteller ordern?

2 Autohaus 2.0

Die Landschaft der Autohäuser ist bereits seit Jahren von einer massiven Konsolidierung betroffen. Die großen Marken dünnen das Händlernetz ganz bewusst aus, um Qualitätsstandards garantieren zu können, oder übernehmen das Händlernetz gleich eigenständig. Wenn Sie heute auf das Gelände eines modernen Autohauses fahren, erleben Sie die klare Aufteilung von Service und Verkauf. Generell ist diese Aufteilung fragwürdig, denn normalerweise ist jeder Servicekontakt ja auch ein potenzielles Vertriebsgespräch. In der Praxis hat das aber noch nie funktioniert. Im Gegenteil: Vielfach geben Sie die Marke A zur Inspektion ab und fahren mit Marke B als Mietwagen vom Hof — vertrieblich ein Wahnsinn, aber heute absolute Realität.

Was halten Sie von einer Trennung von Verkauf und Service? Was halten Sie von stylischen Showrooms in der Innenstadt, in denen keine Verkäufer agieren, sondern topgestylte Servicekräfte, deren einzige Aufgabe es ist, die Autos optimal zu präsentieren oder Probefahrten abzuwickeln? Alles Weitere passiert dann online. Die Konfiguration über das interaktive Video-Interface, die Kaufvorbereitung über Bewertungsportale und Blogs, das Verkaufsgespräch und die Preisverhandlung mit dem digitalen Assistenten des Autoherstellers. Die gesamte Abwicklung über digitale Prozesse. Rechtsverbindlich über E-Postbrief oder maschinenlesbaren Personalausweis.

Das jetzige Autohaus auf der grünen Wiese bleibt in diesem Szenario eine reine Servicewerkstatt, die im permanenten Austausch mit dem Auto steht. Wartungszyklen, Verschleißmeldungen und so weiter werden dort automatisch in Termine und Aufträge umgewandelt. Die Prozesse sind perfekt aufgestellt. Wer ein solches Szenario für möglich hält, sollte heute damit beginnen, die gesamte digitale Kommunikation neu auszurichten und die Konzepte des Neuromarketings dabei einzusetzen.

3 Versicherungen: digital den Fuß in die Tür

Viele von uns im Alter ab etwa 35 kennen den wunderbaren Loriot-Sketch vom „Vertreterbesuch" und haben solche Termine auch im Elternhaus erlebt. „Ich mach uns ein paar Schnittchen …" war damals der geflügelte Satz. Fragen Sie aber mal die 20-Jährigen. Die kennen diesen Sketch in der Regel nicht und können eine solche Situation auch gar nicht nachempfinden. Tatsache ist: Den Versicherungsvermittlern fällt es heute wesentlich schwerer, die Türschwelle des Kunden zu überschreiten. Bei vielen Produktbereichen würde sich das auch überhaupt nicht lohnen, denn die Provision, die ein Versicherungsvermittler oder -makler beim Verkauf einer Zahnzusatz-, einer Pflege- oder einer Haftpflichtversicherung bekommt, lohnt kaum den Aufwand für einen oder mehrere Termine beim Kunden. Springt nicht eine große Renten- oder Lebensversicherung oder die private Krankenversicherung im Rahmen der Kundengespräche mit heraus, wird der Deckungsbeitrag des Kunden schnell negativ.

Wie wäre es also, wenn der Kunde zukünftig das interaktive Video-Interface des Vermittlers oder Maklers nutzt, um die kleinpreisigen Zusatzprodukte selbständig online zu kaufen? Wenn der Kauf also nur noch persönlich durch den Vermittler oder Makler initiiert wird? Wie wäre es also, wenn der Vermittler oder Makler den Kunden demnächst in einem digitalen Raum trifft, in dem die beiden ganz bequem rechnen, zeigen, verhandeln und das Geschäft besiegeln können?

Sie finden, das ist zu weit weg? Dann empfehlen wir Ihnen als Warm-up den Service von **www.steuerberaten.de**. Hier können Sie die ersten Ansätze für diese Entwicklung erleben. Alle Standarddienstleistungen werden dort im SB-Service zwischen Kunde und Steuerbüro abgewickelt. Und für die professionelle Beratung steht das Team an Steuerberatern jederzeit persönlich zur Verfügung.

4 Käsetheke reloaded

Aktuell erleben wir den zweiten Anlauf für den Lebensmittelkauf im Internet. Schon 1999 konnte man Nahrungsmittel bei Netconsum im Internet bestellen: ein genialer Service, der leider ein paar Jahre zu früh kam und der geplatzten Börsenblase zum Opfer fiel. War das toll, wenn die Getränkekästen in den zweiten Stock getragen wurden! Und selbst Tiefkühlkost wurde schon damals in der Kühlbox ausgeliefert. In der Zwischenzeit reagierte der Handel mit längeren Öffnungszeiten (teilweise rund um die Uhr), und die neuen Onlineshops spezialisierten sich auf besondere Delikatessen (Kaviar, Fleisch vom Kobe-Rind und dergleichen).

Aber denken wir doch mal weiter. Warum muss ein Lebensmittelshop im Internet aussehen wie Amazon? Warum soll das Käsesortiment genauso wie Schuhe oder Musik-CDs präsentiert werden? Wie wäre es, wenn sich der Online-Supermarkt anders darböte? Wenn er das Gefühl eines traditionellen Käsegeschäfts oder einer gut sortierten Käsetheke im Supermarkt vermittelte? Möglich ist das heute schon: die Käsetheke als Kulisse, die Verkäuferin als interaktives Video-Interface, der Sie sagen können, was Sie möchten, und die Sie versteht. Die Ihnen beim Klick auf eine Käsesorte in der Auslage den jeweiligen Käse kompetent präsentiert und die immer nützliche Tipps und Tricks rund um den Käse für Sie hat. Wir behaupten, dass so mancher einen solchen Shop auf seinem interaktiven TV oder iPad gegenüber der 1145. Folge des Promi-Dinners bevorzugen wird. Wir behaupten, dass ein solcher Onlineshop ein schöneres Einkaufserlebnis bietet als der reale Supermarkt. Geben Sie uns drei Monate Zeit, etwas Budget für die 300 bis 400 kurzen Videosequenzen sowie die Programmierung der Interaktion im Video-Interface. Dann werden Sie die Käsetheke reloaded live im Netz erleben. Und das Probierstückchen für die Kleinen legen Sie bei Lieferung einfach mit einem netten Gruß obenauf.

5 Baumschule Next Generation

Sie haben gerade gebaut und möchten die Gartengestaltung angehen? Sie verzweifeln dabei aber an den Öffnungszeiten der klassischen Baumschulen, da Sie es in der Woche nie vor 19.00 Uhr aus dem Büro schaffen und samstags nach dem stressigen Einzug lieber auf Ihrer nagelneuen Terrasse sitzen?

Dann freuen Sie sich auf die Baumschule der nächsten Generation. Bei der schalten Sie sich einfach über die Digital-Assistant-Plattform mit einem Berater zusammen und zeigen ihm auf der Screensharing-Oberfläche ein paar Fotos von Ihrem neuen Haus. Noch ein kleiner Blick in Google Maps bezüglich der Sonneneinstrahlung, und schon geht's mit dem Berater hinein in die Baumschule. Per Headset und mobile Kamera präsentiert dieser Ihnen die Empfehlungen und zeigt Ihnen die Bäume live und gestochen scharf. Auch spätabends und sonntags, denn natürlich ist die Baumschule Next Generation perfekt beleuchtet. Per iPad notiert der Berater Ihre Auswahl, indem er den QR-Code auf der jeweiligen Pflanze scannt. Der gesamte Warenkorb wird Ihnen während der ganzen Zeit aktuell auf dem Schirm angezeigt, so dass Sie einfach Schluss machen, wenn Ihr Budget verbraucht ist.

Sie finden das bequem und sicher, weil Sie wirklich die Pflanzen und Bäume sehen, die Sie kaufen? Dann freuen Sie sich auf einen weiteren Vorteil: Dadurch, dass Sie zu Hause an Ihrem Notebook sitzen, können Sie von der Terrasse aus planen und haben ein viel besseres Feeling, ob die jeweilige Pflanze auch ins Konzept passt.

Bitte adaptieren Sie diesen Ansatz auf Online-Fahrradhandel, Gartenmöbel, Inneneinrichtung und quasi alle anderen Geschäftsfelder. Wie gesagt — es *funktioniert* schon heute!

6 Das Reisebüro der Zukunft

Herzlich willkommen im Reisebüro der Zukunft! Schön, dass Sie unser Facebook-Ad geklickt haben. Das lag ja auch nahe, denn Sie haben die Wörter „Südamerika" und „Reise" in einem Posting verwendet. Da war ja klar, dass Sie unsere Werbung eingespielt bekommen. Denn wir sind Spezialist für diese Region. Schauen Sie sich hier die Videoberichte aus unserem YouTube-Kanal an oder wählen Sie direkt einen Berater aus. Wir haben Ihnen Videos der einzelnen Spezialisten zusammengestellt. Wählen Sie einfach den oder die Beraterin, die Ihnen am sympathischsten ist. Klicken Sie nun auf Onlineberatung. Die Beraterin wird mit Ihnen dann in einer Videokonferenz die passenden Angebote auswählen oder nach dem Beratungsgespräch individuelle Routen für Sie zusammenstellen. Diese können Sie gemeinsam mit Ihrem Partner zu Hause auf der Couch mit der Beraterin durchgehen. Die Buchung wird direkt online durchgeführt. Tickets und alle Informationen bekommen Sie digital auf unsere mobile App geliefert. So haben Sie sie immer zur Hand.

Ach so — profitieren Sie von unserer Reise-Service App auch per Facebook-Connect. Loggen Sie sich einfach mit Ihrem Profil in der App ein. Wir senden Ihnen dann vor und während der Reise wertvolle Tipps und Informationen zu. Und sollten Sie in Argentinien Fragen haben oder weitere Tipps brauchen, kontaktieren Sie uns einfach via Facebook. Die Daten, die Sie uns aus dem Facebook Open-Graph freigeben, helfen uns dabei, Ihnen zukünftig exklusive und persönlich auf Sie zugeschnittene Reiseangebote zu posten. Als App-Nutzer stehen Ihnen diese Angebote immer einige Tage früher zur Verfügung. Buchen können Sie direkt aus Facebook heraus. Ansonsten belohnen wir jedes von Ihnen eingestellte Reisevideo auf unserem YouTube-Kanal mit unserem Punktesystem. Schon für 100 Punkte erhalten Sie von uns nach Ihrem Urlaub eine wunderschöne Urlaubsdokumentation mit allen Videos und Fotos Ihrer Reise als individuelle Website aufbereitet. Lassen Sie Ihre Freunde und Verwandten doch darüber an Ihrem Urlaub teilhaben. Oder genießen Sie einfach immer wieder selbst diese schöne digitale Urlaubserinnerung.

Auf den Schirm!

Die meisten Ansätze, die wir Ihnen hier präsentiert haben, sind wie gesagt bereits in der Umsetzung oder zumindest in der Planung. Insofern empfehlen wir Ihnen, kreativ zu sein und die Vorschläge dieses Buchs auf Ihre Branche, Ihr Geschäftsmodell oder Ihr Unternehmen zu übertragen. Vergegenwärtigen Sie sich vorher vielleicht noch einmal die Geschwindigkeit der Entwicklungen in den letzten Jahren:

- vom Autotelefon zum Smartphone,
- vom Modem zu DSL, UTMS & Co.,
- vom Kegelklub zu Social Networks

und die Börsenkurse von Google, Amazon, Facebook und Apple. Und dann legen Sie eine Star-Trek-DVD ein und freuen sich, dass Sie die Kommunikationsformen der Serie alle noch erleben werden. Öffnen Sie eine Flasche Champagner und seien Sie froh, dass Sie an der Internetentwicklung teilhaben dürfen. Sie sind Teil einer Revolution. Machen Sie etwas daraus.

Abbildungsverzeichnis

Abb. 1: .dotkomm rich media solutions GmbH

Abb. 2: www.statista.com

Abb. 3: www.statista.com

Abb. 4: www.statista.com

Abb. 5: www.media-perspektiven.de

Abb. 6: www.statista.com

Abb. 7: www.statista.com

Abb. 8: www.gourmundo.de

Abb. 9: www.allianz.de

Abb. 10 www.deutsche-bank.de, www.commerzbank.de

Abb. 11: www.santosgrills.de/www.webergrill.de

Abb. 12: www.postbank.de

Abb. 13: www.seat.de

Abb. 14: www.soliver.de

Abb. 15—19: www.commerzbank.de

Abb. 20: www.bruendl.at

Abb. 21—22: Internetseite einer Spendenorganisation

Abb. 23: www.hannoversche-leben.de

Abb. 24: www.demmelhuber.net

Abbildungsverzeichnis

Abb. 25: www.shiseido.de

Abb. 26: Hannoversche Lebensversicherungs AG

Abb. 27: .dotkomm rich media solutions GmbH

Abb. 28: www.google.de

Abb. 29: www.facebook.de

Abb. 30: www.amazon.de

Abb. 31: www.dotkomm.de

Abb. 32: www.all4golf.de

Abb. 33: www.ebay.de

Abb. 34: UVK Vertragsgesellschaft, Konstanz

Abb. 35: www.bitkom.org

Abb. 36: Kroeber-Riel, Vahlen Verlag, München

Abb. 37: Dr. Häusel, Gruppe Nymphenburg Consult AG

Abb. 38—39: istockphoto/gettyimages

Abb. 40: gettyimages

Abb. 41: istockphoto

Abb. 42: eye square GmbH

Abb. 43: National Institute of Mental Health

Abb. 44: istockphoto

Abb. 45: eye square GmbH

Abb. 46: .dotkomm rich media solutions GmbH

Abb. 47: www.centerparcs.de

Abb. 48: Häusel, Neuromarketing, 2008

Abb. 49—50: Dr. Häusel, Gruppe Nymphenburg Consult AG

Abb. 51: Fotolia

Abb. 52—53: .dotkomm rich media solutions GmbH/Icon Added Value GmbH

Abb. 54: www.twitter.com

Abb. 55—58 www.facebook.de

Abb. 59—62: www.statista.com

Abb. 63: www.wikipedia.de

Abb. 64: www.facebook.de

Abb. 65: www.statista.com

Abb. 66—72: www.facebook.de

Abb. 73: www.facebook.de

Abb. 74—75: www.its.de

Abb. 76: dotkomm rich media solutions GmbH

Abb. 77—78: www.facebook.de

Abb. 79: www.shoeguru.com

Abb. 80: Web Arts AG

Abb. 81: Internetseite eines Modeversenders

Abb. 82—84: Web Arts AG

Abb. 85: www.mediherz.de

Abbildungsverzeichnis

Abb. 86—91: .dotkomm rich media solutions GmbH

Abb. 92: www.ledalab.de

Abb. 93 Icon Added Value GmbH

Abb. 94: .dotkomm rich media solutions GmbH

Abb. 95: www.ergo.de/.dotkomm rich media solutions GmbH

Abb. 96—97: www.ergo.de

Abb. 98—99: .dotkomm rich media solutions GmbH

Abb. 100—101: www.ergodirekt.de

Abb. 102: .dotkomm rich media solutions GmbH

Abb. 103—120: Icon Added Value/.dotkomm rich media solutions GmbH

Abb. 121: ERGO Versicherungsgruppe AG

Abb.122—123:www.neurofocus.com

Abb. 124: www.postbank.de

Abb. 125: .dotkomm rich media solutions GmbH

Abb. 126—128: www.demmelhuber.net

Abb. 129: .dotkomm rich media solutions GmbH

Abb. 130—132: www.experteaz.de

Abb. 133: DKV Deutsche Krankenversicherung AG

Abb. 134: www.bruendl.at

Abb. 135: .dotkomm rich media solutions GmbH

Abb. 136: www.shiseido.de

Abb. 137—138: www.che.be/10years

Abb. 139: .dotkomm rich media solutions GmbH

Abb. 140: www.wikitude.org

Abb. 141: en.tackfilm.se

Abb. 142: www.mymagnum.com

Abb. 143: www.statista.de

Abb. 144: www.upcload.com

Abb. 145: www.kredit.easycredit.de/

Abb. 146—147: www.hannoversche-leben.de

Abb. 148: .dotkomm rich media solutions GmbH

Literaturverzeichnis

Bauer, J. (2006): *Warum ich fühle, was Du fühlst: intuitive Kommunikation und das Geheimnis der Spiegelneurone,* München: Heyne.

Benedek, K., und Kaernbach, C. (2010): „A continuous measure of phasic electrodermal activity", in: *Journal of Neuroscience Methods.*

Blens, H., Krämer, N.C., und Bente, G. (2003): „Virtuelle Verkäufer. Die Wirkung von anthropomorphen Interface-Agenten in WWW und E-Commerce", in Szwillus, G., et al. (Hg.): *Mensch & Computer 2003,* Stuttgart: Teubner.

Bruhn, M., und Köhler, R. (2010). *Wie Marken wirken. Impulse aus der Neuroökonomie für die Markenführung,* München: Vahlen.

Diehl, S. (2002): *Erlebnisorientiertes Internetmarketing. Analyse, Konzeption und Umsetzung von Internetshops aus verhaltenswissenschaftlicher Perspektive,* Wiesbaden: Deutscher Universitäts-Verlag.

Esch, F.-R. (2005): *Moderne Markenführung: Grundlagen. Innovative Ansätze. Praktische Umsetzungen,* Wiesbaden: Gabler.

Foscht, T., und Swoboda, B. (2007): *Käuferverhalten: Grundlagen – Perspektiven – Anwendungen,* Wiesbaden: Gabler.

Frenzel, K., Müller, M., und Sottong, H. (2006): *Storytelling: Das Praxisbuch,* München: Hanser Wirtschaft.

Fuchs, W. (2009): *Warum das Gehirn Geschichten liebt. Mit den Erkenntnissen der Neurowissenschaften zu zielgruppenorientiertem Marketing,* München: Haufe.

Gálvez, C. (2009): *30 Minuten Story Telling,* Wiesbaden: Gabler.

Gerrig, R.J. (1993): *Experiencing Narrative Worlds. On the Psychological Activities of Reading,* London: New Haven.

Häusel, H.-G. (2002): *Limbic Success,* München: Haufe.

Literaturverzeichnis

Häusel, H.-G. (2008): *Neuromarketing, Erkenntnisse der Hirnforschung für Markenführung, Werbung und Verkauf,* München: Haufe.

Häusel, H.-G. (2010): *Emotional Boosting. Die hohe Kunst der Kaufverführung,* München: Haufe.

Herbrand, N. (2008): *Schauplätze dreidimensionaler Markeninszenierung: Innovative Strategien und Erfolgsmodelle erlebnisorientierter Begegnungskommunikation,* Stuttgart: Edition Neues Fachwissen.

Hetzel, M. (2009): *Die Nutzung des Internets bei extensiven Kaufentscheidungen im Multichannel-Vertrieb,* Köln: Josef Eul.

Hilker, C., und Raake, S. (2010): *Web 2.0 in der Finanzbranche. Die neue Macht des Kunden,* Wiesbaden: Gabler.

Hofbauer, G., Körner, R., und Nikolaus, U. (2008): *Marketing von Innovationen. Strategien und Mechanismen zur Durchsetzung von Innovationen,* Stuttgart: Kohlhammer.

Kreutzer, R. (2009): *Praxisorientiertes Marketing. Grundlagen – Instrumente – Fallbeispiele,* Wiesbaden: Gabler.

Kroeber-Riel, W., und Esch, F. R. (2004): *Strategie und Technik der Werbung: Verhaltenswissenschaftliche Ansätze für Offline- und Online-Werbung,* Stuttgart: Kohlhammer.

Kroeber-Riehl, W., und Weinberg, P. (2003): *Konsumentenverhalten,* München: Vahlen, 8. Aufl..

Kroeber-Riel, W., Weinberg, P., und Gröppel-Klein, A. (2009): *Konsumentenverhalten,* München: Vahlen.

Lindstrom, M. (2009): *Buyology: Warum wir kaufen, was wir kaufen,* Frankfurt am Main: Campus.

Markowitsch, H. J., und Siefer, W. (2007): *Tatort Gehirn. Auf der Suche nach dem Ursprung des Verbrechens,* Frankfurt am Main: Campus.

Mikos, L. (2008): *Film- und Fernsehanalyse,* Stuttgart: UTB.

Möll, T., Esch, F.-R., Decker, R., Herrmann, Sattler, H., und Woratschak, H. (2007): *Messung und Wirkung von Markenemotionen: Neuromarketing als neuer verhaltenswissenschaftlicher Ansatz,* Wiesbaden: Gabler.

Moser, K. (2007): *Wirtschaftspsychologie,* Berlin: Springer.

Raab, G. S. (2009): *Neuromarketing,* Wiesbaden: Gabler.

Raab, G., Gernsheimer, O., und Schindler, M. (2009): *Neuromarketing: Grundlagen – Erkenntnisse – Anwendungen,* Wiesbaden: Gabler.

Raab, G., und Unger, F. (2005): *Markenpsychologie,* Wiesbaden: Gabler.

Sander, M. (2004): Marketing-Management: Märkte, Marktinformationen und Marktbearbeitung, Stuttgart: Lucius & Lucius.

Scheer, B. (2008): *Nutzenbasierte Marktsegmentierung. Eine kaufprozessorientierte empirische Untersuchung zur Wirkungsmessung von Marketing-Aktivitäten,* Wiesbaden: Gabler.

Scheier, C., und Held, D. (2006): *Wie Werbung wirkt. Erkenntnisse des Neuromarketing,* München: Haufe.

Schmidt, S., Gizinski, M., Heidbred, M., und Zierold, M. (2004): *Handbuch Werbung,* Münster: Lit-Verlag.

Schwarz, F. (2010): *Verstehen Sie Ihren Verstand,* Freiburg: Haufe-Lexware.

Steinmann, M., und Groner, R. (Hg.) (2007): *Exkursionen in Sophies zweiter Welt: Neue Beiträge zum Thema des Wirklichkeitstransfers aus psychologischer und medienwissenschaftlicher Sicht,* Bern: Haupt.

Thompson, J. (1994): *The Coevolutionary Process,* Chicago: The University of Chicago Press.

Walter, H. (2004): *Funktionelle Bildgebung in Psychiatrie und Psychotherapie. Methodische Grundlagen und klinische Anwendungen,* Stuttgart: Schattenauer.

Weinberg, P. (1986): *Nonverbale Marktkommunikation,* Heidelberg: Physica.

Zimmermann, R. (2006): *Neuromarketing und Markenwirkung. Was das Marketing von der modernen Hirnforschung lernen kann,* Saarbrücken: VDM.

Internet

Morys, A. (2011). www.web-arts.com, abgerufen am 13. Januar 2011

Oberfranken, M.-C. (2010): www.mc-oberfranken.de, abgerufen am 9. Januar 2010

BIBLIOGRAPHY \l 1031 Wikipedia. (2010): Spiegelneuronen

www.e-teaching.org, abgerufen am 12. Juli 2010 von www.e-teaching.org/didaktik/ qualitaet/ eye/

www.neuromarket.wordpress.com, 2012, abgerufen am 5. Juli 2012

www.verbaende.com/news.php/Preis-der-Deutschen-Marktforschung-2012--Die-Gewinner?m=84362

www.wikipedia.org/wiki/Framing-Effekt, abgerufen am 26. Juli 2012

www.wikipedia.org/wiki/Priming_%28Psychologie%29

The Premium Experience: Neurological Engagement on Premium Websites, Neuro-Focus 2011, abgerufen 26.Juli 2012

www.welt.de/print/die_welt/karriere/article108014053/Wenn-die-Webcam-Mass-nimmt.html

Autoren

Ralf Pispers, Diplom-Betriebswirt, ist Gründer und Geschäftsführer der .dotkomm rich media solutions GmbH in Köln. Das ehemalige Vorstandsmitglied der Framfab Deutschland AG (heute LBi) und der Framfab AB Stockholm ist ausgewiesener Experte für Online-Kommunikation. Seine Philosophie: Durch natürliche Online-Kommunikation entsteht maximale Response und Conversion. Der Autor der Fachbücher *Digital Marketing* und *Versicherer im Internet* ist Referent für zukunftsweisende Internetthemen und lehrt als Dozent für Onlinemedien an der Kölner Hochschule Fresenius.

Joanna Dabrowski, Master of Arts Marketing-Management, ist Projektleiterin im Bereich Online bei der forum gelb GmbH, einer Gesellschaft im Konzern Deutsche Post DHL. Während ihres mit zwei Stipendien honorierten Studiums entwickelte sie bereits die Leidenschaft für das Thema Neuromarketing. Ihre Masterthesis zum Thema „Neuromarketing im eCommerce" wurde mit dem Sparkassenpreis 2010 als beste Arbeit im Fachbereich Wirtschaft ausgezeichnet. Darüber hinaus ist Joanna Dabrowski regelmäßig Gastreferentin an verschiedenen deutschen Hochschulen.

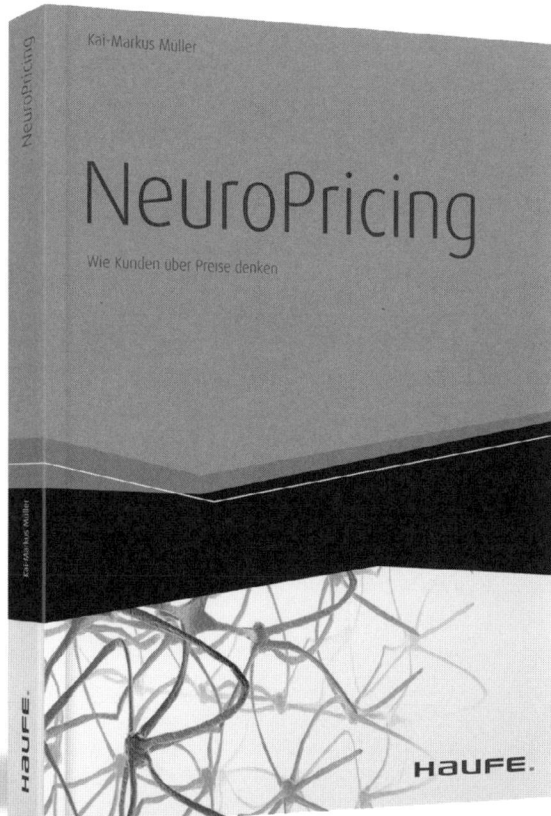